1. 山西省基础研究计划自由探索类青年科学研究项目
项目名称：混合动力车辆机电复合传动系统多维参数耦合动力学分析及调控机制研究
项目编号：202203021222053
2. 先进制造技术山西省重点实验室（中北大学） 2022 年度开放基金
项目名称：机电复合行星齿轮传动系统非线性振动特性及优化设计方法研究
项目编号：XJZZ202207

# 车辆行星传动系统非线性振动特性及优化设计研究

严鹏飞 著

中国原子能出版社

**图书在版编目（CIP）数据**

车辆行星传动系统非线性振动特性及优化设计研究 / 严鹏飞著. -- 北京 : 中国原子能出版社, 2024. 8.
ISBN 978-7-5221-3671-4

Ⅰ. TH132.425

中国国家版本馆 CIP 数据核字第 2024CD1524 号

**车辆行星传动系统非线性振动特性及优化设计研究**

---

**出版发行** 中国原子能出版社（北京市海淀区阜成路 43 号　100048）
**责任编辑** 王　蕾
**责任印制** 赵　明
**印　　刷** 河北宝昌佳彩印刷有限公司
**经　　销** 全国新华书店
**开　　本** 787 mm×1092 mm　1/16
**印　　张** 14.25
**字　　数** 212 千字
**版　　次** 2024 年 8 月第 1 版　2024 年 8 月第 1 次印刷
**书　　号** ISBN 978-7-5221-3671-4　　　　**定　价** **82.00 元**

---

# 前　言

行星齿轮传动系统因具有承载能力强、传递效率高、体积小、传动比大等优势，被广泛应用于车辆传动系统中，为了提高传动系统的动态品质及可靠性，针对振动问题的行星齿轮传动系统振动特性分析和优化设计方法研究一直都是工程研究的热点。本书以两级行星齿轮传动系统为研究对象，针对行星齿轮传动系统的非线性振动特性及减振优化技术开展研究，为行星齿轮系统的设计及性能优化提供方法和理论指导。本书的主要内容如下：

针对两级行星齿轮传动系统建立了的横-扭耦合非线性动力学模型，模型考虑了动态中心距、时变啮合刚度及其相位差、动态啮合参数、制造误差、安装误差、齿形误差、质量偏心和级间连接轴的弯曲及扭转变形，分析了啮合线变形量和综合啮合误差，推导了非线性啮合力表达式，采用拉格朗日法建立系统的非线性动力学方程，为后续进行振动特性研究和优化设计奠定基础。

针对两级行星系统的固有振动特性和强迫振动特性开展研究，并进行了试验测试。建立两级行星齿轮传动固有振动模型，归纳总结了系统的振型特征与振动能量分布的关系，得出了系统振动能量仅在同一阶模态传递的规律。分析了转速和转矩变化对系统啮合力、振动位移的时域和频域特性的影响规律，发现由啮合频率激发的系统共振对振动响应影响显著。搭建了两级行星齿轮传动系统的试验测试台架，将仿真结果与试验结果进行对比，验证了本书所建非线性动力学模型的准确性。

针对两级行星系统的非线性共振机理及其变化规律，推导了行星齿轮系统的多尺度解析解，研究了行星齿轮系统的主共振非线性幅频特性。利用数值法计算分析了两级行星齿轮系统的主共振、亚谐共振、超谐共振和多重共振现象及其激发机理。在变工况条件下，研究系统共振随转速和转矩变化的动态特性及其变化规律。通过测试验证了系统共振的激发机理和非线性幅频特性，可以为解决系统共振问题提供参考。

针对系统参数对振动特性的影响关系开展研究，分析了系统固有频率随啮合刚度、轴承支撑刚度、连接轴刚度和部件质量的变化规律，并从振动能量的角度分析了模态跃迁现象的本质，并应用模态分析理论推导了两级行星齿轮传动系统的固有频率灵敏度表达式，分析了固有频率对参数的灵敏度的动态变化特性。研究了参数对系统强迫振动响应的影响规律，分析了振动响应对参数的灵敏度。研究了相位调谐规律对系统振动特性的影响，提出相位调谐减振设计方法。

针对车辆两级行星齿轮传动系统进行了多目标优化设计，以减小系统振动位移均方根值、动载系数和低阶共振峰值为目标，综合考虑系统的振动特性和相位调谐设计方法，结合系统振动参数和轮齿齿数建立了两级行星齿轮传动系统振动性能优化模型，并开展了优化设计。优化结果表明了优化方法的可行性，为车辆行星齿轮传动系统方案设计及振动性能的改进提供参考。

本书可为多级行星齿轮传动系统的振动特性分析及参数影响规律研究提供理论依据，为多级行星齿轮传动系统的减振优化方案设计奠定理论和方法基础。

# 目　录

# 第1章 绪 论

## 1.1 本书研究的目的和意义

行星齿轮传动系统因具有承载能力强、传递效率高、体积小、传动比大、可进行功率分流汇流等优势，被广泛应用于车辆传动系统中，行星齿轮系统的应用场景如图 1-1 所示。而且，随着车辆性能不断向高速、

(a) 车辆自动变速器

(b) 混合动力车辆传动系统

(c) 特种车辆传动系统

图 1-1 行星齿轮系统的应用场景

重载方向发展，以及混合动力车辆的大量普及，行星齿轮系统作为主要的动力传递和功率耦合机构在车辆传动系统中起着至关重要的作用。

作为车辆传动系统的关键部件，行星齿轮传动系统具有承受载荷复杂多变、功率密度高、常用于高速或重载工况等运行特点，对行星传动系统振动特性的合理改善能够有效提高传动系统的可靠性。但是，由于行星齿轮系统具有较强的振动耦合，啮合间隙和误差等非线性因素，以及复杂的结构，导致其在运行过程中产生了复杂的振动现象。同时，在行星齿轮传动系统振动分析中，共振是一个不可避免的问题，当系统发生共振时，振动会变得更加剧烈，容易使系统产生破坏，大大降低其使用寿命，在进行减振优化设计的过程中有必要对减小系统共振强度做出进一步改善。目前，行星齿轮传动系统朝着高速化、重载化、轻量化等方向发展，这使得其振动问题更加突出。因此，需要对行星齿轮传动系统的非线性振动特性进行深入研究，在充分考虑系统复杂振动现象的基础上对系统进行优化设计，改善行星传动系统的振动品质。

本书针对两级行星齿轮传动系统，深入研究系统的非线性耦合振动特性，探究系统多种共振现象的激发机理，分析系统振动特性受参数影响的变化规律，以减小系统振动、降低齿轮啮合冲击和抑制系统共振为目的，综合考虑系统振动参数、结构参数等多参数匹配设计，构建两级行星齿轮传动系统多目标优化模型，分析减振优化方法的有效性，为减小系统振动，提高其可靠性、工作质量和安全性提供方法指导。

## 1.2 国内外研究现状

对行星传动系统振动特性及优化设计的研究主要包括动力学建模、固有振动特性、强迫振动特性、系统共振现象和减振优化方法等五个方面，本文将分别从以上几点详细总结评述国内外学者在这五个方面所做

的研究和贡献，以及现有研究存在的问题和未来的研究趋势。

## 1.2.1 行星齿轮系统动力学建模方法

建立系统动力学模型是研究行星齿轮动态特性的基础，根据建立动力学模型时所采用的方法和考虑的主要因素不同，可以把动力学模型分为集中参数模型、有限元模型。在实际分析过程中，由于行星传动系统结构复杂，尤其是多级行星系统，建立有限元模型进行分析计算时对计算机硬件要求较高且计算时间长，因此在进行系统动力学响应分析时，一般会考虑使用集中质量法。而在建模过程中，会将部分部件视为刚性体，部分被视作柔体进行分析，这就构成了系统的刚-柔耦合模型。行星齿轮传动系统是一个多自由度、多参数耦合的强非线性复杂系统，根据研究人员对研究对象及研究目标的不同需求，往往会采用不同的建模方式。

### 1.2.1.1 集中质量动力学建模

在研究行星齿轮传动系统动力学行为的时候，往往将各部件视为包含质量的点，各接触单元被简化为具有对应刚度值的弹簧，行星排之间连接件简化为扭转弹簧和弯曲弹簧，齿轮体及杆系视为刚体，这就是动力学系统的集中参数模型，这种模型能够充分地分析系统各部件的振动及其受力情况，是现今较为普及的一种建模方式。集中质量模型（图 1-2）在行星齿轮传动系统动力学分析领域得到广泛的应用，Kahraman[1,2]和Liu[3]应用集中质量法针对单级行星系统建立了动力学模型，研究了齿轮啮合静态误差对系统模态特征和响应规律的影响。Liu 等[4,5]建立集中质量模型分析了系统参数对模态特性的影响。Xiang 等[6]建立了多级行星系统的动力学模型，在考虑时变啮合刚度、间隙等因素的基础上，详细分

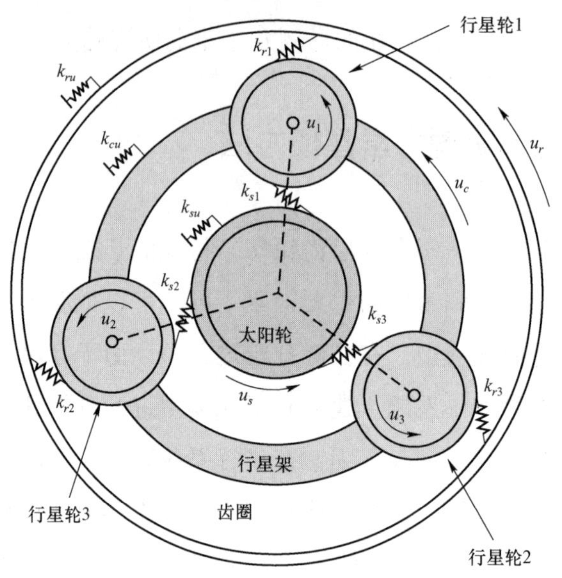


(a) 纯扭转模型[3]

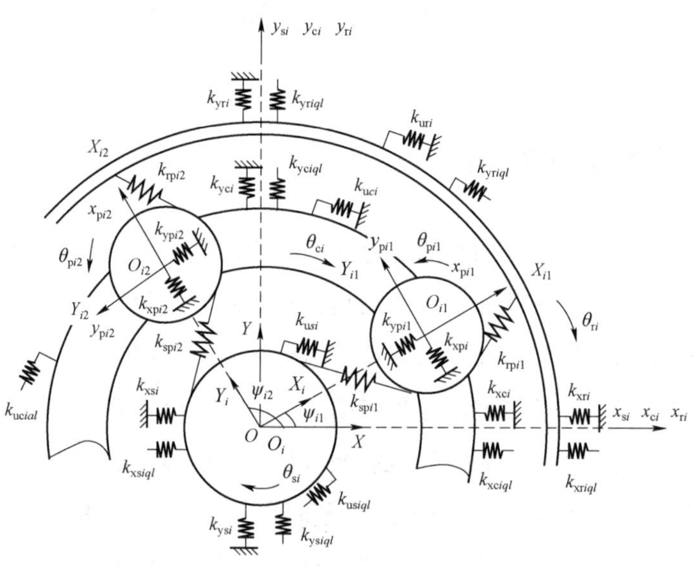

(b) 横扭耦合模型

图 1-2 行星齿轮系统集中质量模型

析了系统的动态响应特性。Xin[7]建立了多级齿轮传动系统的纯扭转动力学模型，通过庞加莱截面和分叉图详细分析了齿轮故障状态下谐波共振与

系统稳定性的变化。Shen 等[8]将轮齿的磨损视为导致齿轮啮合偏载的一种因素，建立一个单级行星系统的纯扭转集中质量模型，分析了轮齿磨损对系统动态响应的影响。Yang 等[9]考虑随机风速条件，建立行星齿轮集中参数模型，采用 Runge-Kutta 求解方法，研究了系统在复杂随机风载荷下的工作特性。胡明用等[10]建立了齿轮系统的集中质量模型并基于 Monte-Carlo 法对齿轮转子系统进行了可靠性分析。Zhang 等[11]建立了单级行星齿轮的集中质量模型，并利用 Monte-Carlo 法研究了对齿轮修形参数与动态响应之间的关系。Wei 等[12]加入轴承支撑刚度和啮合刚度的不确定性因素，分析了参数不确定对不同工况下系统动态响应的影响。

在单一纯扭转自由度的基础上，也有大量学者建立多自由度系统模型。Spitas 等[12]建立了一个精确的 3D 多耦合集中质量模型，通过考虑齿侧间隙、扭转及横向位移、接触几何变形来预测在不同的扭转激励下齿轮间的相互作用关系和轮齿接触损失。Liu 等[14]建立了一个多自由度集中质量模型，其中包括行星轮的离心力、惯性力和科里奥利力，从而准确地反映了齿轮高速运行情况，这项改进性的研究实现了对齿轮系统稳态和变速过程中动态特性的研究。蔡仲昌[15]以研究系统模态与参数之间的关系为目的，建立集中质量模型研究变工况状态下的系统动态特性。王成[16]采用集中质量法分别建立了定轴齿轮系统和单级行星齿轮系统的横-扭-摆多自由度耦合动力学模型，详细分析了齿轮啮合的动态过程及其振动特性，并通过齿轮修形对传动系统进行了优化设计。黄毅[17]建立了单级行星齿轮的三自由度集中质量模型，提出了响应灵敏度分析方法，并对系统模型进行了修改，提高了模型准确度。Gou 等[18]在集中质量模型的基础上计算了齿面摩擦升温导致的齿轮结构参数改变量，并进一步研究了温度对齿轮系统非线性振动特性的影响。Wang 等[19]通过建立行星齿轮系统的 5 自由度扭转动力学模型，研究了齿轮故障对时变啮合刚度及系统动态特性的影响，为风机齿轮系统故障定位及动态设计提供理论依据。Luo 等[20]建立了包含时变啮合刚度、时变啮合阻尼、滑动摩擦力和力矩的动力学模型，研究了变润滑条件下齿轮剥落和摩擦行为对系统动力学响应的影响，为带滑动摩擦的行星齿轮组剥落缺陷的诊断奠定了理论基础。

#### 1.2.1.2 有限元模型

对于复杂的多自由度非线性系统，多采用集中质量模型及迭代积分法分析和计算系统的动力学响应，而有限元模型由于其计算时间长及对硬件要求较高，因此多用于针对性的仿真分析系统中特定属性及对模型动力学计算的验证，例如轮齿变形、集中应力分布、温度变化等。Wang 等[21]通过建立一对齿轮的 Ansys 有限元模型，结合集中质量模型研究了轮齿时变啮合温度及热应力，并详细介绍和分析了齿轮热膨胀变形的弹性结构力学建模方法。Wang 等[22]建立了行星齿轮系统的三维有限元模型，计算并分析了轮齿弹性变形和系统动态响应，为系统减振设计提供了理论及仿真支持。Wang 等[23]通过使用有限元方法对行星齿轮系统的轮齿残余应力场进行了计算和分析，研究表明行星齿轮在啮合面和非啮合面的等效应力因残余应力而显著不同，为行星齿轮系的疲劳裂纹分析和动态优化设计提供指导。Ericson 等[24]建立了集中质量模型揭示了行星系统在运行转速范围内存在弹性体的连续振动，并建立了有限元模型对模型的预测结果进行了验证分析。Brassitos 等[25]建立了一种新型行星机构的有限元模型，分析了系统的固有特性。

#### 1.2.1.3 刚柔耦合模型

研究人员建立了系统的刚柔耦合模型，用以分析关键部件柔性特征对系统振动响应的影响。Wu 和 Parker 等[26,27]研究了将齿圈视为弹性体时行星齿轮传动刚柔耦合模型的模态特性。Parker 等[28]建立了齿圈柔性化后刚柔耦合行星齿轮传动模型，推导了固有振动特性的半解析数学表

达式，深入研究齿圈弹性变形对固有特性的影响。Liu 等[29]在齿圈建模过程中加入了滑动摩擦和连续弹性的影响因素，充分研究了系统的模态特性。Ge 等[30]在考虑齿圈柔性的基础上建立了行星齿轮系统的集中质量刚柔耦合模型，计算并分析了齿圈柔性对行星轮系载荷分配的影响。刘静等[31]对比分析了行星传动系统的刚性模型和刚柔耦合模型，表明充分考虑部件柔性建模能够提高分析精度。Tatar 等[32]将齿轮齿接触和轴承元件假设为柔性，基于刚柔耦合建立了系统六自由度模型，并研究了系统模态之间的耦合关系。Cardona 等[33]提出了齿轮副的 3D 柔性模型，分析了考虑齿面柔性变形、啮合间隙和啮合刚度变化的动力学特性。Wang 等[34]提出了一种考虑齿圈柔性的弹性连续环建模方法，分析了柔性齿圈系统的固有频率。张俊等[35]采用动态子结构法考虑刚柔耦合因素建立了系统的动力学模型，深入研究了系统中低频区域受部件柔性因素的影响规律。马朝永等[36]基于 Ansys 建立了行星齿轮系统的局部故障动力学模型，分析了故障信号的调制特征。

以上介绍的集中建模方法都具有各自的优点和不足，需要根据研究的目的和需求选择适当的方法，而随着各种建模及求解计算方法的日渐成熟，为传动系统的计算分析提供了基础。本文主要分析系统各部件的振动及受力情况，因此，选择集中质量法建立系统的动力学模型，并在模型中对各非线性因素进行了充分考虑。

### 1.2.2　行星齿轮系统振动特性研究

行星齿轮系统振动特性主要包括强迫振动特性和固有振动特性，强迫振动特性分析研究系统在驱动力作用下的时域和频域动态振动响应特性，而固有振动特性分析则是研究系统固有频率及振型等特性，对系统的振动特性进行分析是动力学研究及指导优化设计的基础。

行星齿轮传动系统是一个多参数激励系统，内部激励造成的系统振动是动力学研究的重点，系统运行时产生的振动会造成齿轮损伤、降低使用寿命，因此对行星齿轮系统的振动特性进行充分的研究是进行减振优化设计的基础前提。研究人员对行星齿轮系统的非线性振动特性进行了充足的计算和分析。[37–45]目前在充分考虑系统时变啮合刚度、齿侧间隙、误差等多种非线性因素的基础上，对行星齿轮传动系统的非线性动力学行为进行深入分析依旧是当今研究的热点。

Chaari 等[46]研究了行星齿轮传动中齿形磨损与失效对动力学行为的影响。Canchi[47,48]充分研究了行星传动系统中齿圈参数的稳定性问题。Hbaieb 等[49]研究了在时变啮合刚度影响下行星齿轮传动的动力学稳定性。Weinberger 等[50]通过分析行星齿轮系统的动态响应特征，研究了齿轮箱的缩放过程，该过程可以保证系统特征一致。Lee 等[51]提出了一种新型的行星齿轮机构改善了系统的振动性能。Hou 等[52]建立了齿轮传动涡扇的行星-转子系统非线性动力学模型，利用分岔图、最大李雅普诺夫指数、庞加莱图、相图和频谱瀑布图来说明系统的扭转非线性行为，包括多周期、准周期和混沌运动等。Hou 等[53]采用有限元法建立了考虑摩擦、啮合刚度和啮合误差激励的人字形行星齿轮系统动力学模型，研究了不同工况下摩擦激励对人字形行星齿轮动态响应的影响。Fan 等[54]建立了考虑内齿圈和太阳轮轴柔性的行星齿轮传动系统刚柔耦合动力学模型，并用数值迭代法计算动态响应，研究表明内齿圈的柔性降低了齿圈与行星齿轮之间的动载系数。Lin 等[55]提出了行星齿轮系统的刚-柔耦合动力学模型，主要考虑了齿圈柔性、中心部件支撑轴的柔性以及行星轮轴承局部故障等因素，并论述了柔性模型与刚性模型的区别。Cao 等[56]建立了将制造误差和柔性齿圈相结合的动力学模型，通过研究表明柔性齿圈对系统的均载特性具有显著的改善作用。Chen 等[57]考虑动态啮合间隙和轴承间隙建立了行星齿轮系统动态模型，研究表明太阳轮和行星架支撑轴承间隙对振动响应有显著影响。Xiang 等[58]提出了由行星齿轮和两个平行齿轮组成的多级齿轮传动系统的横扭耦合非线性模型，研究表

明应适当设计和控制系统的振动参数，可以提高系统在特定频率范围内的稳定性。Byali 等[59]提出了一种行星齿轮系统的三维动态载荷分布模型，对不同啮合相位条件下的动态响应进行了分析。Cooley 等[60]考虑了系统高速状态下的陀螺效应，并分析了参数对系统模态的敏感度。Hammami 等[61]通过建立非平稳状态下的非线性赫兹接触模型，结合行星系统纯扭转模型分析了齿轮箱的非线性响应，为准确描述齿轮的非线性动态行为奠定基础。

以上工作分别研究了系统动态响应与故障诊断、系统结构参数、新型动力学模型、系统稳定性等之间的关系，这些研究充分说明了行星齿轮系统动态响应分析的重要性。

固有振动特性分析是行星齿轮传动动力学研究的基础。固有振动特性的研究能够初步确定系统的振动模式及其共振频率，在指导系统结构设计时避开共振频率和参数敏感点提供理论依据。在系统动力学模型的基础上，建立固有振动模型并进行计算分析，相关的研究工作比较成熟。研究内容主要包括：求解系统的固有频率和振型、分析振型特点、研究系统固有特性的参数敏感性问题。

固有特性分析主要是研究系统的固有频率以及振型特点，从而明确系统的振动模式，为后期动力学振动分析及系统共振研究奠定基础。Kahraman 等[62]针对单级行星系统详细分析了其固有特性。Lin 和 Parker 等[63,64]研究了行星轮的分布特征对行星系统固有振型的影响，总结了行星齿轮系统的振型特征：平移振动、扭转振动和行星轮振动三种模式。Guo 等[65]建立了纯扭转复合行星齿轮传动系统的固有振动模型，并分析了各振动模式的特点。Kiracofe 等[66]研究了复合行星排的振动模式。Eritenel 等[67,68]建立了单级斜齿行星齿轮传动的 3-D 集中质量模型，并分析了其模态特性。Mo[69]等研究了太阳轮柔性支撑对系统固有特性的影响。Wang 等[70]提出了一种新型减速器的动力学建模方法，并对系统进行了模态分析和动力学分析，为振动抑制和公差控制提供指导。Parker 等[71]

提出了基于群论的振动分析方法，以确定对称系统的高度结构化，及对称的模态特性。

在国内，张策[72]对国内行星齿轮传动固有特性的研究进行了系统全面的总结。王世宇[73,74]等对行星齿轮传动纯扭转模型的振动模式进行了分析，并总结了系统参数与固有特性之间的关系。展召彬等[75]将两级行星系统的中间连接轴视为 Timoshenko 梁，并利用模态能量分析法研究了轴系参数对系统固有特性的影响。肖等[76]研究了齿轮故障对系统模态特性的影响。蔡仲昌等[77]研究了包含三级行星排的车辆动力传动系统在不同挡位下固有特性的变化规律。杨等[78]基于黏弹性接触理论，研究了齿轮副间变刚度条件下的系统模态特征。陈林凯[79]建立了行星齿轮系统的 Adams 动力学模型，对系统模态特性与结构参数关系进行了详细分析。闵达[80]研究了空间机械臂关节行星齿轮的模态区间对应的稳态和非稳态过程。张丽娜[81]详细分析了行星齿轮系统的模态特征，并对其进行了解析求解分析了系统的非线性共振特性。冯静娟等[82]通过建立的有限元模型，对行星系统进行了静力学分析和模态分析。郭昊维等[83]建立行星齿轮减速器的有限元模型，并对减速器进行了静力学分析和模态分析，研究表明传动系统与箱体的振动形式主要是扭转振动。

对行星齿轮系统进行模态分析，可以准确掌握系统的固有特征，明确系统的基本振动形式和固有频率分布，为抑制系统共振的优化设计提供理论支持。

### 1.2.3 行星齿轮系统非线性共振现象研究

行星齿轮传动系统结构复杂，非线性较强，在运行过程中发生共振会引起系统的剧烈振动，容易导致结构破坏，降低使用寿命。在固有振动特性分析的基础上，采用解析、半解析和数值计算等方法分析系统的共振特性及其参数影响关系也是当下研究的热点。充分研究系统的共振

特性，能够为系统的减振优化设计提供理论指导。

对于行星传动系统共振的研究主要集中在系统共振类别及其诱发条件和共振响应两个方面，目的在于了解非线性系统的共振规律及对振动响应的影响。Yang 等[84]采用多尺度方法分析了简化行星齿轮系统可能的参数共振点，包括单一共振和组合共振，并研究了黏性阻尼对单一和组合共振的不同影响。Bank 等[85]详细分析了参数对行星系统典型共振特性的影响。Xun 等[86]等采用多尺度解析法研究了行星齿轮系统的内共振，表明适当的轮齿修形可以抑制内部共振。Yang 等[87]建立了内齿轮行星变速器的弹性动力学模型，通过计算明确了当转速接近固有频率 1/3、1/6 和 1/9 时系统将会发生共振。Wang 等[88]建立了行星齿轮的 3-D 动态接触和冲击分析有限元模型，经过分析明确了系统的共振区间，为设计提供技术支持。张丽丽[89]建立了锥齿轮的有限元模型分析了系统的固有特性，并进一步研究了系统破坏与共振的关系。Wang 等[90]采用模态叠加法研究了共振转速下系统的振动及其应力变化规律。温芳[91]采用多尺度法和谐波平衡法研究了环式少齿差行星传动系统的非线性动力学特性，对系统主共振、超谐共振、亚谐共振的参数特性及其稳定性进行了分析。Wang 等[92]采用多尺度法分析了共振频率对系统动态载荷的影响规律。

将行星系统非线性共振及其激发原理与行星齿轮系统的振动特性结合起来，进一步研究共振与系统稳定性、故障特征等之间的关系。Zhang 等[93]通过多尺度法研究了行星齿轮系统的动态响应，获得了主谐波、超谐波和次谐波共振的解析解，然后比较了不同共振模式的幅频特性曲线，研究了参数对振动幅值的影响。Parker 等[94]计算了包含时变啮合刚度和齿轮分离现象的单级行星齿轮弯扭耦合解析模型，详细分析了系统参数对振动模态和共振的影响，并得出了参数与系统稳定性的关系。Li 等[95]建立了考虑时变啮合刚度、非线性误差激励和分段间隙函数的多级行星齿轮系非线性时变动力学模型，通过动态分岔图、相轨迹图和庞加莱图等分析了系统的稳定性与参数及共振区间关系。Zhu 等[96]建立了包含时变啮合刚度、综合误差和非线性齿侧间隙的集总参数动力学模型，通过谐波平衡法研究了系统非线性因素对频率响应特性的影响。Chen 等[97]以系统共振特性为基础，提出一种基于集合经验模型和自适应共振的行星齿轮弱故障特征提取方法。Wang 等[98,99]基于增量谐波法和多尺度法对两级串联复合行星系统的动态响应特性进行了分析研究，并求解了系统振动的频响方程，生成行星齿轮系统的频响特性曲线。

以上对行星传动系统的共振特性研究充分说明了系统具有较强的非线性特性，其共振特性与模态特性联系紧密，通过参数分析可以很好地指导系统减振设计。

### 1.2.4 行星齿轮系统减振方法

随着工业技术的发展，行星传动系统的服役转速和载荷逐渐增加，系统振动和噪声问题也逐渐凸显出来，对系统进行优化设计势在必行。在对行星传动系统的非线性动力学响应、模态特征以及设计参数影响关系分析研究的基础上，研究人员开始从创新结构、修改设计参数等多个方面对行星齿轮传动系统进行减振优化设计。

Fakher 等[100]研究了制造误差、偏心对行星齿轮传动动力学行为的影响，为优化设计制造提供了理论支持。Xun 等[86]等采用多尺度解析法研究了行星齿轮系统的内共振，表明适当的轮齿修形可以对内共振具有一定的抑制作用。段福海等[101,102]对行星齿轮传动系统的振动特性进行了分析，验证了引入塑料齿轮能够有效地抑制高频振动。王世宇[103]基于单级行星系统模态统计特性分析了设计参数与共振激发概率的之间的关系，为行星系统共振抑制提供了理论指导。Cheon 等[104,105]采用有限元方法研究了轴承刚度、制造误差对行星齿轮传动振动响应、载荷分配的影响规律。Meng 等[106]开发了一套由内外齿轮副共同组成的具有可变节距的非圆行星齿轮系统，以实现特定的变传动比结构，实现了具有最优载荷位

移关系的传动系统。Zhan 等[107]基于动态响应均方根值分析了两级行星齿轮传动系统的参数响应灵敏度，为系统优化设计的参数选择提供了指导。Wang 等[108]采用模糊层次分析法，通过建立层次模型计算指标权重，对两级行星差速齿轮系的结构设计方案进行优化，得到了最优的设计结构。Zhang 等[109]提出了一种改进的啮合刚度计算方法，用于优化全功率分流混合动力变速器中行星齿轮系统的振动和噪声性能，并取得了显著的效果。Han 等[110]针对实际行星齿轮系统提出了一种齿形修形优化设计方法，修形优化试验结果表明，齿轮箱的齿轮啸叫响应得到了显著改善。Carlo 等[111]将行星齿轮参数与双电机控制策略进行联合优化设计，提高了系统的传递效率。Troha 等[112]使用多准则优化方法，通过合理选择设计变量及约束条件优化并设计了最佳的双行星架两速行星齿轮系统。

除了改进系统振动参数实现行星传动系统的优化设计外，例如质量、刚度等参数，研究人员还通过分析行星系统的结构参数实现了对系统的减振降噪设计。基于行星齿轮的对称均布特性，各行星齿轮啮合之间存在相位关系，而相位调谐理论就是研究行星齿轮传动结构参数对系统动态振动响应影响的理论，通过正确地选取行星轮的个数和太阳轮齿数，可以适当降低系统振动和噪声。Kahraman[113]研究了斜齿行星齿轮传动中的相位调谐理论。Velex 和 Parker 等[114,115]分析了行星齿轮传动中各内、外啮合副时变啮合刚度之间的相位关系。Guo 等[116]研究了复杂复式行星排和复合行星排不同类型啮合副之间的时变啮合刚度相位差关系。Parker 等[117,118]利用傅里叶级数将啮合激励表达式展开，对中心旋转部件进行受力分析，验证了相位调谐规律对动态特性的影响。Schlege 等[119]利用相位调谐理论对行星传动系统进行了结构优化设计，成功降噪 11 dB。薛丹等[120]分析了行星齿轮啮合相位对系统固有频率的影响，为共振抑制提供了理论指导。Ambarisha 等[121]通过啮合相位分析推导出行星轮系设计规则，用以抑制行星齿轮系统中的特定谐波振动，通过使用集总参数模型计算得到各行星齿轮的振动响应，并与其他人的研究进行对比验证。Seager 和 Toda 等[122,123]分析了行星齿轮系统的啮合相位与振动模式之间的关系，并提出了抑制系统振动的参数选取方案。张策等[124]和王世宇[125]以相位调谐为基础，提出了以减振降噪为目的的修改行星齿轮传动基本参数的新方法。Wang 等[126]通过分析推导出了啮合相位与行星齿轮系统振动模式的对应规则，它取决于啮合频率谐波数、齿圈齿数和行星轮个数，对于啮合频率的每个谐波都存在对应模式的谐波响应。

通过以上前人对行星传动系统的减振优化方法和技术的研究，合理选择行星系统的设计、制造参数能够明显起到优化系统振动性能的作用，其中，相位调谐的方法在针对啮频谐波振动优化方面效果显著。

### 1.2.5　振动试验测试方法研究

相对定轴齿轮试验装置而言，行星齿轮传动试验装置结构复杂，内部空间狭小，旋转运动部件多，试验可测信号少，试验设计困难，相关试验装置和文献较少。行星齿轮传动旋转部件的振动、应变等信号的获取基本上采取了集流环形式和无线测量方法。

Inalpolat 等[127–129]在固定齿圈的齿侧沿旋转轴线方向粘贴应变片测量齿根应变，研究了行星齿轮传动中调制边频带的理论。Dai 等[130]通过在齿圈及其齿根粘贴应变片，如图 1-3 所示，成功测试了齿轮啮合的动态变形及啮合力大小，研究了齿轮传动在冲击和阶跃负载下的电机电流和内部负载等机电耦合动态特性，为提高动态性能和监测工作状态提供一些指导。Xiang 等[131]同样使用应变片测试了齿根应变随齿面接触状态改变的变化曲线。Zhang 等[132]通过实验测试得到了齿圈运行时的应变信号，并通过信号分析提取了故障信号的特征。Ryali 等[133]综合使用应变仪和高速编码器提出了一种独特的实验方法，可同步测量行星齿轮系统的各种准静态响应，即系统均载、总传动误差和太阳轮运行轨迹等。

Ericson 等[24]在固定的齿圈周向均匀布置加速度传感器，验证了考虑齿圈柔性的模态特征。

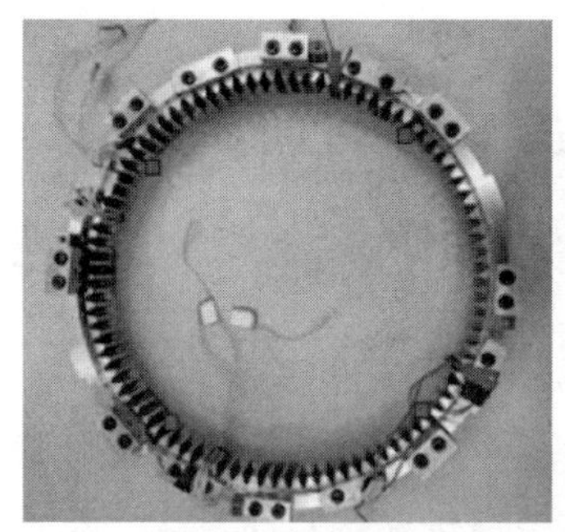

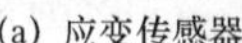

(a) 应变传感器

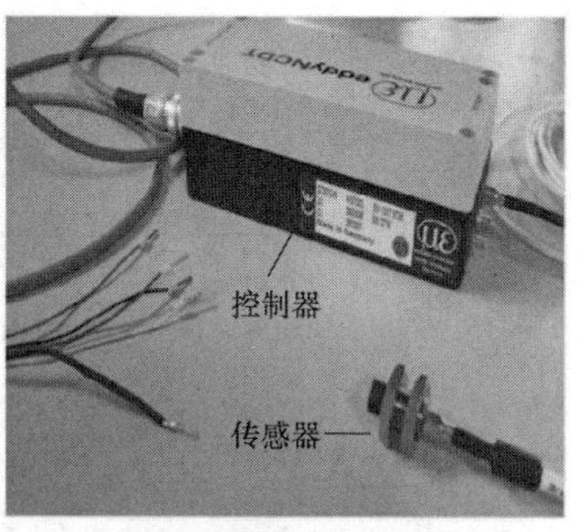


(b) 电涡流位移传感器

(c) 三轴振动加速度传感器

图 1-3　试验测试方法

在国内，杨富春[134]、周巨涛[135]测量了行星轮轴轴向力和固定齿圈的齿根应变，以此为基础对系统的均载特性和轴上力进行了研究。李云鹏[136]利用转速转矩传感器和加速度传感器对多级行星齿轮传动系统进行了测量，准确验证了所提出的故障识别方法。庞大千等[137]对不同工况下的轮齿温度进行了测量，并与有限元模型进行对比，研究了工况与齿面温度分布的关系。蔡仲昌[15]测量了复合行星齿轮系统的齿根应变和振动加速度信号，验证了多自由度系统的振动信号调制作用。王明正[138]测量了两级齿轮系统的振动加速度，验证了理论模型的准确性。王成[16]应用应变片、加速度传感器、转速转矩传感器、电涡流位移传感器分别测量了定轴齿轮系统和行星齿轮系统的齿根应变、振动加速度和振动位移，验证了其模型的准确性和齿轮修形的优化作用。

## 1.3 行星传动系统动力学及减振优化研究目前存在的问题

随着行星传动系统在各领域的广泛应用，其自身的振动、噪声及使用寿命问题逐渐得到重视。通过研究文献可知，尽管国内、外学者对行星齿轮系统已经进行了一系列研究，但许多方面的工作仍需要完善：

① 当前对于单级行星齿轮系统的共振现象研究已经取得了一定的成果，但是对多级行星齿轮系统的多重共振现象及其激发机理，以及受工况影响的变化规律研究较少。由于在多级行星齿轮系统中共振现象复杂，极易导致部件破坏，因此，多级行星齿轮系统的多重共振现象及其随工况的变化规律仍需要深入研究，为解决系统共振问题提供充足的理论支持。

② 在研究参数对系统固有频率的影响规律时，灵敏度分析法常用来量化描述参数对固有频率的影响规律。然而，在分析过程中灵敏度具有随着参数的改变发生动态变化的特性，会导致实际固有频率对系统参数的灵敏度与理论分析产生差异，直接影响对固有频率的有效调节作用。需要对行星齿轮系统参数与固有特性之间的关系及灵敏度随参数的动态变化规律进行研究。

③ 相位调谐理论研究了行星传动的设计参数与动态特性之间的对应关系，应用相位调谐理论指导单级行星齿轮系统进行减振优化设计已经具备了一定的研究基础。但是，针对相位调谐理论在多级行星齿轮系统中的耦合调谐作用研究以及减振设计应用相对较少，因此，研究相位调谐理论在多级行星齿轮系统中的减振作用，能够扩展调谐理论的应用范

围，为多级行星齿轮的方案设计提供方法指导。

④ 在多级行星齿轮传动系统的动态性能优化过程中，针对实际系统的质量、刚度等参数进行匹配优化的方法应用广泛，但是在方案设计阶段对系统的设计参数进行匹配优化考虑较少。因此，结合方案设计阶段的参数优化与振动参数优化两个过程，建立系统综合优化模型，能更全面地改善多级行星齿轮系统的振动性能。

# 1.4 本书的主要研究内容及研究框架

## 1.4.1 主要研究内容

本文依托于国防科技工业局基础产品创新科研项目（VTDP）和国家自然科学基金面上项目“车辆机电复合传动振动能量传递机理及主动控制研究”（51775040），以车辆两级行星齿轮传动系统为研究对象，对系统的振动特性、非线性共振机理及其变化规律、参数对振动特性的影响关系和系统多目标优化设计方法进行研究，为改善车辆两级行星齿轮传动系统的振动性能提供理论和方法依据。主要研究内容如下：

（1）两级行星齿轮传动系统非线性动力学建模

以车辆两级行星齿轮传动为对象，建立系统的横-扭耦合非线性动力学模型。考虑了行星轮时变位置角、质量偏心、时变啮合刚度及其相位关系、综合啮合误差、动态齿侧间隙、动态中心距、动态压力角和各行星排级间连接件的弯曲和扭转弹性变形，利用拉格朗日方程推导出各部件动力学方程。

（2）两级行星齿轮传动系统振动特性研究

在非线性动力学模型的基础上，建立系统固有振动模型研究两级行星齿轮传动系统的固有频率、振型特征及振动能量的分布状态和传递规律；对变工况条件与系统振动响应的时域和频域特性之间的影响关系进行深入研究。最后，搭建两级行星齿轮传动系统试验台架，并进行动态试验测试，验证模型及其研究结果的正确性。

（3）两级行星齿轮传动系统的非线性共振机理及其变化规律研究

利用多尺度法推导行星齿轮系统的主共振幅频响应解析解，并研究系统的非线性共振现象和幅频特性，揭示行星传动系统的共振机理。分析两级行星系统的主共振、次谐共振、超谐共振和多重共振现象，并深入分析系统共振特性随工况变化的影响规律。最后，通过试验测试验证两级行星齿轮传动系统的共振机理和变化规律。

（4）系统参数对振动特性的影响规律研究

从能量角度研究参数对两级行星齿轮系统固有特性的影响，分析系统模态跃迁现象的本质，推导系统固有频率的灵敏度计算方程，结合模态跃迁现象分析动态参数灵敏度的变化规律。研究参数对系统振动位移均方根值、啮合力动载系数和轴系力动载系数的影响规律及其灵敏度。最后，研究相位调谐参数对系统振动响应的影响及其减振机制，提出减振配齿设计方法。

（5）多目标综合优化技术研究

以减小两级行星齿轮传动系统动态振动响应为目的，综合系统振动参数与结构参数的减振作用，基于系统的固有特性、非线性振动特性和相位调谐理论，建立统筹考虑动态响应、固有频率和共振强度的系统多目标减振优化模型，展开动态优化设计，最终实现两级行星齿轮传动系统振动品质的提升。

### 1.4.2 论文研究框架

本论文的研究内容如图 1-4 所示。第 1 章为绪论部分；第 2 章为系

统非线性建模方法研究；第 3 章为系统动力学振动特性分析和试验验证研究；第 4 章为系统非线性共振机理与变化规律研究；第 5 章为系统参数与振动特性之间的影响关系研究；第 6 章为减振优化设计方法研究。

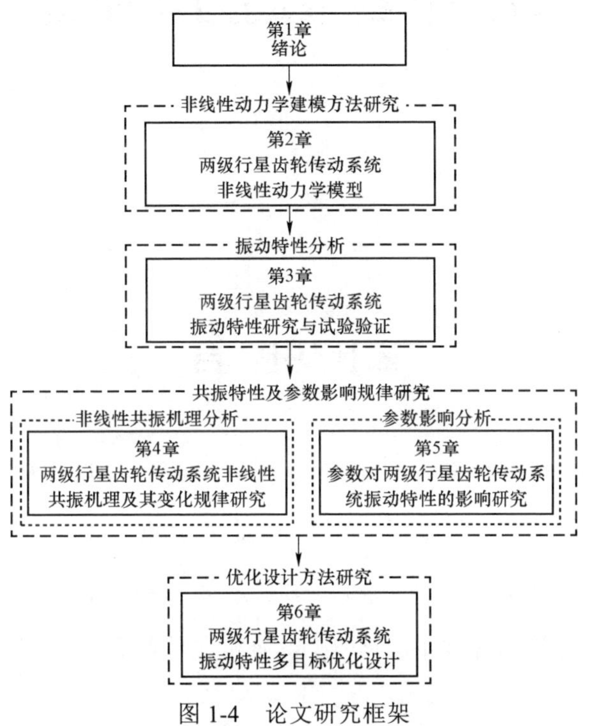


图 1-4 论文研究框架

# 第2章　两级行星齿轮传动系统非线性动力学模型

## 2.1　引　言

随着机电复合传动技术的日益成熟，两级行星齿轮传动系统在车辆传动和机-电动力耦合方面起到了至关重要的作用。而系统结构复杂，部件众多，齿轮、轴、轴承之间的相互作用，以及间隙和齿轮啮合冲击等带来的内、外部激励和非线性因素，使得系统的振动加剧。

本文以车辆两级行星齿轮传动系统为建模对象，综合考虑了齿轮偏心、安装误差、制造误差、齿轮动态啮合间隙、动态中心距、动态啮合角和时变啮合刚度等非线性因素，建立了系统的横-扭耦合动力学模型。首先，从运动学角度分析齿轮的动态位置关系，计算动态齿侧间隙和啮合角。随后，通过啮合副弹性变形量分析和综合啮合误差分析得到啮合线的变化量，进一步计算得到非线性啮合力。最后，利用拉格朗日方程推导出系统各部件的动力学方程，建立系统非线性动力学模型。

# 2.2　两级行星齿轮传动系统非线性动力学建模

## 2.2.1　基本结构及假设

本文的研究对象是车辆两级行星齿轮传动系统，其结构简图如图 2-1 所示，系统有两个普通行星排，一级齿圈与箱体固连，每个行星排包含太阳轮、齿圈、行星架和四个行星轮，各构件的参数取用不同的下标用以区分：太阳轮 s，齿圈 r，行星架 c，行星轮 p，将 $n=1,2,3,\cdots,N$ 作为

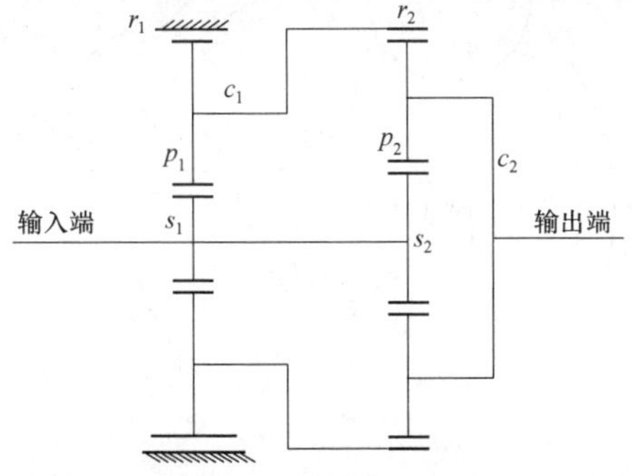


图 2-1　两级行星齿轮传动系统传动简图

行星轮编号，$i=1,2$ 作为行星排编号。一级太阳轮与二级太阳轮连接，一排行星架与二级齿圈连接。动力从一级太阳轮轴输入，从二级行星架输出，在输出端施加扭矩作为负载。

在动力学分析时一般采用如下假设：

① 假定每个构件都在垂直与轴线的平面内做横向振动与绕轴线的扭转振动；

② 系统被简化为集中质量模型，各接触单元被简化为具有对应刚度值的弹簧，行星排之间连接轴简化为扭转弹簧和弯曲弹簧，齿轮体及杆系视为刚体；

③ 各行星轮沿太阳轮圆周均布，且其质量、刚度、尺寸等参数均相同；

④ 用一个刚度很大的扭转弹簧将一级齿圈与箱体连接，以此来消除齿圈的宏观运动，但不影响部件的微小横向振动与扭转振动。

两级行星齿轮传动是由单级行星排用连接件组合而成，多级行星传动的集中参数模型如图 2-2 所示。

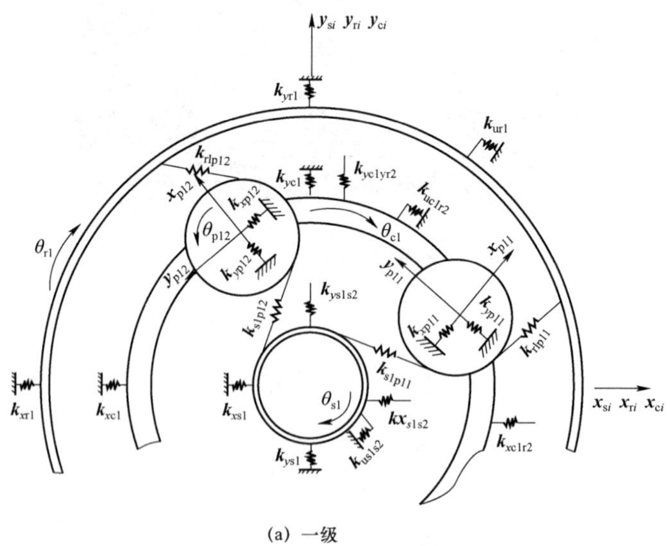

(a) 一级

图 2-2　两级行星齿轮传动集中参数模型

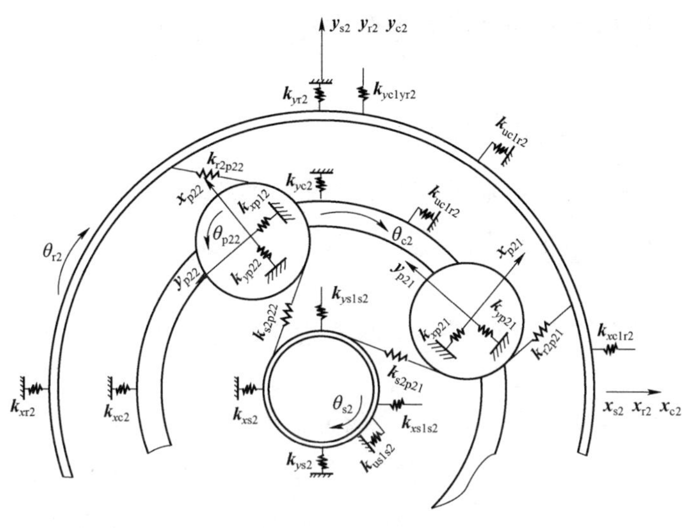


(b) 二级

图 2-2　两级行星齿轮传动集中参数模型（续）

图中 $J_a$、$m_a$ 分别为部件 $a$ 的转动惯量和质量，$a$=s$i$、r$i$、c$i$、p$ij$，下标 s$i$、r$i$、c$i$、p$ij$ 分别为第 $i$ 级太阳轮、行星架、齿圈以及第 $i$ 级中第 $j$ 个行星轮。$x_a$、$y_a$、$\theta_a$ 分别为部件 $a$ 在各自相关坐标系中沿横、纵坐标轴的微小平移位移以及绕坐标原点的微小角位移。$k_{sipij}$、$c_{sipij}$、$b_{sipij}$ $k_{ripij}$、$c_{ripij}$、$b_{ripij}$ 分别为第 $i$ 级行星排中太阳轮、齿圈和第 $j$ 个行星轮之间轮齿的时变啮合刚度、啮合阻尼、齿侧间隙。$k_{usi}$、$k_{uri}$、$k_{uci}$ 为第 $i$ 级太阳轮、行星架、内齿圈沿旋转方向的切向支承刚度，$k_{xa}$、$k_{ya}$ 为各部件在各自相关坐标系中沿横、纵坐标轴支承刚度，$k_{xhiql}$、$k_{yhiql}$、$k_{uhiql}$ 为第 $i$ 级行星排中部件 $h$ 与第 $l$ 级行星排中部件 $q$ 的连接件的等效弯曲刚度和扭转刚度，$i$、$l$ 为整数，$i \neq l$；$h$、$q$=s，r，c。$\psi_{ij}$ 为第 $i$ 级行星排中第 $j$ 个行星轮的位置角，$\psi_{ij}=\omega_{ci}t+2\pi(j-1)/n$，$n$ 为第 $i$ 级中行星轮个数。

## 2.2.2 各部件位置矢量关系及动态参数分析

在系统运行过程中，各部件的振动会导致齿轮间啮合参数的动态变化，分别针对系统内、外啮合幅分析齿轮振动过程中，各部件的动态位置对中心距、压力角和齿侧间隙变化的影响情况。

### 2.2.2.1 太阳轮-行星轮质心位置矢量与动态参数

行星架和第 $i$ 个行星轮的平面投影如图 2-3 所示。图中，$O_c$ 和 $O_{pi}$ 分别为行星架质心位置和行星轮的轴心位置；$r_c$ 为行星架中心 $O_c$ 到行星轮轴中心 $O_{pi}$ 的距离，$\phi_{pi}$ 为第 $i$ 个行星轮轴中心（相对坐标系原点 $O$）的位置角，$\phi_{pi}=\theta_c+\phi_{pi0}$。则行星轮轴中心的位置为

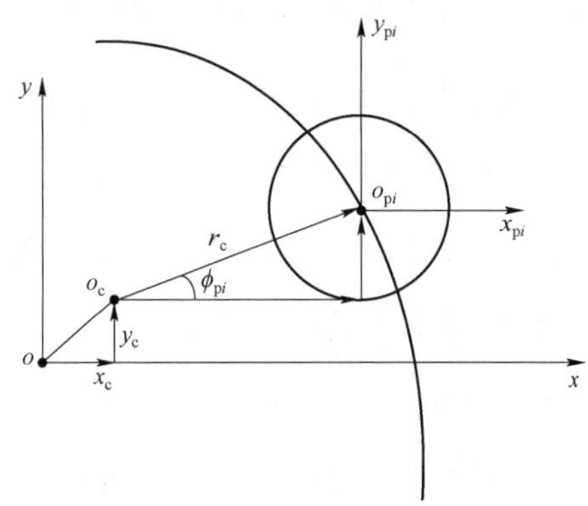


图 2-3 太阳轮和第 $i$ 个行星轮位置关系示意图

$$R_{o_c}=x_c\boldsymbol{i}+y_c\boldsymbol{j} \tag{2-1}$$

$$R_{o_{pi}}=R_{o_c}+R_{pi}=\left[x_c+r_c\cos(\phi_{pi})\right]\boldsymbol{i}+\left[y_c+r_c\sin(\phi_{pi})\right]\boldsymbol{j} \tag{2-2}$$

式中，$\boldsymbol{i}$ 和 $\boldsymbol{j}$ 分别为绝对坐标系横轴和纵轴上的单位矢量。

图 2-4 为太阳轮与第 $i$ 个行星轮的啮合过程动态位置示意图。由图 2-4 可知，太阳轮和第 $i$ 个行星轮的质心在啮合过程中的动态位置可以分别

表示为

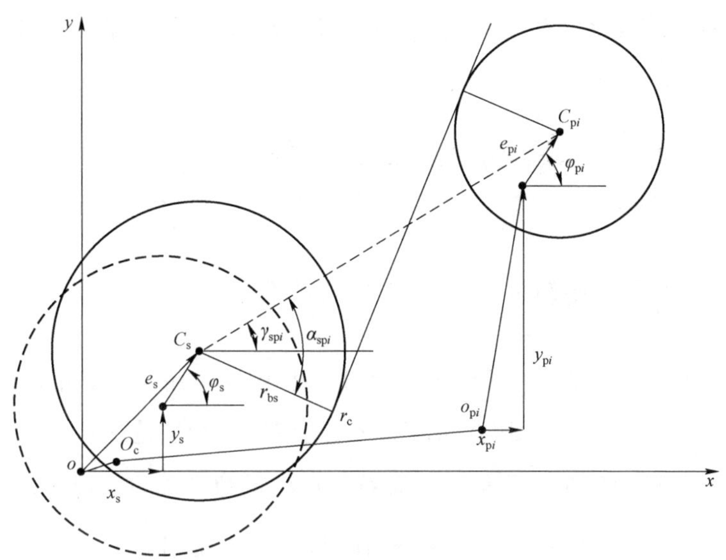


图 2-4　太阳轮和第 $i$ 个行星轮位置关系示意图

$$\boldsymbol{R}_s = [x_s + e_s\cos(\varphi_s)]\boldsymbol{i} + [y_s + e_s\sin(\varphi_s)]\boldsymbol{j} \tag{2-3}$$

$$\boldsymbol{R}_{Cpi} = \boldsymbol{R}_{o_{pi}} + \boldsymbol{r}_{pi} = \left[x_c + r_c\cos(\phi_{pi}) + x_{pi} + e_{pi}\cos(\varphi_{pi})\right]\boldsymbol{i} + \left[y_c + r_c\sin(\phi_{pi}) + y_{pi} + e_{pi}\sin(\varphi_{pi})\right]\boldsymbol{j} \tag{2-4}$$

式中，$\varphi_s$ 为太阳轮质心位置矢量的初始转角；$\varphi_{pi}$ 为行星轮质心位置矢量的初始转角；$e_s$ 和 $e_{pi}$ 分别为太阳轮、第 $i$ 个行星轮的质心偏离理论中心的距离。则任意时刻随自转变化的质心位置角为 $\varphi_s = \theta_s + \varphi_{s0}$ 和 $\varphi_{pi} = \theta_{pi} + \varphi_{pi0}$。

太阳轮和第 $i$ 个行星轮之间的动态中心距为

$$L_{spi} = \left\|\boldsymbol{R}_{Cpi} - \boldsymbol{R}_s\right\| = \sqrt{\Delta x^2 + \Delta y^2} \tag{2-5}$$

式中，$\Delta x$ 和 $\Delta y$ 分别为

$$\Delta x = x_c + r_c\cos(\phi_{pi}) + x_{pi} + e_{pi}\cos(\varphi_{pi}) - x_s - e_s\cos(\varphi_s) \tag{2-6}$$

$$\Delta y = y_c + r_c \sin(\phi_{pi}) + y_{pi} + e_{pi}\sin(\varphi_{pi}) - y_s - e_s \sin(\varphi_s) \tag{2-7}$$

在对系统外啮合齿轮副的动态中心距分析计算的基础上，推导外啮合的动态啮合角为

$$\alpha_{spi} = \cos^{-1}\left(\frac{r_{bs} + r_{bpi}}{L_{spi}}\right) \tag{2-8}$$

### 2.2.2.2　齿圈-行星轮质心位置矢量与动态参数

齿圈和第 $i$ 个行星轮的空间位置关系如图 2-5 所示。其中，$C_r$ 为齿圈的质心位置，$e_r$ 为齿圈的偏心距、$\alpha_{rpi}$ 为齿圈与行星轮的啮合角，$\gamma_{rpi}$ 为齿圈与行星轮的相对位置角，则齿圈质心 $C_r$ 的位置矢量可以表示为

$$\boldsymbol{R}_r = [x_r + e_r\cos(\varphi_r)]\boldsymbol{i} + [y_r + e_r\sin(\varphi_r)]\boldsymbol{j} \tag{2-9}$$

式中，$\varphi_r$ 为齿圈的转动角度，$\varphi_r = \theta_r + \varphi_{r0}$，$\varphi_{r0}$ 为齿圈质心位置相对于 $x$ 轴的初始转角。

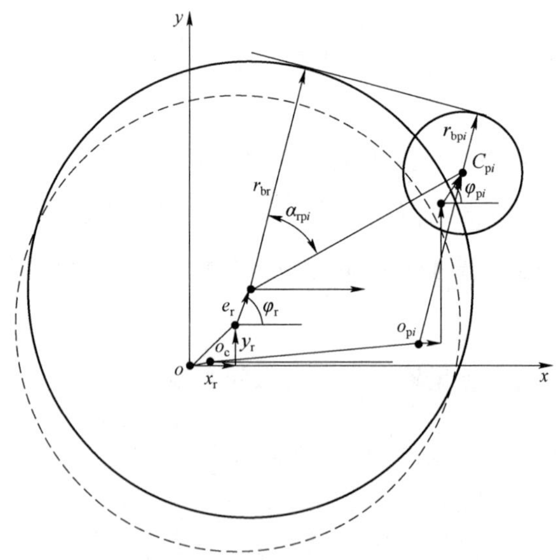


图 2-5　齿圈和第 $i$ 个行星轮位置关系示意图

由图 2-5 可知，齿圈和第 $i$ 个行星轮的动态中心距为

$$L_{\mathrm{rp}i} = \left\| \boldsymbol{R}_{\mathrm{r}} - \boldsymbol{R}_{\mathrm{Cp}i} \right\| = \sqrt{\Delta x^2 + \Delta y^2} \tag{2-10}$$

式中，$\boldsymbol{R}_{\mathrm{Cp}i}$ 为第 $i$ 个行星轮的质心位置矢量，如式（2-4）所示；$\Delta x$ 和 $\Delta y$ 分别为

$$\Delta x = x_{\mathrm{r}} + e_{\mathrm{r}}\cos(\varphi_{\mathrm{r}}) - x_{\mathrm{c}} - r_{\mathrm{c}}\cos(\phi_{\mathrm{p}i}) - x_{\mathrm{p}i} - e_{\mathrm{p}i}\cos(\varphi_{\mathrm{p}i}) \tag{2-11}$$

$$\Delta y = y_{\mathrm{r}} + e_{\mathrm{r}}\sin(\varphi_{\mathrm{r}}) - y_{\mathrm{c}} - r_{\mathrm{c}}\sin(\phi_{\mathrm{p}i}) - y_{\mathrm{p}i} - e_{\mathrm{p}i}\sin(\varphi_{\mathrm{p}i}) \tag{2-12}$$

在对齿圈与第 $i$ 个行星轮之间的动态中心距分析计算的基础上，推导内啮合的动态啮合角为

$$\alpha_{\mathrm{rp}i} = \cos^{-1}\left(\frac{r_{\mathrm{br}} - r_{\mathrm{bp}i}}{L_{\mathrm{rp}i}}\right) \tag{2-13}$$

### 2.2.2.3　动态齿侧间隙

齿轮啮合传动时，由于齿轮中心距与振动位移之间的耦合关系，齿轮啮合副之间的中心距是动态变化的，从而导致齿侧间隙的动态改变。由渐开线齿轮啮合原理，经进一步推导可得，行星齿轮系统内、外啮合的动态齿侧间隙为

$$2\tilde{b}(t) = 2b + 2(r_{\mathrm{b}j} \pm r_{\mathrm{bp}})\left[\mathrm{inv}\,\alpha(t) - \mathrm{inv}\,\alpha\right] \tag{2-14}$$

式中，$r_{\mathrm{b}j}$（$j=\mathrm{s,r}$）为太阳轮或齿圈的基圆半径；$r_{\mathrm{bp}}$ 为行星轮的基圆半径；$\alpha$ 为理论啮合角；$b$ 取值为齿侧间隙的一半。

### 2.2.2.4　动态啮合位置

以外啮合齿面接触为例进行分析，在齿轮啮合过程中，由于中心距的动态变化会导致实际啮合点偏离理论啮合位置，如图 2-6 所示。其中，$O_1$ 和 $O_2$ 为不考虑齿轮动态中心距变化时的理论中心位置，$O_2'$ 为中心距变化后的齿轮 2 的中心位置，$A$ 点为理论啮合点，$A'$ 为实际啮合点。

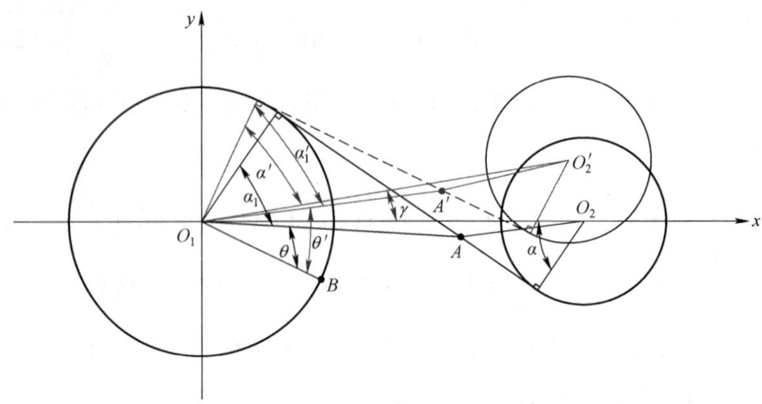


图 2-6　动态中心距对啮合位置的影响

由几何关系推导可得

$$\alpha_1' + \theta' - \alpha_1 - \theta = \alpha' + \gamma - \alpha \tag{2-15}$$

式中，$\alpha$ 为理论啮合角；$\alpha'$ 为动态啮合角，可由式（2-8）计算；$\alpha_1$ 为初始压力角；$\alpha_1'$ 为动态压力角；$\theta$ 为初始啮合点 $A$ 的渐开线展角；$\theta'$ 为啮合位置变化后啮合点 $A'$ 的渐开线展角。

在齿轮啮合过程中，渐开线展角与压力角之间存在 $\theta = \tan\alpha_1 - \alpha_1$ 的关系，因此可得动态压力角为

$$\alpha_1'(t) = \arctan(\alpha' + \gamma - \alpha + \tan\alpha_1) \tag{2-16}$$

## 2.2.3　非线性激励

### 2.2.3.1　时变啮合刚度及其相位关系

本文采用材料力学法中 Weber 能量法计算啮合副时变啮合刚度。为了便于计算和研究，通常将啮合刚度展开成以啮合频率为基频的傅里叶级数形式。本书忽略了齿轮质量偏心、制造误差等时变非线性因素对啮合刚度的影响，只考虑各内、外啮合刚度之间存在相位的超前和滞后。

在行星齿轮传动中，固定件不同（太阳轮、齿圈或行星架），输入端及旋转方向不同，会改变行星轮的旋转方向，导致啮合相位关系符号的改变。

当行星轮顺时针旋转时，相位关系为

$$\begin{cases} \gamma_{\mathrm{sip}ij} = (j-1)\dfrac{Z_{\mathrm{s}i}}{n} \\ \gamma_{\mathrm{rip}ij} = -(j-1)\dfrac{Z_{\mathrm{r}i}}{n} \end{cases} \tag{2-17}$$

当行星轮逆时针旋转时，相位关系为

$$\begin{cases} \gamma_{\mathrm{sip}ij} = -(j-1)\dfrac{Z_{\mathrm{s}i}}{n} \\ \gamma_{\mathrm{rip}ij} = (j-1)\dfrac{Z_{\mathrm{r}i}}{n} \end{cases} \tag{2-18}$$

式中，$\gamma_{sipij}$、$\gamma_{ripij}$ 的符号表示相位滞后（正号）或相位超前（负号）。

根据以上分析的时变啮合刚度及其各啮合副之间的相位差关系，采用以啮合频率为基频的傅里叶级数和形式，将时变啮合刚度 $k_{sipij}$、$k_{ripij}$ 分别表示为

$$\begin{cases} k_{\mathrm{sip}ij} = \bar{k}_{\mathrm{sip}ij} + \sum\limits_{\lambda=1}^{H} k_{\mathrm{sip}ij}^{\lambda} \sin\left[\lambda\left(\omega_{\mathrm{m}i}t + \gamma_{\mathrm{sip}ij}\right) + \phi_{\mathrm{sip}ij}^{\lambda}\right] \\ k_{\mathrm{rip}ij} = \bar{k}_{\mathrm{rip}ij} + \sum\limits_{\lambda=1}^{H} k_{\mathrm{rip}ij}^{\lambda} \sin\left[\lambda\left(\omega_{\mathrm{m}i}t + \gamma_{\mathrm{rip}ij} + \gamma_{\mathrm{sr}i}\right) + \phi_{\mathrm{rip}ij}^{\lambda}\right] \end{cases} \tag{2-19}$$

式中，$\bar{k}_{\mathrm{sip}ij}$、$\bar{k}_{\mathrm{rip}ij}$ 分别为相应啮合副的平均刚度，$k_{\mathrm{sip}ij}^{\lambda}$、$k_{\mathrm{rip}ij}^{\lambda}$、$\phi_{\mathrm{sip}ij}^{\lambda}$、$\phi_{\mathrm{rip}ij}^{\lambda}$ 分别为各时变刚度的 $\lambda$ 阶谐波幅值和初相位。

#### 2.2.3.2　啮合线综合变形量与非线性啮合力

在齿轮加工制造过程中，相对于理论设计参数而言，不可避免地会产生各种误差，误差会导致一种位移激励，引起啮合线变化量的改变，对齿轮的振动产生影响。本文将齿轮的误差分别投影到啮合线方向，并表示为正弦函数的形式。

（1）综合啮合误差计算

以太阳轮的制造偏心误差 $E_{si}$、安装偏心误差 $A_{si}$ 为例子来计算，其矢量投影示意图如图 2-7 所示，它们分别投影到相应啮合线方向上的等效误差 $e_{Esi\_sipij}$、$e_{Asi\_sipij}$ 为

$$\begin{cases} e_{Esi\_sipij} = E_{si}\sin(\omega_{si}t + \beta_{si} - \psi_{ij} - \alpha) \\ e_{Asi\_sipij} = A_{si}\sin(\gamma_{si} - \psi_{ij} - \alpha) \end{cases} \tag{2-20}$$

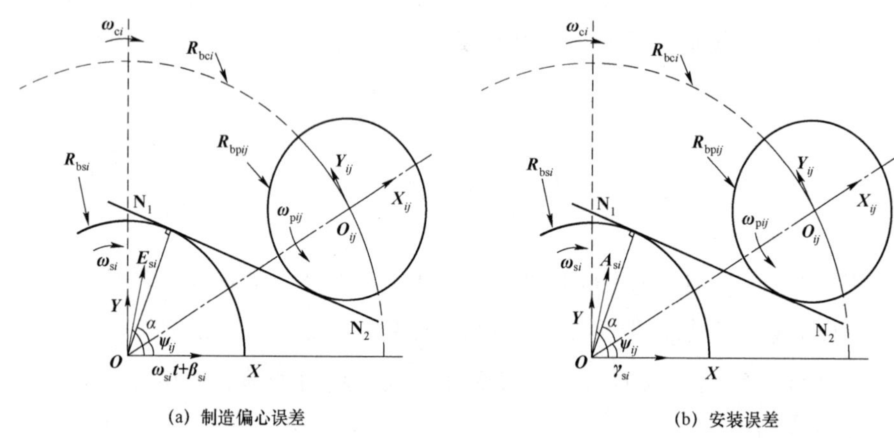


图 2-7　太阳轮的等效误差投影示意图

同理，下面直接给出各部件投影后得到的等效误差。

齿圈的制造偏心误差 $E_{ri}$、安装偏心误差 $A_{ri}$ 在相应啮合线方向上的等效误差 $e_{Eri\_ripij}$、$e_{Ari\_ripij}$ 分别为

$$\begin{cases} e_{Eri\_ripij} = E_{ri}\sin(\omega_{ri}t + \beta_{ri} - \psi_{ij} + \alpha) \\ e_{Ari\_ripij} = A_{ri}\sin(\gamma_{ri} - \psi_{ij} + \alpha) \end{cases} \tag{2-21}$$

行星架的制造偏心误差 $E_{ci}$、安装偏心误差 $A_{ci}$ 在相应啮合线方向上的等效误差 $e_{Eci\_sipij}$、$e_{Aci\_sipij}$、$e_{Eci\_ripij}$、$e_{Aci\_ripij}$ 分别为

$$\begin{cases} e_{Eci\_sipij} = E_{ci}\sin(-\omega_{ci}t - \beta_{ci} + \psi_{ij} + \alpha) \\ e_{Aci\_sipij} = A_{ci}\sin(-\gamma_{ci} + \psi_{ij} + \alpha) \\ e_{Eci\_ripij} = E_{ci}\sin(\omega_{ci}t + \beta_{ci} - \psi_{ij} + \alpha) \\ e_{Aci\_ripij} = A_{ci}\sin(\gamma_{ci} - \psi_{ij} + \alpha) \end{cases} \tag{2-22}$$

行星轮的制造偏心误差 $E_{\mathrm{p}ij}$、安装偏心误差 $A_{\mathrm{p}ij}$ 在相应啮合线方向上的等效误差 $e_{\mathrm{Ep}ij\_\mathrm{s}ipij}$、$e_{\mathrm{Ap}ij\_\mathrm{s}ipij}$、$e_{\mathrm{Ep}ij\_\mathrm{r}ipij}$、$e_{\mathrm{Ap}ij\_\mathrm{r}ipij}$ 分别为

$$\begin{cases} e_{\mathrm{Ep}ij\_\mathrm{s}ipij} = E_{\mathrm{p}ij}\sin(\omega_{\mathrm{p}ij}t + \beta_{\mathrm{p}ij} - \alpha) \\ e_{\mathrm{Ap}ij\_\mathrm{s}ipij} = A_{\mathrm{p}ij}\sin(\gamma_{\mathrm{p}ij} - \alpha) \\ e_{\mathrm{Ep}ij\_\mathrm{r}ipij} = E_{\mathrm{p}ij}\sin(\omega_{\mathrm{p}ij}t + \beta_{\mathrm{p}ij} + \alpha) \\ e_{\mathrm{Ap}ij\_\mathrm{r}ipij} = A_{\mathrm{p}ij}\sin(\gamma_{\mathrm{p}ij} + \alpha) \end{cases} \tag{2-23}$$

各级行星排的外、内啮合副的齿形制造误差在相应啮合线方向上的等效误差 $\varepsilon_{\mathrm{sp}\_\mathrm{s}ipij}$、$\varepsilon_{\mathrm{rp}\_\mathrm{r}ipij}$ 分别为

$$\begin{cases} \varepsilon_{\mathrm{sp}\_\mathrm{s}ipij} = E_{\mathrm{s}ipij}\sin(\omega_{\mathrm{m}i}(t + \gamma_{\mathrm{s}ipij}T_{\mathrm{m}i})) \\ \varepsilon_{\mathrm{rp}\_\mathrm{r}ipij} = E_{\mathrm{r}ipij}\sin(\omega_{\mathrm{m}i}(t + (\gamma_{\mathrm{r}ipij} + \gamma_{\mathrm{s}iri})T_{\mathrm{m}i})) \end{cases} \tag{2-24}$$

式中，$E_{\mathrm{s}ipij}$、$E_{\mathrm{r}ipij}$ 分别为相应啮合副上的齿形误差幅值，$\omega_{\mathrm{m}i}$、$T_{\mathrm{m}i}$ 分别为第 $i$ 级行星排的啮合圆频率和啮合周期。

经过以上分析后，可以得到各级行星排的内、外啮合综合误差 $e_{\mathrm{sp}\_\mathrm{s}ipij}$ 和 $e_{\mathrm{rp}\_\mathrm{r}ipij}$ 分别为：

$$\begin{cases} e_{\mathrm{sp}\_\mathrm{s}ipij} = e_{\mathrm{Es}i\_\mathrm{s}ipij} + e_{\mathrm{As}i\_\mathrm{s}ipij} + e_{\mathrm{Ec}i\_\mathrm{s}ipij} + e_{\mathrm{Ac}i\_\mathrm{s}ipij} + e_{\mathrm{Ep}ij\_\mathrm{s}ipij} + e_{\mathrm{Ap}ij\_\mathrm{s}ipij} + \varepsilon_{\mathrm{sp}\_\mathrm{s}ipij} \\ e_{\mathrm{rp}\_\mathrm{r}ipij} = e_{\mathrm{Er}i\_\mathrm{r}ipij} + e_{\mathrm{Ar}i\_\mathrm{r}ipij} + e_{\mathrm{Ec}i\_\mathrm{r}ipij} + e_{\mathrm{Ac}i\_\mathrm{r}ipij} + e_{\mathrm{Ep}ij\_\mathrm{r}ipij} + e_{\mathrm{Ap}ij\_\mathrm{r}ipij} + \varepsilon_{\mathrm{rp}\_\mathrm{r}ipij} \end{cases} \tag{2-25}$$

（2）啮合线变形量计算

行星齿轮各部件的振动会产生的微小位移，进而引起啮合线的变化。首先，将太阳轮、齿圈的绝对小位移沿着固定坐标系的轴线方向进行分解，而后再将其投影到各啮合线方向得到振动位移引发的啮合线变化量。其次，行星齿轮的微小振动位移为相对位移和行星架的牵连位移的矢量和，将这个矢量和沿着内、外啮合线方向分别投影即可得到行星轮振动引起的啮合线变化量。各啮合线变化量计算关系如图 2-8 所示。

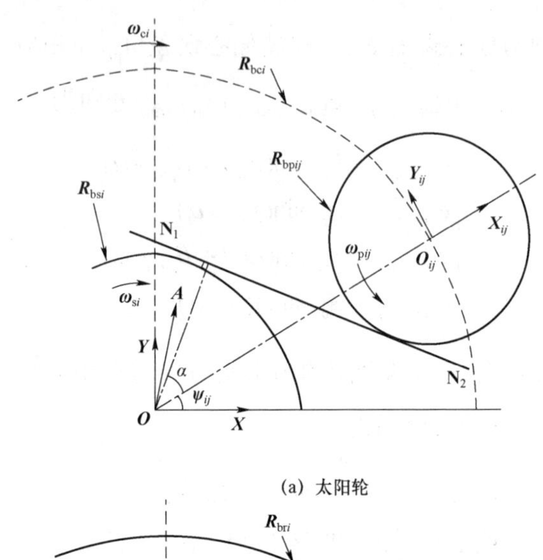


(a) 太阳轮

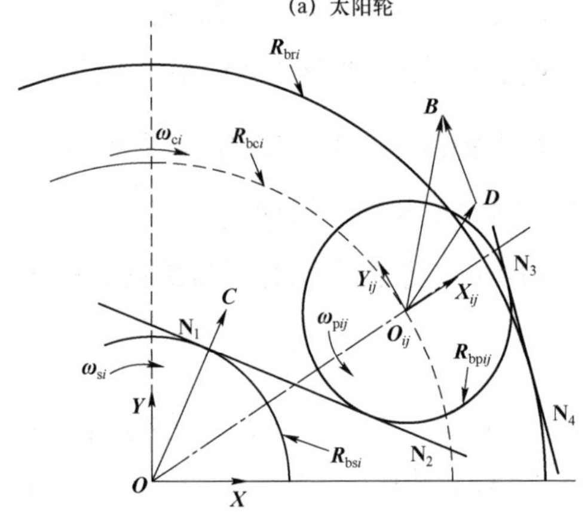


(b) 行星轮

图 2-8　平移振动微位移弹性变形投影关系

模型中行星轮的微小角位移为绝对位移，在分别计算啮合副中每一个相关部件微小平移位移引起的啮合线变化量之后，综合计算平移和扭转振动微位移引起的啮合线变化量 $L_{\text{sip}ij}$、 $L_{\text{rip}ij}$ 分别为

$$
\begin{cases}
L_{\text{sip}ij} = x_{\text{s}i}\sin(\psi_{ij}+\alpha) - y_{\text{s}i}\cos(\psi_{ij}+\alpha) - x_{\text{c}i}\sin(\psi_{ij}+\alpha) + y_{\text{c}i}\cos(\psi_{ij}+\alpha) \\
\qquad - x_{\text{p}ij}\sin\alpha + y_{\text{p}ij}\cos\alpha + \theta_{\text{s}i}R_{\text{s}i} - \theta_{\text{c}i}R_{\text{s}i} - \theta_{\text{p}ij}R_{\text{p}ij} \\
L_{\text{rip}ij} = -x_{\text{r}i}\sin(\psi_{ij}-\alpha) + y_{\text{r}i}\cos(\psi_{ij}-\alpha) + x_{\text{c}i}\sin(\psi_{ij}-\alpha) - y_{\text{c}i}\cos(\psi_{ij}-\alpha) \\
\qquad - x_{\text{p}ij}\sin\alpha - y_{\text{p}ij}\cos\alpha + \theta_{\text{p}ij}R_{\text{p}ij} - \theta_{\text{c}i}R_{\text{r}i} - \theta_{\text{r}i}R_{\text{r}i}
\end{cases}
\tag{2-26}
$$

（3）非线性啮合力计算

在系统误差、啮合线变化量和动态参数分析的基础上，可以得到齿轮副啮合过程中的啮合线综合变化量为

$$
\begin{cases}
L_{\mathrm{sip}ij}(t)=x_{\mathrm{s}i}\sin(\psi_{ij}+\alpha(t))-y_{\mathrm{s}i}\cos(\psi_{ij}+\alpha(t))-x_{\mathrm{c}i}\sin(\psi_{ij}+\alpha(t))+y_{\mathrm{c}i}\cos(\psi_{ij}+\alpha(t)) \\
\qquad -x_{\mathrm{p}ij}\sin\alpha(t)+y_{\mathrm{p}ij}\cos\alpha(t)+\theta_{\mathrm{s}i}R_{\mathrm{s}i}-\theta_{\mathrm{c}i}R_{\mathrm{s}i}-\theta_{\mathrm{p}ij}R_{\mathrm{p}ij}+e_{\mathrm{sp\_sip}ij}(t) \\
L_{\mathrm{rip}ij}(t)=-x_{\mathrm{r}i}\sin(\psi_{ij}-\alpha(t))+y_{\mathrm{r}i}\cos(\psi_{ij}-\alpha(t))+x_{\mathrm{c}i}\sin(\psi_{ij}-\alpha(t))-y_{\mathrm{c}i}\cos(\psi_{ij}-\alpha(t)) \\
\qquad -x_{\mathrm{p}ij}\sin\alpha(t)-y_{\mathrm{p}ij}\cos\alpha(t)+\theta_{\mathrm{p}ij}R_{\mathrm{p}ij}-\theta_{\mathrm{c}i}R_{\mathrm{r}i}-\theta_{\mathrm{r}i}R_{\mathrm{r}i}+e_{\mathrm{rp\_rip}ij}(t)
\end{cases}
\tag{2-27}
$$

综合考虑齿侧间隙、时变啮合刚度及其相位差、各部件制造误差、装配误差、齿形误差、啮合阻尼等因素，系统非线性啮合力表达式分别为

$$
\begin{cases}
F_{\mathrm{sip}ij}=k_{\mathrm{sip}ij}f(L_{\mathrm{sip}ij}(t),b_{\mathrm{sip}ij})+c_{\mathrm{sip}ij}\dot{L}_{\mathrm{sip}ij}(t) \\
F_{\mathrm{rip}ij}=k_{\mathrm{rip}ij}f(L_{\mathrm{rip}ij}(t),b_{\mathrm{rip}ij})+c_{\mathrm{rip}ij}\dot{L}_{\mathrm{rip}ij}(t)
\end{cases}
\tag{2-28}
$$

式中，$k_{\mathrm{sip}ij}$ 为啮合刚度；$b_{\mathrm{sip}ij}$ 取值为齿侧间隙的一半；$c_{\mathrm{sip}ij}$ 为啮合阻尼。$f(L_{\mathrm{sip}ij}(t),b_{\mathrm{sip}ij})$ 为非线性间隙函数，其表达式为

$$
f(L_{\mathrm{sip}ij}(t),b_{\mathrm{sip}ij})=\begin{cases}
L_{\mathrm{sip}ij}(t)-b_{\mathrm{sip}ij} & L_{\mathrm{sip}ij}(t)>b_{\mathrm{sip}ij} \\
0 & \left|L_{\mathrm{sip}ij}(t)\right|\leqslant b_{\mathrm{sip}ij} \\
L_{\mathrm{sip}ij}(t)+b_{\mathrm{sip}ij} & L_{\mathrm{sip}ij}(t)<-b_{\mathrm{sip}ij}
\end{cases}
\tag{2-29}
$$

## 2.2.4　驱动与负载

本文使用的发动机为 V 型 12 缸四冲程柴油机，发动机单缸扭矩为

$$
M=M_p+M_j+M_g \tag{2-30}
$$

燃气压力激励力矩为

$$
M_p=\frac{\pi D^2}{4}pR\frac{\sin(\alpha+\beta)}{\cos\beta} \tag{2-31}
$$

式中，$D$ 为气缸直径；$R$ 为曲柄半径；$p$ 为作用在单缸活塞单位面积上的燃气压力；$\beta$ 为连杆中心线和气缸中心线的夹角；

往复惯性力激励力矩为

$$M_j = -m_j\omega^2 R^2\left(\cos\alpha + \frac{R}{L}\cos 2\alpha\right)\frac{\sin(\alpha+\beta)}{\cos\beta} \tag{2-32}$$

式中，$\omega$为曲柄角速度；$\alpha$为曲柄转角；$m_j$为往复运动部件的质量；

往复部件重力激励力矩为

$$M_g = m_j gR\frac{\sin(\alpha+\beta)}{\cos\beta} \tag{2-33}$$

根据发动机参数计算得到发动机的单缸输出力矩和谐次分析如图 2-9 所示。该转矩的频率以 6 谐次、12 谐次为主。

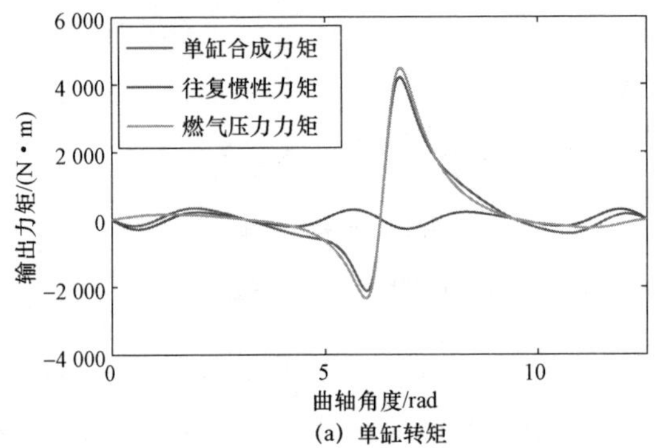

(a) 单缸转矩

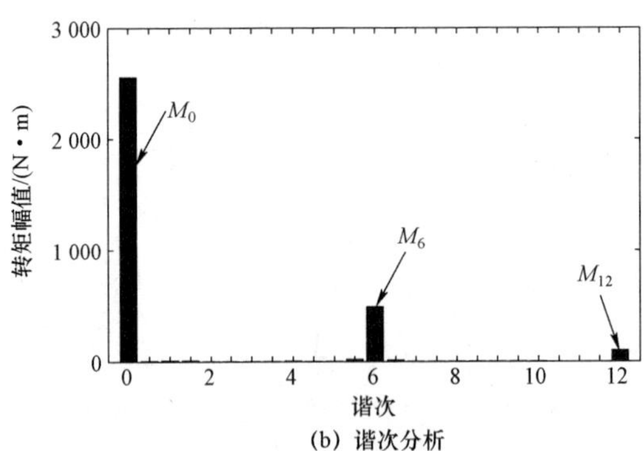

(b) 谐次分析

图 2-9　发动机单缸输出转矩分析

经傅里叶变换可以将发动机的输出转矩表示为

$$M = M_0 + \sum_{l=0.5}^{\infty} M_l \sin(r\omega t + \varphi_l) \tag{2-34}$$

式中，$M_0$ 为发动机输出的平均转矩，$M_l$ 为 $l$ 次简谐转矩振幅，$\omega$为发动机旋转角速度，$l=0.5,1,1.5,2\cdots$为简谐次数，$\varphi_l$ 为 $l$ 次简谐转矩的初相位。

在车辆传动系统中发动机输出转矩经过传动轴、弹性联轴器、前传动齿轮等部件作用在行星齿轮传动输入部件上，作为行星传动系统驱动转矩 $T_{\text{in}}$。行星齿轮传动负载转矩 $T_{\text{out}}$ 主要包括地面阻力等效转矩经过传动轴、后传动齿轮等部件作用在行星齿轮传动输出部件上的总力矩。

## 2.3　两级行星齿轮传动系统动力学方程

### 2.3.1　各部件平移动能与旋转动能

如图 2-10 所示，在考虑各质量偏心的情况下，各部件的微位移位置矢量及其导数可表示为

$$\boldsymbol{R}=\left(x+e_M\cos(\omega t+\gamma)\right)\boldsymbol{i}+\left(y+e_M\sin(\omega t+\gamma)\right)\boldsymbol{j} \tag{2-35}$$

$$\dot{\boldsymbol{R}}=\left(\dot{x}-\omega e_M\sin(\omega t+\gamma)\right)\boldsymbol{i}+\left(\dot{y}+\omega e_M\cos(\omega t+\gamma)\right)\boldsymbol{j} \tag{2-36}$$

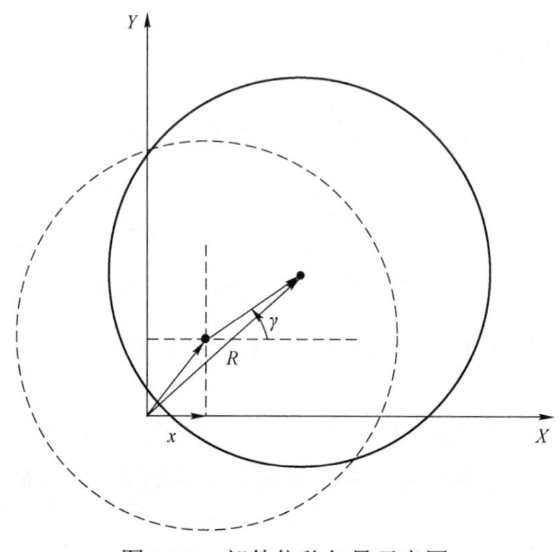


图 2-10　部件位移矢量示意图

整个传动系统的动能函数 $T$ 为

$$T=\sum_{i=1}^{M}(T_{si}+T_{ri}+T_{ci})+\sum_{i=1}^{M}\sum_{j=1}^{N}T_{pij} \tag{2-37}$$

式中，$T_{si}$、$T_{ri}$ 和 $T_{ci}$ 分别为第 $i$ 级太阳轮、齿圈和行星架的动能函数；$T_{pij}$ 为第 $i$ 级第 $j$ 个行星齿轮的动能函数。

第 $i$ 级太阳轮动能函数 $T_{si}$ 为

$$T_{si}=\frac{1}{2}m_{si}(\dot{x}_{si}-e_{Msi}\omega_{si}\sin(\omega_{si}t+\gamma_{si}))^2+\frac{1}{2}m_{si}(\dot{y}_{si}+e_{Msi}\omega_{si}\cos(\omega_{si}t+\gamma_{si}))^2+\frac{1}{2}J_{si}(\omega_{si}+\dot{\theta}_{si})^2 \tag{2-38}$$

第 $i$ 级齿圈动能函数 $T_{ri}$ 为

$$T_{ri}=\frac{1}{2}m_{ri}(\dot{x}_{ri}-e_{Mri}\omega_{ri}\sin(\omega_{ri}t+\gamma_{ri}))^2+\frac{1}{2}m_{ri}(\dot{y}_{ri}+e_{Mri}\omega_{ri}\cos(\omega_{ri}t+\gamma_{ri}))^2+\frac{1}{2}J_{ri}(\omega_{ri}+\dot{\theta}_{ri})^2 \tag{2-39}$$

第 $i$ 级行星架动能函数 $T_{ci}$ 为

$$T_{ci}=\frac{1}{2}m_{ci}(\dot{x}_{ci}-e_{Mci}\omega_{ci}\sin(\omega_{ci}t+\gamma_{ci}))^2+\frac{1}{2}m_{ci}(\dot{y}_{ci}+e_{Mci}\omega_{ci}\cos(\omega_{ci}t+\gamma_{ci}))^2+\frac{1}{2}J_{ci}(\omega_{ci}+\dot{\theta}_{ci})^2 \tag{2-40}$$

第 $i$ 级行星排中第 $j$ 个行星轮动能函数 $T_{pij}$ 为

$$\begin{aligned}T_{pij}=&\frac{1}{2}m_{pij}(\dot{x}_{ci}+\dot{x}_{pij}\cos\psi_{pij}-\omega_{ci}x_{pij}\sin\psi_{pij}-\dot{y}_{pij}\sin\psi_{pij}\\&-\omega_{ci}y_{pij}\cos\psi_{pij}-e_{Mpij}\omega_{pij}\sin(\omega_{pij}t+\gamma_{pij}))^2\\&+\frac{1}{2}m_{pij}(\dot{y}_{ci}+\dot{x}_{pij}\sin\psi_{pij}+\omega_{ci}x_{pij}\cos\psi_{pij}+\dot{y}_{pij}\cos\psi_{pij}\\&-\omega_{ci}y_{pij}\sin\psi_{pij}+e_{Mpij}\omega_{pij}\cos(\omega_{pij}t+\gamma_{pij}))^2\\&+\frac{1}{2}J_{pij}(\omega_{ci}+\dot{\theta}_{ci}+\omega_{pij}+\dot{\theta}_{pij})^2+\frac{1}{2}m_{pij}R_{ci}^2(\omega_{ci}+\dot{\theta}_{ci})^2\end{aligned} \tag{2-41}$$

## 2.3.2　系统弹性势能

本文将行星排之间的连接轴简化为具有弯曲弹性和扭转弹性的等效弹簧，忽略行星齿轮系统各部件轴承扭转方向的刚度和阻尼，因此，系统的弹性势能 $U$ 主要包含轴承弹性势能和行星排连接件弹性势能，其表达式为

$$U = U_{\mathrm{a}} + U_{\mathrm{b}}$$

轴承弹性势能函数 $U_{\mathrm{a}}$ 为

$$\begin{aligned} U_{\mathrm{a}} = & \sum_{i=1}^{M}\left(\frac{1}{2}k_{\mathrm{xs}i}x_{\mathrm{s}i}^{2} + \frac{1}{2}k_{\mathrm{ys}i}y_{\mathrm{s}i}^{2}\right) + \sum_{i=1}^{M}\left(\frac{1}{2}k_{\mathrm{xr}i}x_{\mathrm{r}i}^{2} + \frac{1}{2}k_{\mathrm{yr}i}y_{\mathrm{r}i}^{2}\right) \\ & + \sum_{i=1}^{M}\left(\frac{1}{2}k_{\mathrm{xc}i}x_{\mathrm{c}i}^{2} + \frac{1}{2}k_{\mathrm{yc}i}y_{\mathrm{c}i}^{2}\right) + \sum_{i=1}^{M}\sum_{j=1}^{N}\left(\frac{1}{2}k_{\mathrm{xp}ij}x_{\mathrm{p}ij}^{2} + \frac{1}{2}k_{\mathrm{yp}ij}y_{\mathrm{p}ij}^{2}\right) \end{aligned} \tag{2-42}$$

行星排连接件弹性势能函数 $U_{\mathrm{b}}$ 为

$$\begin{aligned} U_{\mathrm{b}} = & \frac{1}{2}k_{\mathrm{xc1r2}}(x_{\mathrm{c1}} - x_{\mathrm{r2}})^{2} + \frac{1}{2}k_{\mathrm{yc1r2}}(y_{\mathrm{c1}} - y_{\mathrm{r2}})^{2} + \frac{1}{2}k_{\mathrm{uc1r2}}(\theta_{\mathrm{c1}} - \theta_{\mathrm{r2}})^{2} \\ & + \frac{1}{2}k_{\mathrm{xs1s2}}(x_{\mathrm{s1}} - x_{\mathrm{s2}})^{2} + \frac{1}{2}k_{\mathrm{ys1s2}}(y_{\mathrm{s1}} - y_{\mathrm{s2}})^{2} + \frac{1}{2}k_{\mathrm{us1s2}}(\theta_{\mathrm{s1}} - \theta_{\mathrm{s2}})^{2} \end{aligned} \tag{2-43}$$

系统总耗能函数 $V$ 表达式为

$$V = V_{\mathrm{a}} + V_{\mathrm{b}} \tag{2-44}$$

其中，轴承耗能函数 $V_{\mathrm{a}}$ 为

$$\begin{aligned} V_{\mathrm{a}} = & \sum_{i=1}^{M}\left(\frac{1}{2}c_{\mathrm{xs}i}\dot{x}_{\mathrm{s}i}^{2} + \frac{1}{2}c_{\mathrm{ys}i}\dot{y}_{\mathrm{s}i}^{2}\right) + \sum_{i=1}^{M}\left(\frac{1}{2}c_{\mathrm{xr}i}\dot{x}_{\mathrm{r}i}^{2} + \frac{1}{2}c_{\mathrm{yr}i}\dot{y}_{\mathrm{r}i}^{2}\right) \\ & + \sum_{i=1}^{M}\left(\frac{1}{2}c_{\mathrm{xc}i}\dot{x}_{\mathrm{c}i}^{2} + \frac{1}{2}c_{\mathrm{yc}i}\dot{y}_{\mathrm{c}i}^{2}\right) + \sum_{i=1}^{M}\sum_{j=1}^{N}\left(\frac{1}{2}c_{\mathrm{xp}ij}\dot{x}_{\mathrm{p}ij}^{2} + \frac{1}{2}c_{\mathrm{yp}ij}\dot{y}_{\mathrm{p}ij}^{2}\right) \end{aligned} \tag{2-45}$$

行星排连接件耗能函数 $V_{\mathrm{b}}$ 为

$$\begin{aligned}V_{\mathrm{b}}=&\frac{1}{2}c_{\mathrm{xc1r2}}(\dot{x}_{\mathrm{c1}}-\dot{x}_{\mathrm{r2}})^2+\frac{1}{2}c_{\mathrm{yc1r2}}(\dot{y}_{\mathrm{c1}}-\dot{y}_{\mathrm{r2}})^2+\frac{1}{2}c_{\mathrm{uc1r2}}(\dot{\theta}_{\mathrm{c1}}-\dot{\theta}_{\mathrm{r2}})^2\\&+\frac{1}{2}c_{\mathrm{xs1s2}}(\dot{x}_{\mathrm{s1}}-\dot{x}_{\mathrm{s2}})^2+\frac{1}{2}c_{\mathrm{ys1s2}}(\dot{y}_{\mathrm{s1}}-\dot{y}_{\mathrm{s2}})^2+\frac{1}{2}c_{\mathrm{us1s2}}(\dot{\theta}_{\mathrm{s1}}-\dot{\theta}_{\mathrm{s2}})^2\end{aligned}\tag{2-46}$$

### 2.3.3 两级行星齿轮传动系统动力学模型

对于多自由度复杂动力学系统，通常采用拉格朗日方程建立系统动力学方程。拉格朗日方程为

$$\frac{\mathrm{d}}{\mathrm{d}t}\frac{\partial T}{\partial \dot{z}_v}-\frac{\partial T}{\partial z_v}+\frac{\partial U}{\partial z_v}+\frac{\partial V}{\partial \dot{z}_v}=Q_v\,[v=1,2,\cdots,3M(3+N)]\tag{2-47}$$

式中 $z_v$ 为系统广义坐标，$\dot{z}_v$ 是系统广义坐标对时间的一阶导数，称为系统广义速度，$v$ 为系统自由度数目，$M$ 为行星排个数，$N$ 为各级行星排中行星轮个数。系统中除黏性耗散力以外的非保守的广义力 $Q_v$ 。

一级太阳轮横-扭耦合动力学方程为

$$\begin{cases}m_{\mathrm{s1}}\ddot{x}_{\mathrm{s1}}-m_{\mathrm{s1}}e_{M\mathrm{s1}}\omega_{\mathrm{s1}}^2\cos(\omega_{\mathrm{s1}}t+\gamma_{\mathrm{s1}})+\sum_{j=1}^{4}\sin(\psi_{\mathrm{p1}j}+\alpha)F_{\mathrm{s1p1}j}\\+k_{\mathrm{xs1}}x_{\mathrm{s1}}+c_{\mathrm{xs1}}\dot{x}_{\mathrm{s1}}+F_{\mathrm{bys1s2}}=0\\m_{\mathrm{s1}}\ddot{y}_{\mathrm{s1}}-m_{\mathrm{s1}}e_{M\mathrm{s1}}\omega_{\mathrm{s1}}^2\sin(\omega_{\mathrm{s1}}t+\gamma_{\mathrm{s1}})-\sum_{j=1}^{4}\cos(\psi_{\mathrm{p1}j}+\alpha)F_{\mathrm{s1p1}j}\\+k_{\mathrm{ys1}}y_{\mathrm{s1}}+c_{\mathrm{ys1}}\dot{y}_{\mathrm{s1}}+F_{\mathrm{bxs1s2}}=0\\J_{\mathrm{s1}}\ddot{\theta}_{\mathrm{s1}}+\sum_{j=1}^{4}F_{\mathrm{s1p1}j}R_{\mathrm{s1}}+T_{\mathrm{s1s2}}=T_{\mathrm{in}}\end{cases}\tag{2-48}$$

一级齿圈横-扭耦合动力学方程为

$$\begin{cases}m_{\mathrm{r1}}\ddot{x}_{\mathrm{r1}}-m_{\mathrm{r1}}e_{M\mathrm{r1}}\omega_{\mathrm{r1}}^2\cos(\omega_{\mathrm{r1}}t+\gamma_{\mathrm{r1}})-\sum_{j=1}^{4}\sin(\psi_{\mathrm{p1}j}-\alpha)F_{\mathrm{r1p1}j}\\+k_{\mathrm{xr1}}x_{\mathrm{r1}}+c_{\mathrm{xr1}}\dot{x}_{\mathrm{r1}}=0\\m_{\mathrm{r1}}\ddot{y}_{\mathrm{r1}}-m_{\mathrm{r1}}e_{M\mathrm{r1}}\omega_{\mathrm{r1}}^2\sin(\omega_{\mathrm{r1}}t+\gamma_{\mathrm{r1}})+\sum_{j=1}^{4}\cos(\psi_{\mathrm{p1}j}-\alpha)F_{\mathrm{r1p1}j}\\+k_{\mathrm{yr1}}y_{\mathrm{r1}}+c_{\mathrm{yr1}}\dot{y}_{\mathrm{r1}}=0\\J_{\mathrm{r1}}\ddot{\theta}_{\mathrm{r1}}-\sum_{j=1}^{4}F_{\mathrm{r1p1}j}R_{\mathrm{r1}}=-k_{\mathrm{ur1}}\theta_{\mathrm{r1}}-c_{\mathrm{ur1}}\dot{\theta}_{\mathrm{r1}}\end{cases}\tag{2-49}$$

一级行星架横-扭耦合动力学方程为

$$
\begin{aligned}
& m_{c1}\ddot{x}_{c1} - m_{c1}e_{Mc1}\omega_{c1}^2\cos(\omega_{c1}t+\gamma_{c1}) + \ddot{x}_{c1}\sum_{j=1}^{4}m_{p1j} + \sum_{j=1}^{4}m_{p1j}\ddot{x}_{p1j}\cos\psi_{p1j} \\
& -\sum_{j=1}^{4}m_{p1j}\ddot{y}_{p1j}\sin\psi_{p1j} - \omega_{c1}^2\sum_{j=1}^{4}m_{p1j}x_{p1j}\cos\psi_{p2j} + \omega_{c1}^2\sum_{j=1}^{4}m_{p1j}y_{p1j}\sin\psi_{p1j} \\
& -2\omega_{c1}\sum_{j=1}^{4}m_{p1j}\dot{x}_{p1j}\sin\psi_{p1j} - 2\omega_{c1}\sum_{j=1}^{4}m_{p1j}\dot{y}_{p1j}\cos\psi_{p1j} \\
& -\sum_{j=1}^{4}m_{p1j}e_{Mp1j}\omega_{p1j}^2\cos(\omega_{p1j}t+\gamma_{p1j}) - \sum_{j=1}^{4}\sin(\psi_{p1j}+\alpha)F_{s1p1j} \\
& +\sum_{j=1}^{4}\sin(\psi_{p1j}-\alpha)F_{r1p1j} + k_{xc1}x_{c1} + c_{xc1}\dot{x}_{c1} + F_{bxc1r2} = 0
\end{aligned}
\tag{2-50a}
$$

$$
\begin{aligned}
& m_{c1}\ddot{y}_{c1} - m_{c1}e_{Mc1}\omega_{c1}^2\sin(\omega_{c1}t+\gamma_{c1}) + \ddot{y}_{c1}\sum_{j=1}^{4}m_{p1j} + \sum_{j=1}^{4}m_{p1j}\ddot{x}_{p1j}\sin\psi_{p1j} \\
& +\sum_{j=1}^{4}m_{p1j}\ddot{y}_{p1j}\cos\psi_{p1j} - \omega_{c1}^2\sum_{j=1}^{4}m_{p1j}x_{p1j}\sin\psi_{p1j} - \omega_{c1}^2\sum_{j=1}^{4}m_{p1j}y_{p1j}\cos\psi_{p1j} \\
& +2\omega_{c1}\sum_{j=1}^{4}m_{p1j}\dot{x}_{p1j}\cos\psi_{p1j} - 2\omega_{c1}\sum_{j=1}^{4}m_{p1j}\dot{y}_{p1j}\sin\psi_{p1j} \\
& -\sum_{j=1}^{4}m_{p1j}e_{Mp1j}\omega_{p1j}^2\sin(\omega_{p1j}t+\gamma_{p1j}) + \sum_{j=1}^{4}\cos(\psi_{p1j}+\alpha)F_{s1p1j} \\
& -\sum_{j=1}^{4}\cos(\psi_{p1j}-\alpha)F_{r1p1j} + k_{yc1}y_{c1} + c_{yc1}\dot{y}_{c1} + F_{byc1r2} = 0
\end{aligned}
\tag{2-50b}
$$

$$
\begin{aligned}
& J_{c1}\ddot{\theta}_{c1} - \sum_{j=1}^{4}J_{p1j}\ddot{\theta}_{c1} + \sum_{j=1}^{4}J_{p1j}\ddot{\theta}_{p1j} + \sum_{j=1}^{4}m_{p1j}R_{bc1}^2\ddot{\theta}_{c1} - \sum_{j=1}^{4}F_{s1p1j}R_{bs1} \\
& -\sum_{j=1}^{4}F_{r1p1j}R_{br1} + T_{c1r2} = 0
\end{aligned}
\tag{2-50c}
$$

一级行星轮横-扭耦合动力学方程为

$$
\begin{cases}
m_{\mathrm{p}1j}\ddot{x}_{\mathrm{c}1}\cos\psi_{\mathrm{p}1j}+m_{\mathrm{p}1j}\ddot{y}_{\mathrm{c}1}\sin\psi_{\mathrm{p}1j}+m_{\mathrm{p}1j}\ddot{x}_{\mathrm{p}1j}-2m_{\mathrm{p}1j}\omega_{\mathrm{c}1}\dot{y}_{\mathrm{p}1j}\\
-m_{\mathrm{p}1j}\omega_{\mathrm{c}1}^{2}x_{\mathrm{p}1j}-m_{\mathrm{p}1j}e_{\mathrm{Mp}1j}\omega_{\mathrm{p}1j}^{2}\cos(\psi_{\mathrm{p}1j}-\omega_{\mathrm{p}1j}t-\gamma_{\mathrm{p}1j})\\
-\sin\alpha F_{\mathrm{s}1\mathrm{p}1j}-\sin\alpha F_{\mathrm{r}1\mathrm{p}1j}+k_{\mathrm{xp}1j}x_{\mathrm{p}1j}+c_{\mathrm{xp}1j}\dot{x}_{\mathrm{p}1j}=0\\
-m_{\mathrm{p}1j}\ddot{x}_{\mathrm{c}1}\sin\psi_{\mathrm{p}1j}+m_{\mathrm{p}1j}\ddot{y}_{\mathrm{c}1}\cos\psi_{\mathrm{p}1j}+m_{\mathrm{p}1j}\ddot{y}_{\mathrm{p}1j}+2m_{\mathrm{p}1j}\omega_{\mathrm{c}1}\dot{x}_{\mathrm{p}1j}\\
-m_{\mathrm{p}1j}\omega_{\mathrm{c}1}^{2}y_{\mathrm{p}1j}+m_{\mathrm{p}1j}e_{\mathrm{Mp}1j}\omega_{\mathrm{p}1j}^{2}\sin(\psi_{\mathrm{p}1j}-\omega_{\mathrm{p}1j}t-\gamma_{\mathrm{p}1j})\\
+\cos\alpha F_{\mathrm{s}1\mathrm{p}1j}-\cos\alpha F_{\mathrm{r}1\mathrm{p}1j}+k_{\mathrm{yp}1j}y_{\mathrm{p}1j}+c_{\mathrm{yp}1j}\dot{y}_{\mathrm{p}1j}=0\\
-J_{\mathrm{p}1j}\ddot{\theta}_{\mathrm{c}1}+J_{\mathrm{p}1j}\ddot{\theta}_{\mathrm{p}1j}-F_{\mathrm{s}1\mathrm{p}1j}R_{\mathrm{p}1j}+F_{\mathrm{r}1\mathrm{p}1j}R_{\mathrm{p}1j}=0
\end{cases}
$$

（2-51）

二级太阳轮横-扭耦合动力学方程为

$$
\begin{cases}
m_{\mathrm{s}2}\ddot{x}_{\mathrm{s}2}-m_{\mathrm{s}2}e_{M\mathrm{s}2}\omega_{\mathrm{s}2}^{2}\cos(\omega_{\mathrm{s}2}t+\gamma_{\mathrm{s}2})+\sum_{j=1}^{4}\sin(\psi_{\mathrm{p}2j}+\alpha)F_{\mathrm{s}2\mathrm{p}2j}\\
+k_{\mathrm{xs}2}x_{\mathrm{s}2}+c_{\mathrm{xs}2}\dot{x}_{\mathrm{s}2}-F_{\mathrm{bxs}1\mathrm{s}2}=0\\
m_{\mathrm{s}2}\ddot{y}_{\mathrm{s}2}-m_{\mathrm{s}2}e_{M\mathrm{s}2}\omega_{\mathrm{s}2}^{2}\sin(\omega_{\mathrm{s}2}t+\gamma_{\mathrm{s}2})-\sum_{j=1}^{4}\cos(\psi_{\mathrm{p}2j}+\alpha)F_{\mathrm{s}2\mathrm{p}2j}\\
+k_{\mathrm{ys}2}y_{\mathrm{s}2}+c_{\mathrm{ys}2}\dot{y}_{\mathrm{s}2}-F_{\mathrm{bys}1\mathrm{s}2}=0\\
J_{\mathrm{s}2}\ddot{\theta}_{\mathrm{s}2}+\sum_{j=1}^{4}F_{\mathrm{s}2\mathrm{p}2j}R_{\mathrm{s}2}-T_{\mathrm{s}1\mathrm{s}2}=0
\end{cases}
$$

（2-52）

二级齿圈横-扭耦合动力学方程为

$$
\begin{cases}
m_{\mathrm{r}2}\ddot{x}_{\mathrm{r}2}-m_{\mathrm{r}2}e_{M\mathrm{r}2}\omega_{\mathrm{r}2}^{2}\cos(\omega_{\mathrm{r}2}t+\gamma_{\mathrm{r}2})-\sum_{j=1}^{4}\sin(\psi_{\mathrm{p}2j}-\alpha)F_{\mathrm{r}2\mathrm{p}2j}\\
+k_{\mathrm{xr}2}x_{\mathrm{r}2}+c_{\mathrm{xr}2}\dot{x}_{\mathrm{r}2}-F_{\mathrm{bxc}1\mathrm{r}2}=0\\
m_{\mathrm{r}2}\ddot{y}_{\mathrm{r}2}-m_{\mathrm{r}2}e_{M\mathrm{r}2}\omega_{\mathrm{r}2}^{2}\sin(\omega_{\mathrm{r}2}t+\gamma_{\mathrm{r}2})+\sum_{j=1}^{4}\cos(\psi_{\mathrm{p}2j}-\alpha)F_{\mathrm{r}2\mathrm{p}2j}\\
+k_{\mathrm{yr}2}y_{\mathrm{r}2}+c_{\mathrm{yr}2}\dot{y}_{\mathrm{r}2}-F_{\mathrm{byc}1\mathrm{r}2}=0\\
J_{\mathrm{r}2}\ddot{\theta}_{\mathrm{r}2}+\sum_{j=1}^{4}F_{\mathrm{r}2\mathrm{p}2j}R_{\mathrm{r}2}-T_{\mathrm{c}1\mathrm{r}2}+k_{\mathrm{ur}2}\theta_{\mathrm{r}2}=0
\end{cases}
$$

（2-53）

二级行星架横-扭耦合动力学方程为

$$
\begin{aligned}
&m_{c2}\ddot{x}_{c2}-m_{c2}e_{Mc2}\omega_{c2}^{2}\cos(\omega_{c2}t+\gamma_{c2})+\ddot{x}_{c2}\sum_{j=1}^{4}m_{p2j}+\sum_{j=1}^{4}m_{p2j}\ddot{x}_{p2j}\cos\psi_{p2j}\\
&-\sum_{j=1}^{4}m_{p2j}\ddot{y}_{p2j}\sin\psi_{p2j}-\omega_{c2}^{2}\sum_{j=1}^{4}m_{p2j}x_{p2j}\cos\psi_{p2j}+\omega_{c2}^{2}\sum_{j=1}^{4}m_{p2j}y_{p2j}\sin\psi_{p2j}\\
&-2\omega_{c2}\sum_{j=1}^{4}m_{p2j}\dot{x}_{p2j}\sin\psi_{p2j}-2\omega_{c2}\sum_{j=1}^{4}m_{p2j}\dot{y}_{p2j}\cos\psi_{p2j}\\
&-\sum_{j=1}^{4}m_{p2j}e_{Mp2j}\omega_{p2j}^{2}\cos(\omega_{p2j}t+\gamma_{p2j})-\sum_{j=1}^{4}\sin(\psi_{p2j}+\alpha)F_{s2p2j}\\
&+\sum_{j=1}^{4}\sin(\psi_{p2j}-\alpha)F_{r2p2j}+k_{xc2}x_{c2}+c_{xc2}\dot{x}_{c2}=0
\end{aligned}
\tag{2-54a}
$$

$$
\begin{aligned}
&m_{c2}\ddot{y}_{c2}-m_{c2}e_{Mc2}\omega_{c2}^{2}\sin(\omega_{c2}t+\gamma_{c2})+\ddot{y}_{c2}\sum_{j=1}^{4}m_{p2j}+\sum_{j=1}^{4}m_{p2j}\ddot{x}_{p2j}\sin\psi_{p2j}\\
&+\sum_{j=1}^{4}m_{p2j}\ddot{y}_{p2j}\cos\psi_{p2j}-\omega_{c2}^{2}\sum_{j=1}^{4}m_{p2j}x_{p2j}\sin\psi_{p2j}-\omega_{c2}^{2}\sum_{j=1}^{4}m_{p2j}y_{p2j}\cos\psi_{p2j}\\
&+2\omega_{c2}\sum_{j=1}^{4}m_{p2j}\dot{x}_{p2j}\cos\psi_{p2j}-2\omega_{c2}\sum_{j=1}^{4}m_{p2j}\dot{y}_{p2j}\sin\psi_{p2j}\\
&-\sum_{j=1}^{4}m_{p2j}e_{Mp2j}\omega_{p2j}^{2}\sin(\omega_{p2j}t+\gamma_{p2j})+\sum_{j=1}^{4}\cos(\psi_{p2j}+\alpha)F_{s2p2j}\\
&-\sum_{j=1}^{4}\cos(\psi_{p2j}-\alpha)F_{r2p2j}+k_{yc2}y_{c2}+c_{yc2}\dot{y}_{c2}=0
\end{aligned}
\tag{2-54b}
$$

$$
\begin{aligned}
&J_{c2}\ddot{\theta}_{c2}-\sum_{j=1}^{4}J_{p2j}\ddot{\theta}_{c2}+\sum_{j=1}^{4}J_{p2j}\ddot{\theta}_{p2j}+\sum_{j=1}^{4}m_{p2j}R_{bc2}^{2}\ddot{\theta}_{c2}-\sum_{j=1}^{4}F_{s2p2j}R_{bs2}\\
&-\sum_{j=1}^{4}F_{r2p2j}R_{br2}=-T_{out}
\end{aligned}
\tag{2-54c}
$$

二级行星轮横-扭耦合动力学方程为

$$\begin{cases}m_{p2j}\ddot{x}_{c2}\cos\psi_{p2j}+m_{p2j}\ddot{y}_{c2}\sin\psi_{p2j}+m_{p2j}\ddot{x}_{p2j}-2m_{p2j}\omega_{c2}\dot{y}_{p2j}\\-m_{p2j}\omega_{c2}^{2}x_{p2j}-m_{p2j}e_{Mp2j}\omega_{p2j}^{2}\cos(\psi_{p2j}-\omega_{p2j}t-\gamma_{p2j})\\\quad-\sin\alpha F_{s2p2j}-\sin\alpha F_{r2p2j}+k_{xp2j}x_{p2j}+c_{xp2j}\dot{x}_{p2j}=0\\-m_{p2j}\ddot{x}_{c2}\sin\psi_{p2j}+m_{p2j}\ddot{y}_{c2}\cos\psi_{p2j}+m_{p2j}\ddot{y}_{p2j}+2m_{p2j}\omega_{c2}\dot{x}_{p2j}\\-m_{p2j}\omega_{c2}^{2}y_{p2j}+m_{p2j}e_{Mp2j}\omega_{p2j}^{2}\sin(\psi_{p2j}-\omega_{p2j}t-\gamma_{p2j})\\+\cos\alpha F_{s2p2j}-\cos\alpha F_{r2p2j}+k_{yp2j}y_{p2j}+c_{yp2j}\dot{y}_{p2j}=0\\-J_{p2j}\ddot{\theta}_{c2}+J_{p2j}\ddot{\theta}_{p2j}-R_{p2j}F_{s2p2j}+R_{p2j}F_{r2p2j}=0\end{cases}\tag{2-55}$$

一级太阳轮与二级太阳轮连接轴的扭转转矩和弯曲平面内的横向力为

$$\begin{cases}T_{s1s2}=k_{s1s2}(\theta_{s1}-\theta_{s2})+c_{s1s2}(\dot{\theta}_{s1}-\dot{\theta}_{s2})\\F_{bxs1s2}=k_{bs1s2}(x_{s1}-x_{s2})+c_{bs1s2}(\dot{x}_{s1}-\dot{x}_{s2})\\F_{bys1s2}=k_{bs1s2}(y_{s1}-y_{s2})+c_{bs1s2}(\dot{y}_{s1}-\dot{y}_{s2})\end{cases}\tag{2-56}$$

一级行星架与二级齿圈连接轴的扭转转矩和弯曲平面内的横向力为

$$\begin{cases}T_{c1r2}=k_{c1r2}(\theta_{c1}-\theta_{r2})+c_{c1r2}(\dot{\theta}_{c1}-\dot{\theta}_{r2})\\F_{bxc1r2}=k_{bc1r2}(x_{c1}-x_{r2})+c_{bc1r2}(\dot{x}_{c1}-\dot{x}_{r2})\\F_{byc1r2}=k_{bc1r2}(y_{c1}-y_{r2})+c_{bc1r2}(\dot{y}_{c1}-\dot{y}_{r2})\end{cases}\tag{2-57}$$

## 2.4 本章小结

本章充分考虑行星齿轮系统的非线性因素，以固定坐标系作为基准，并分别采用不同的坐标系来描述中心部件和行星齿轮的运动关系，使各部件间的关系更容易分析。主要工作如下：

① 建立了一级齿圈固定，一级太阳轮输入二级行星架输出的横-扭耦合动力学模型。根据各部件的质心位置，结合几何偏心和横向微位移引起的动态位置变化，推导并计算了系统的动态中心距、动态齿侧间隙和动态啮合角，在此基础上，模型中也充分考虑了时变啮合刚度、相位调

谐、制造误差、安装误差、齿形误差、质量偏心等因素。

② 通过分析各部件的微小振动位移，从运动学几何关系进行啮合副弹性变形分析和综合啮合误差分析，得到啮合线综合变形量，然后结合动态齿侧间隙、时变啮合阻尼、时变啮合刚度及其相位调谐关系等因素，表达出系统的内、外啮合副非线性啮合力。最后，采用拉格朗日方程建立系统非线性动力学模型。

# 第 3 章　两级行星齿轮传动系统振动特性研究与试验验证

## 3.1 引　言

系统的振动特性包括固有振动特性和受迫振动特性，固有振动特性能够表征系统的基本振动特征，对系统振动响应、振动形式和振动能量分布状态等都有重要影响。受迫振动特性主要研究系统在各工况下的动态振动响应特性，综合研究系统固有特性与受迫振动特性，能够更好地理解行星齿轮传动系统的振动规律。

本章建立两级行星齿轮传动系统固有振动模型，分别对固有频率、振型特征和振动能量分布状态及其传递规律进行分析。而后，以第二章建立的动力学模型为基础，研究系统在不同工况下的振动响应特性。最后，搭建两级行星齿轮传动系统的试验台架，测试系统在不同工况下的振动位移和加速度，通过试验测试数据分析系统的振动响应特性，并对动力学模型进行验证，为车辆两级行星齿轮传动系统的非线性共振现象研究、参数影响规律研究和优化设计奠定基础。

# 3.2　两级行星齿轮传动系统固有振动特性及其振动能量分布规律研究

## 3.2.1　两级行星齿轮传动系统固有频率及振型特征

在第二章所建立的两级行星齿轮传动系统非线性振动模型基础上得到其相应的特征值问题为：

$$-\omega_q^2 \boldsymbol{M}\phi_q + \boldsymbol{K}\phi_q = 0 \tag{3-1}$$

式中，$\boldsymbol{M}$ 为系统质量矩阵，$\boldsymbol{K} = \boldsymbol{K}_b + \boldsymbol{K}_m + \boldsymbol{K}_j$，$\boldsymbol{K}_b$ 为轴承支承刚度矩阵，$\boldsymbol{K}_m$ 为啮合刚度矩阵，$\boldsymbol{K}_j$ 为级间连接轴的弯曲和扭转刚度矩阵。$\omega_q$、$\phi_q$ 为系统第 $q$ 阶固有频率和振型向量，$\phi_q = [\boldsymbol{\varphi}_1,\cdots,\boldsymbol{\varphi}_i,\cdots,\boldsymbol{\varphi}_n]^{\mathrm{T}}$，$\boldsymbol{\varphi}_i$ 为第 $i$ 级行星排振型向量，$\boldsymbol{\varphi}_i = [\boldsymbol{\varphi}_{si},\boldsymbol{\varphi}_{ri},\boldsymbol{\varphi}_{ci},\boldsymbol{\varphi}_{pi1},\cdots,\boldsymbol{\varphi}_{pij}]^{\mathrm{T}}$，$\boldsymbol{\varphi}_{si}$、$\boldsymbol{\varphi}_{ri}$、$\boldsymbol{\varphi}_{ci}$、$\boldsymbol{\varphi}_{pij}$ 为太阳轮、齿圈、行星架、行星轮振型，$\boldsymbol{\varphi}_{si} = [x_{si},y_{si},\theta_{si}]^{\mathrm{T}}$，$\boldsymbol{\varphi}_{ri} = [x_{ri},y_{ri},\theta_{ri}]^{\mathrm{T}}$，$\boldsymbol{\varphi}_{ci} = [x_{ci},y_{ci},\theta_{ci}]^{\mathrm{T}}$，$\boldsymbol{\varphi}_{pij} = [x_{pij},y_{pij},\theta_{pij}]^{\mathrm{T}}$。$j = 1,2,3,4$。$\boldsymbol{M}$、$\boldsymbol{K}$ 具体表示见附录 1。

固有频率与振型是振动系统基本特性的反映，对其进行研究能够了解系统产生振动的形式和机理，为系统设计提供指导。根据计算所得到振型的特点进行归纳和总结，得出系统的不同振动模态。对两级行星齿轮传动系统进行模态分析，其固有频率见表 3-1。根据振型的特点进行归纳和总结，得出两级行星齿轮传动的四种振动模式：两级中心旋转部件扭转振动模式、两级中心旋转部件平移振动模式、一级行星轮振动模式、二级行星轮振动模式。

**表 3-1　两级行星排固有频率与振动模式**

| 振动模式 | 重根数 | 固有频率/Hz |
|---|---|---|
| 两级中心部件扭转振动模式 | 1 | 0，319.2，796，1 269，2 954.6，3 132，3 327，3 667，5 916，6 332.5，10 200，11 278 |
| 两级中心部件平移振动模式 | 2 | 712.2，895.4，1 331.9，2 344.1，3 055，3 443.2，4 514，5 051，5 645.5，6 267，9 754，10 836 |
| 一级行星轮振动模式 | 1 | 2 844.8，5 157，9 456 |
| 二级行星轮振动模式 | 1 | 3 290.2，5 535，10 574 |

不同振动模式的特点分析如下：

（1）两级中心部件扭转振动模式

两级中心部件扭转模式振型图如图 3-1 所示。该模式各阶固有频率都是单根，振型矢量中，一、二级行星排中心部件只产生扭转振动而不产生平移振动，$\boldsymbol{\varphi}_{si}=[0,0,\theta_{si}]^{T}$，$\boldsymbol{\varphi}_{ri}=[0,0,\theta_{ri}]^{T}$，$\boldsymbol{\varphi}_{ci}=[0,0,\theta_{ci}]^{T}$，$\boldsymbol{\varphi}_{pij}=[x_{pij},y_{pij},\theta_{pij}]^{T}$。同一级行星排的四个行星轮同一自由度的振型元素对应相等，即 $x_{p11}=x_{p12}=x_{p13}=x_{p14}$，$y_{p11}=y_{p12}=y_{p13}=y_{p14}$，$\theta_{p11}=\theta_{p12}=\theta_{p13}=\theta_{p14}$，$x_{p21}=x_{p22}=x_{p23}=x_{p24}$，$y_{p21}=y_{p22}=y_{p23}=y_{p24}$，$\theta_{p21}=\theta_{p22}=\theta_{p23}=\theta_{p24}$。

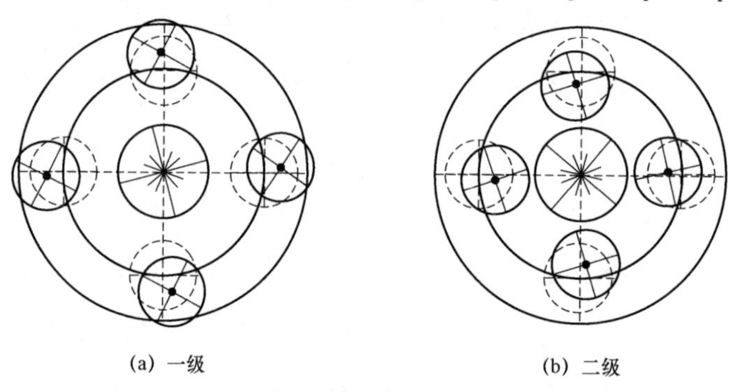
(a) 一级　　(b) 二级

图 3-1　两级中心部件扭转模式振型图

（2）两级中心部件平移振动模式

两级中心部件平移模式振型如图 3-2 所示。该模式各阶固有频率都是二重根，振型矢量中一、二级行星排中心部件只产生平移振动而不产生扭转振动，$\boldsymbol{\varphi}_{si}=[x_{si},y_{si},0]^{T}$，$\boldsymbol{\varphi}_{ri}=[x_{ri},y_{ri},0]^{T}$，$\boldsymbol{\varphi}_{ci}=[x_{ci},y_{ci},0]^{T}$，$\boldsymbol{\varphi}_{pij}=[x_{pij},y_{pij},\theta_{pij}]^{T}$。同一级行星排在同一直径方向上的两个行星轮的同一自由度的

振型元素对应相等，即 $x_{p11}=-x_{p13}$，$y_{p11}=-y_{p13}$，$\theta_{p11}=-\theta_{p13}$，$x_{p12}=-x_{p14}$，$y_{p12}=-y_{p14}$，$\theta_{p12}=-\theta_{p14}$，$x_{p21}=-x_{p23}$，$y_{p21}=-y_{p23}$，$\theta_{p21}=-\theta_{p23}$，$x_{p22}=-x_{p24}$，$y_{p22}=-y_{p24}$，$\theta_{p22}=-\theta_{p24}$。

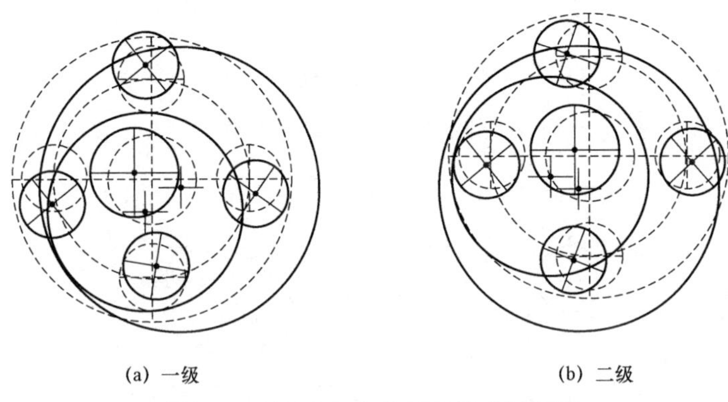

(a) 一级　　(b) 二级

图 3-2　两级中心部件平移模式振型图

（3）一级行星轮振动模式

一级行星轮模式振型如图 3-3 所示。该模式各阶固有频率都是单根，振型矢量中一、二级行星排中心部件平移振动和扭转振动都为零，所有中心部件和二级行星轮都不产生振动，只有一级行星轮在振动。$\boldsymbol{\varphi}_{si}=[0,0,0]^T$，$\boldsymbol{\varphi}_{ri}=[0,0,0]^T$，$\boldsymbol{\varphi}_{ci}=[0,0,0]^T$，$\boldsymbol{\varphi}_{p1j}=[x_{pj},y_{pj},\theta_{pj}]^T$，$\boldsymbol{\varphi}_{p2j}=[0,0,0]^T$。一级四个行星轮同一自由度的振型元素对应相等，即 $x_{p11}=-x_{p12}=x_{p13}=-x_{p14}$，$y_{p11}=-y_{p12}=y_{p13}=-y_{p14}$，$\theta_{p11}=-\theta_{p12}=\theta_{p13}=-\theta_{p14}$。

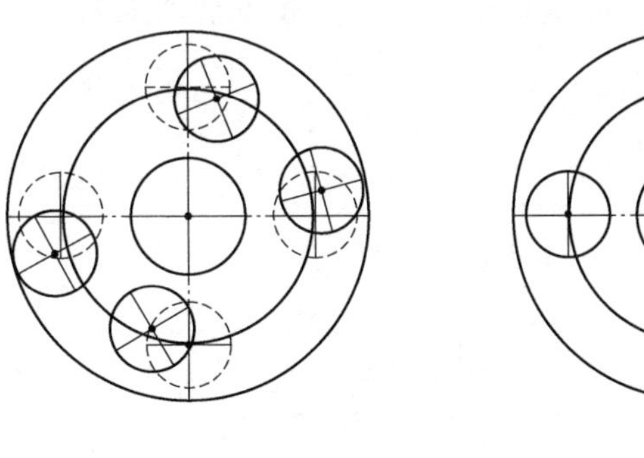

(a) 一级　　(b) 二级

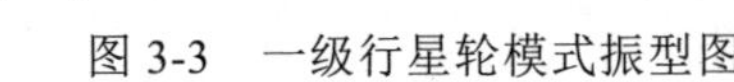

图 3-3　一级行星轮模式振型图

（4）二级行星轮振动模式

二级行星轮模式振型如图 3-4 所示。该模式各阶固有频率都是单根，振型矢量中一、二级行星排中心部件平移振动和扭转振动都为零，所有中心部件和一级行星轮都不产生振动，只有二级行星轮在振动。$\boldsymbol{\varphi}_{si}=[0,0,0]^{\mathrm{T}}$，$\boldsymbol{\varphi}_{ri}=[0,0,0]^{\mathrm{T}}$，$\boldsymbol{\varphi}_{ci}=[0,0,0]^{\mathrm{T}}$，$\boldsymbol{\varphi}_{p1j}=[0,0,0]^{\mathrm{T}}$，$\boldsymbol{\varphi}_{p2j}=[x_{pj},y_{pj},\theta_{pj}]^{\mathrm{T}}$。二级四个行星轮同一自由度的振型元素对应相等，即 $x_{p21}=-x_{p22}=x_{p23}=-x_{p24}$，$y_{p21}=-y_{p22}=y_{p23}=-y_{p24}$，$\theta_{p21}=-\theta_{p22}=\theta_{p23}=-\theta_{p24}$。

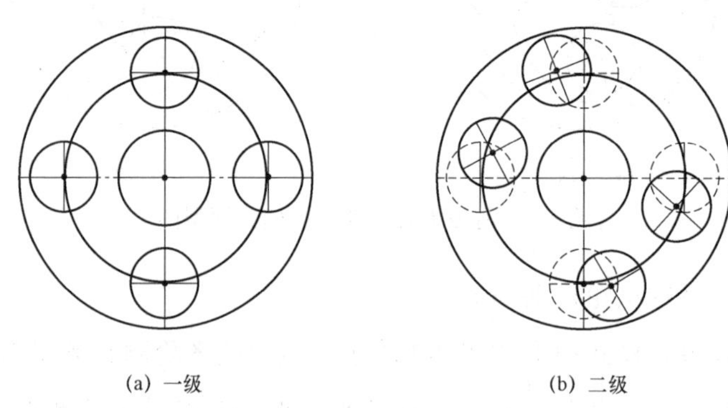

(a) 一级　　(b) 二级

图 3-4　二级行星轮模式振型图

## 3.2.2　系统振动能量分布状态及其传递规律

行星齿轮系统的振动能量包括振动势能和振动动能两部分，在固有频率及其振型分析的基础上，结合式（3-1）得到行星齿轮系统的振动动能和振动势能的表达式为

$$E=\frac{1}{2}\omega_q^2\phi_q^{\mathrm{T}}\boldsymbol{M}\phi_q \tag{3-2}$$

$$U=\frac{1}{2}\phi_q^{\mathrm{T}}\boldsymbol{K}\phi_q \tag{3-3}$$

通过式（3-2）和式（3-3）可得各部件第 $q$ 阶的振动动能和振动势能的计算式分别为：

$$\begin{cases} E_{ij} = \dfrac{1}{2} m_{ij} \omega_q^2 [(x_{ij}^q)^2 + (y_{ij}^q)^2] \\ E_{pin} = \dfrac{1}{2} m_{pin} \omega_q^2 [(x_{pin}^q)^2 + (y_{pin}^q)^2] \\ E_{ij\theta} = \dfrac{1}{2r_{ij}^2} I_{ij} \omega_q^2 (\theta_{ij}^q)^2 \\ E_{pin\theta} = \dfrac{1}{2r_{pin}^2} I_{pin} \omega_q^2 (\theta_{pin}^q)^2 \end{cases} \tag{3-4}$$

$$\begin{cases} U_{ij} = \dfrac{1}{2} k_{ij} [(x_{ij}^q)^2 + (y_{ij}^q)^2] \\ U_{pin} = \dfrac{1}{2} k_{pin} [(\delta_{pinr}^q)^2 + (\delta_{pint}^q)^2] \\ U_{ij\theta} = \dfrac{1}{2} k_{ij\theta} (\theta_{ij}^q)^2 \\ U_{spin} = \dfrac{1}{2} k_{spi} (\delta_{spin}^q)^2 \\ U_{rpin} = \dfrac{1}{2} k_{rpi} (\delta_{rpin}^q)^2 \end{cases} \tag{3-5}$$

其中，啮合线变形量及行星轮位移量表示为

$$\begin{cases} \delta_{spin}^q = -x_{si}^q \sin(\psi_n - \alpha_s) + y_{si}^q \cos(\psi_n - \alpha_s) - x_{pin}^q \sin\alpha_s - y_{pin}^q \cos\alpha_s + u_{si}^q + u_{pin}^q \\ \delta_{rpin}^q = -x_{ri}^q \sin(\psi_n - \alpha_r) + y_{ri}^q \cos(\psi_n - \alpha_r) + x_{pin}^q \sin\alpha_r - y_{pin}^q \cos\alpha_r + u_{ri}^q - u_{pin}^q \\ \delta_{pinr}^q = y_{ci}^q \sin\psi_n + x_{ci}^q \cos\psi_n - x_{pin}^q \\ \delta_{pint}^q = y_{ci}^q \cos\psi_n - x_{ci}^q \sin\psi_n - y_{pin}^q + u_{ci}^q \end{cases} \tag{3-6}$$

式中，$i=1,2$ 表示行星排的级数；$n=1,2,\cdots,N$ 代表行星轮编号，$N$ 为行星轮个数；$m_{ij}$、$I_{ij}$、$k_{ij}$、$k_{ij\theta}$（$i=1,2$；$j=s,r,c$）分别代表第 $i$ 级行星排中部件 $j$ 的质量、惯量、轴承支撑刚度和轴系扭转刚度；$r_{ij}$ 和 $r_{pin}$ 分别代表第 $i$ 级行星排中部件 $j$ 的半径和第 $n$ 个行星轮半径；

通过对式（3-4）和式（3-5）分析可以得出，系统振动能量的分布与振型特征密切相关，系统质量、惯量、刚度参数的确定就基本可以明确系统的能量分布状态及其影响关系。系统扭转振动模式下振动能量与中心部件的质量及其轴承支撑刚度无关；系统平移振动模式下振动能量与中心部件惯量和轴系扭转刚度无关；系统行星轮振动模式下振动能量与中心部件的质量、惯量、轴承支撑刚度、轴系刚度无关。

在对振动能量分布状态及参数影响规律的分析基础上，在不考虑系统阻尼和摩擦的情况下进一步分析振动能量的传递规律。对式（3-1）左乘$\phi_s^{\mathrm{T}}$可得：

$$\omega_q^2\phi_s^{\mathrm{T}}\boldsymbol{M}\phi_q=\phi_s^{\mathrm{T}}\boldsymbol{K}\phi_q \tag{3-7}$$

同理，对第 s 阶模态也可写出：

$$\omega_s^2\phi_q^{\mathrm{T}}\boldsymbol{M}\phi_s=\phi_q^{\mathrm{T}}\boldsymbol{K}\phi_s \tag{3-8}$$

式中，$q$ 和 $s$ 分别代表固有频率阶数；由于矩阵 $\boldsymbol{M}$ 和 $\boldsymbol{K}$ 具有对称性，因此将式（3-8）通过转置可得：

$$\omega_s^2\phi_s^{\mathrm{T}}\boldsymbol{M}\phi_q=\phi_s^{\mathrm{T}}\boldsymbol{K}\phi_q \tag{3-9}$$

将式（3-9）与式（3-7）求差可得：

$$(\omega_s^2-\omega_q^2)\phi_s^{\mathrm{T}}\boldsymbol{M}\phi_q=0 \tag{3-10}$$

式（3-10）对任意 $q$ 和 $s$ 的取值都成立，因此存在 $s=q$ 和 $s\neq q$ 两种情况。当 $s\neq q$ 时，则系统存在关系 $\phi_s^{\mathrm{T}}\boldsymbol{M}\phi_q=0$ 和 $\phi_s^{\mathrm{T}}\boldsymbol{K}\phi_q=0$，此时系统的第 $q$ 阶模态惯性力和模态弹性力对第 $s$ 阶模态振动位移做功都为零，说明不同振动阶次之间的振动势能和振动动能没有发生转移；当 $s=q$ 时，系统的第 $q$ 阶模态惯性力和模态弹性力对第 $s$ 阶模态振动位移做功都不为零，因此同一振动阶次之间的振动势能和振动动能发生了转移。

综上所述，行星齿轮系统的质量、刚度、惯量参数对系统的固有频率、振型特征和能量分布状态起关键作用。在中心部件扭转振动模式下，系统振动能量主要聚集在中心部件扭转动能，部分能量分布在行星齿轮振动及内、外啮合势能上；在中心部件平移振动模式下，系统振动能量主要聚集在中心部件平移势能，部分能量分布于行星齿轮振动及内、外

啮合势能上；在行星轮振动模式下，系统振动能量主要聚集在内、外啮合势能和行星齿轮的平移势能上，部分能量分布于行星齿轮振动动能上。能量只能在同一阶振动之间传递，因此能量分布状态的改变只能通过修改系统参数改变系统固有振动特性来实现。

## 3.3　两级行星齿轮传动系统强迫振动特性研究

本节从系统啮合力、振动位移入手分析系统的非线性强迫振动特性，明确系统的主要激励频率成分及其随转速转矩的变化规律，为之后的共振分析及振动响应优化设计奠定基础。

### 3.3.1　变转速转矩工况对非线性啮合力动态特性的影响

啮合力是齿轮传动的核心环节，是行星齿轮系统高频振动的主要内部激励源。图 3-5 显示了输入转速为 2 000 r/min，输入转矩为 $T_0$=1 000 N·m 时，一排太阳轮与行星轮间啮合力时域图和频谱图。

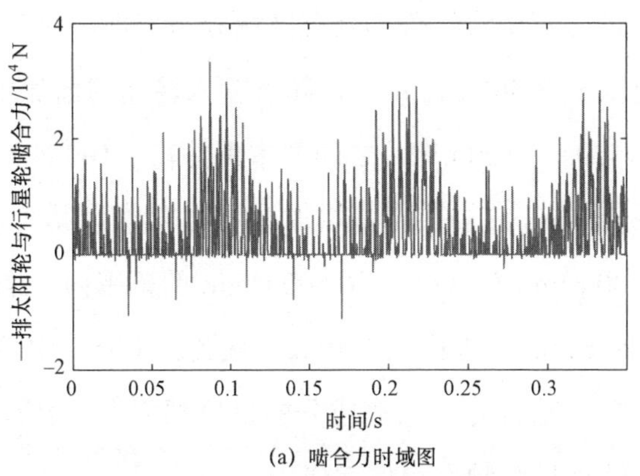


(a) 啮合力时域图

图 3-5　一排太阳轮与行星轮间啮合力时域图和频谱图

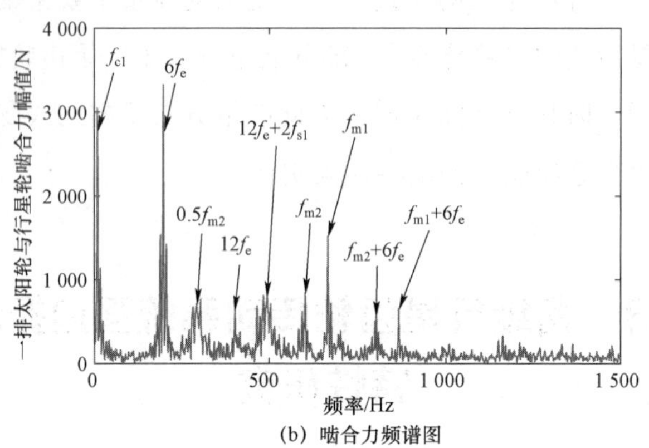


(b) 啮合力频谱图

图 3-5 一排太阳轮与行星轮间啮合力时域图和频谱图（续）

首先研究啮合力的频域特性，从图 3-5（b）频谱图中可知，啮合力的频率成分主要包括啮合频率及其倍频、发动机 6 谐次激励频率 $6f_e$ 和 12 谐次激励频率 $12f_e$、一排行星架件转频 $f_{c1}$，其中还产生了发动机激励频率与系统转频、啮合频率之间的耦合频率 $12f_e+2f_{s1}$、$f_{m1}+6f_e$、$f_{m2}+6f_e$。

图 3-6 为一排太阳轮和行星轮间的啮合力频谱瀑布图。从图 3-6（a）中可以看出，随着转速的增加，啮合频率及其倍频以及啮频的调制频率的幅值都增大，且系统一阶啮合频率幅值增加较为明显，在转速大于 4 000 r/min 后还出现了新的耦合频率 $2f_{m1}+4f_s$；系统转频和发动机激励频率的幅值随转速变化的趋势都具有区域分布特性，行星架转频 $f_{c1}$ 的幅值在输入转速低于 3 500 r/min 时，随着输入转速的增加由 96 N 增加到 1 100 N，在 3 500～6 100 r/min 之间基本保持在 1 100 N 不变，转速大于 6 100 r/min 后转频 $f_{c1}$ 的幅值剧烈增加；发动机激励频率 $6f_e$ 和 $12f_e$ 的幅值在 800～3 500 r/min 和 3 500～6 500 r/min 的范围内分别保持稳定，且在 3 500～6 500 r/min 范围内幅值较大。从图 3-6（b）中可以看出，随着输入转矩的增加，啮合力各频率成分的幅值都增大，且没有出现新的调制频率，因此转矩只对频率幅值起作用。

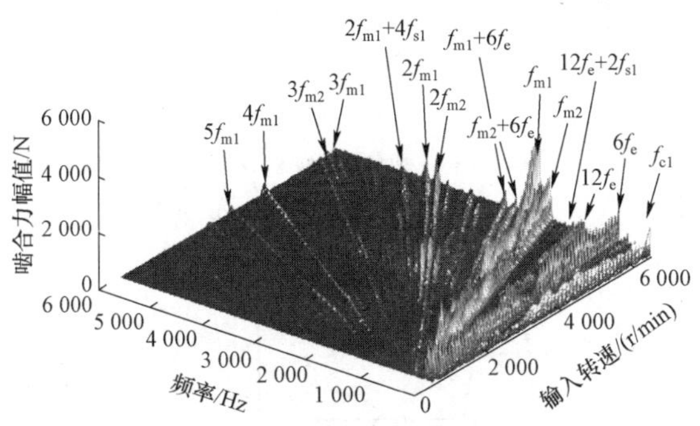


(a) 转速对啮合力频域特性的影响

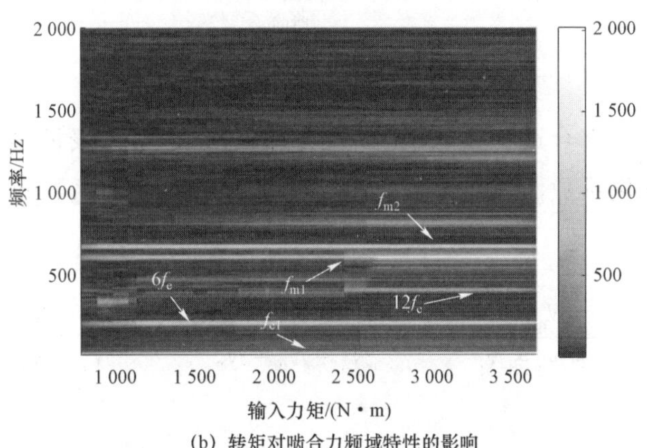


(b) 转矩对啮合力频域特性的影响

图 3-6　转速转矩对一排太阳轮与行星轮间啮合力的影响

通过以上对啮合力频域特性的分析可知，转速转矩对啮合力频域特性具有显著影响，并且作用效果略有不同。转速和转矩的增加都会导致啮合力各频率成分的幅值增大，而转速的增加会使系统产生新的调制频率成分，且各频率幅值的变化趋势具有不同的转速区域性。

对于啮合力的时域特性，分别从啮合接触状态和动态载荷两方面进行分析。在齿轮啮合过程中，由于齿侧间隙的存在以及相对转速的变化，可能出现三种不同的啮合接触状态，如图 3-7 所示为啮合力时域曲线局部放大图，可以看到图中的啮合力存在大于零、等于零和小于零三种区间，这三种区间分别对应驱动齿面始终保持接触、啮合副出现脱齿和非

驱动面接触三种啮合状态。

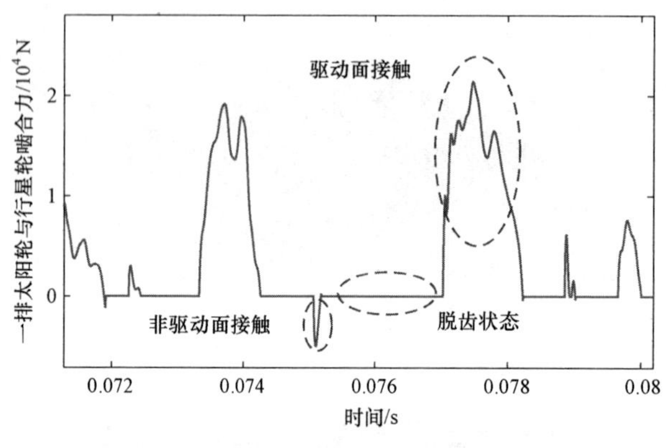


图 3-7　啮合力冲击状态

为了研究啮合过程接触状态与工况的关系，引入表征系统啮合接触状态的归一化系数，分别为驱动面接触系数$\eta_q$，脱齿系数$\eta_0$，非驱动面接触系数$\eta_f$

$$\eta_{\mathrm{q}}=\frac{N_{\mathrm{q}}}{N_{\mathrm{q}}+N_0+N_{\mathrm{f}}}\qquad \eta_0=\frac{N_0}{N_{\mathrm{q}}+N_0+N_{\mathrm{f}}}\qquad \eta_{\mathrm{f}}=\frac{N_{\mathrm{f}}}{N_{\mathrm{q}}+N_0+N_{\mathrm{f}}} \tag{3-11}$$

式中，$N_i$ $(i=\mathrm{q}, 0, \mathrm{f})$分别表示三种接触状态的次数。

齿轮啮合接触状态曲线如图 3-8 所示，在两种不同的驱动转矩下，$\eta_{\mathrm{q}}$都随着转速升高逐渐减小，$\eta_0$则随着转速升高逐渐增加，而$\eta_{\mathrm{f}}$在 1%～3%之间波动且整体变化趋势基本不受转速影响。整体来看，随着转速升高驱动面接触次数下降，非冲击状态次数降低，脱齿次数增加，单边冲击状态次数增加，而双边冲击状态变化不明显。从图中也可以看出，输入转矩平均值 $T_0$ 越大，脱齿次数越小，啮合副保持非冲击状态的趋势就越明显。图 3-8（c）可以看出，系统在输入转速 1 900～2 100 r/min 之间存在共振现象，此时非驱动面接触次数明显上升，说明发生共振时，系统的双边冲击会加强。

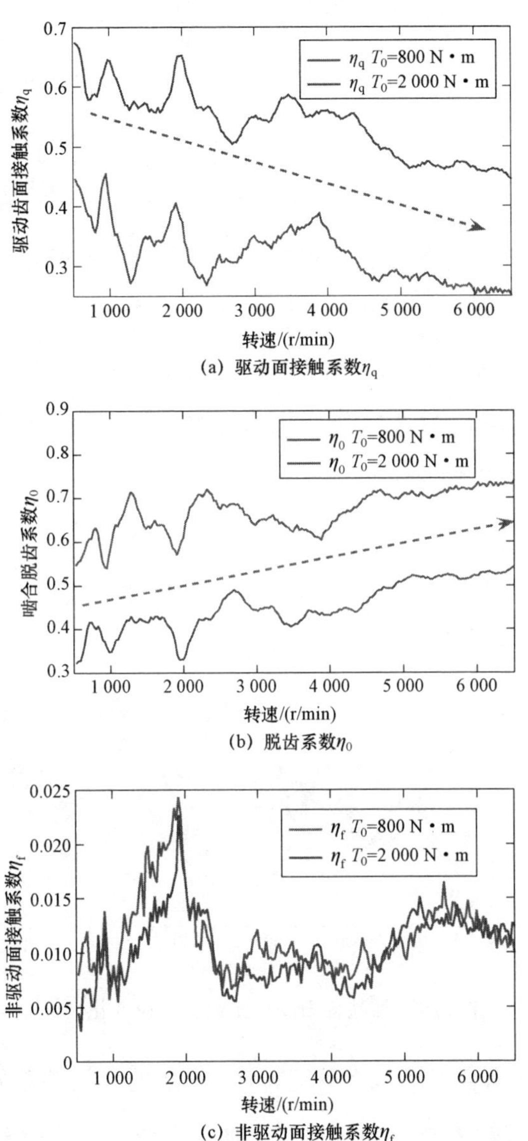

(a) 驱动面接触系数$\eta_q$


(b) 脱齿系数$\eta_0$


(c) 非驱动面接触系数$\eta_f$

图 3-8　一排太阳轮与行星轮啮合接触状态随工况变化趋势图

齿轮啮合面接触状态的变化也会产生相应的啮合冲击力，为了进一步研究啮合力的时域特性随转速转矩的变化趋势，定义齿轮啮合动载系数

$$\mathrm{DLF}=\frac{\max[F(t)]}{F} \tag{3-12}$$

式中，$F(t)$为仿真计算得到的动态齿轮啮合力；$F$为平均输入转矩作用下的理论啮合力。

经计算分析后，一、二排外啮合力动载系数变化趋势如图 3-9 所示，当系统平均输入转矩为 $T_0=2\ 000\ \mathrm{N\cdot m}$ 时，随着转速的升高啮合力动载系数呈现增大趋势。从图中可以看出，在转速大致为 1 130 r/min、2 300 r/min、3 800 r/min 和 5 000 r/min 时出现峰值，它们是由于一、二排啮合频率 $f_{m1}$ 和 $f_{m2}$ 接近派生系统第二阶、第三阶、第六阶和第七阶固有频率引起系统共振形成的。

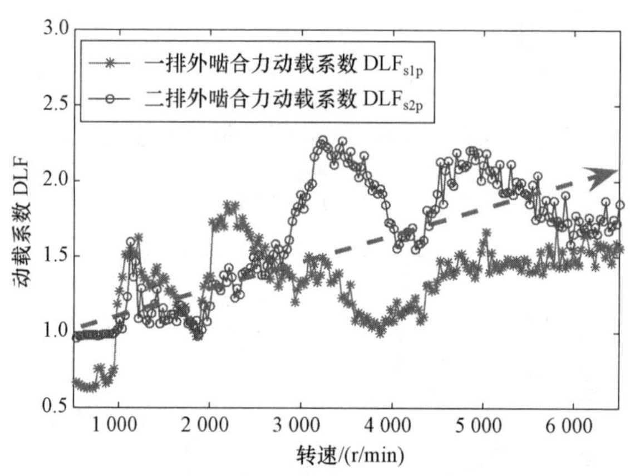


图 3-9　外啮合力动载系数随转速变化曲线

一、二排外啮合力动载系数随转速、转矩的变化关系如图 3-10 所示。可以看出，随着输入转矩和转速的增加，系统动载系数整体呈现增大趋势。在特定转速区域时，动载系数平面上出现波峰带，且与图 3-9 的分析结果相对应，这是由于系统发生共振导致的，与工况变化对比，系统共振对动载系数的影响更为明显。

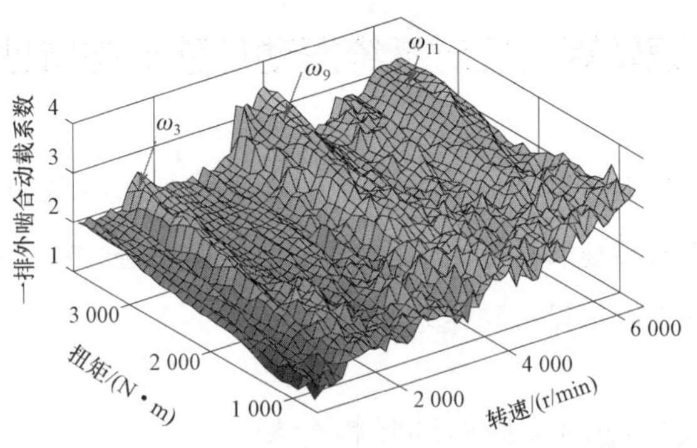


(a) 一排动载系数

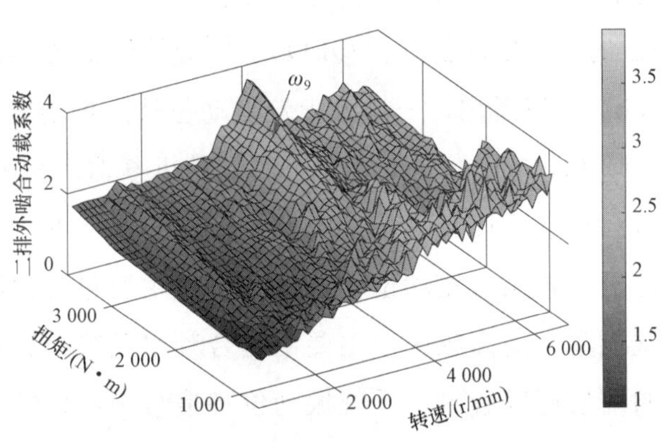


(b) 二排动载系数

图 3-10　外啮合力动载系数随转速转矩变化曲线

通过对两级行星齿轮传动系统的动态啮合力进行分析可以得出，作为系统的主要内激励源，啮合力的时域和频域特性受转速转矩工况条件的影响明显，在共振转速范围内尤为显著。整体来看，系统输入转矩和转速的增加都会导致啮合力各频率成分幅值和动载系数上升，而输入转速的增加还会导致啮合力产生新的耦合频率成分。系统共振对啮合力的影响显著，会导致齿轮啮合的双边冲击次数增多，啮合冲击力增大，动载系数显著增加。

## 3.3.2 变转速转矩工况对系统振动位移动态特性的影响

本节主要对行星传动系统中各部件的振动位移的时域和频域特性进行研究，分析输入转速转矩变化与系统振动位移动态特性之间的影响关系，为振动响应的优化设计奠定理论基础。

### 3.3.2.1 系统横向振动位移振动特性分析

以一排太阳轮为例，当系统的输入转速为 2 000 r/min，输入转矩为 $T_0 = 1\ 000$ N·m 时，其横向振动位移时域、频域特性如图 3-11 所示。由频域图 3-11（b）可以看出，一排太阳轮振动位移的振动频率主要包括一排太阳轮转频 $f_{s1}$、二排行星架转频 $f_{c2}$、发动机 6 谐次和 12 谐次激励频率、齿轮啮合频率及其倍频 $nf_e$ $(n = 1,2,3,\cdots)$以及各频率之间的耦合频率。两级行星齿轮系统振动位移的低频区域主要包含太阳轮转频和发动机各谐次频率，而高频区域主要由啮合频率及其倍频构成，通过对比各频率的幅值可以看出，系统振动位移信号中部件转频起主要激励作用。

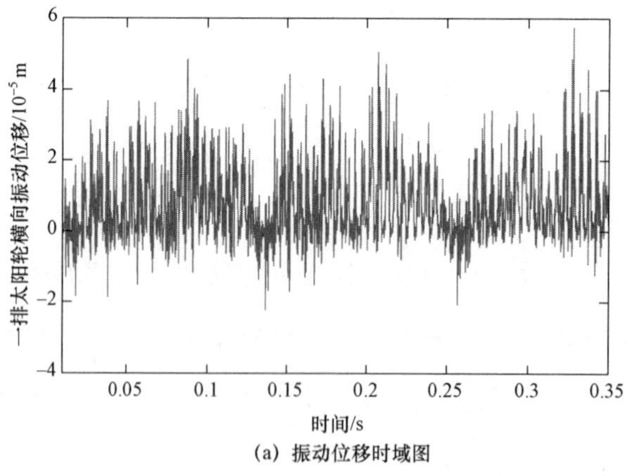

(a) 振动位移时域图

图 3-11 一排太阳轮横向振动位移

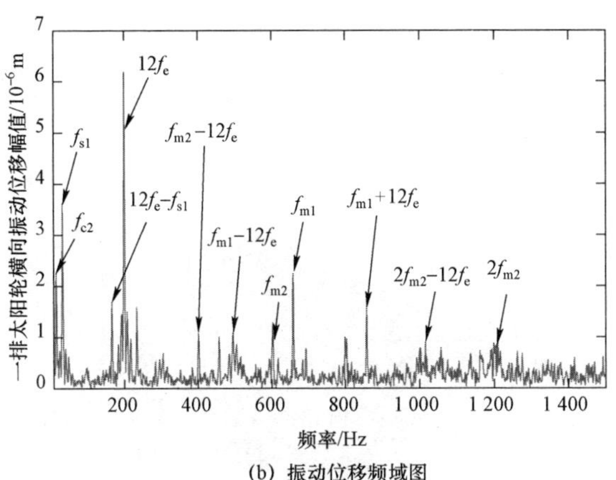


(b) 振动位移频域图

图 3-11　一排太阳轮横向振动位移（续）

图 3-12 为一排太阳轮和行星架的频域特性随转速转矩的变化瀑布图。首先，通过对比图 3-12（c）和图 3-12（d）可以看出，太阳轮与行星架的频域幅值随着输入转矩的增加逐渐增大，受到转矩的影响规律基本相同。

对比图 3-12（a）和图 3-12（b）可以看出，两个部件受到转速的影响存在差异。随着转速的增加，一排太阳轮转频和发动机激励频率 $6f_e$ 对应幅值基本保持不变。啮合频率及发动机激励频率 $12f_e$ 的幅值变化趋势具有一定的转速区域性，在转速低于 3 100 r/min 时随着转速的增加啮合频率幅值逐渐增大，发动机激励频率 $12f_e$ 的幅值不受影响，当转速大于 3 100 r/min 后，随着转速增加，啮合频率及发动机激励频率 $12f_e$ 的幅值先快速增加而后保持不变。与太阳轮不同，一排行星架的横向振动受共振影响强烈，如图 3-12（b）所示当输入转速接近共振临界转速时出现共振峰值，相对于非共振区幅值最小增加了 3.1 倍。由此看出，同一级行星齿轮系统中，不同部件的频域振动特性受到输入转速转矩的影响存在的差异，这可能是由部件结构和固定方式导致的，因为在所研究的两级行星齿轮系统中太阳轮是作为输入部件与输入轴刚性连接的，其振动特性受到轴系影响较大，而行星架相对于太阳轮具有较大的浮动性，因此其频域振动特性受转速影响相显著。

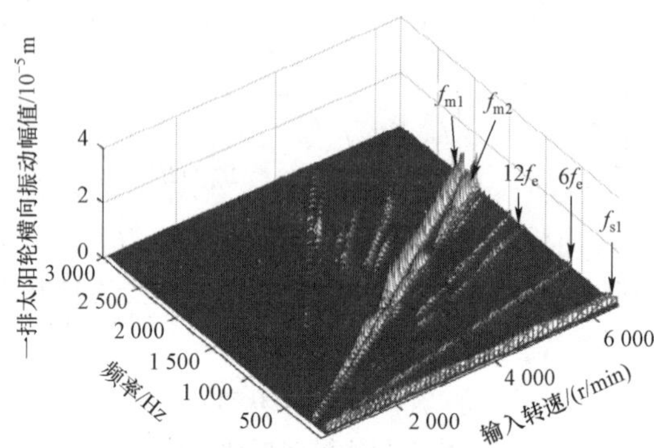


(a) 转速对太阳轮横向振动位移频域特性影响

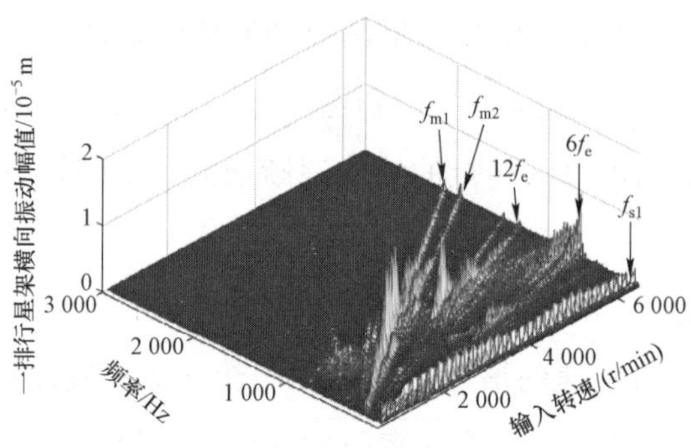


(b) 转速对行星架横向振动位移频域特性影响

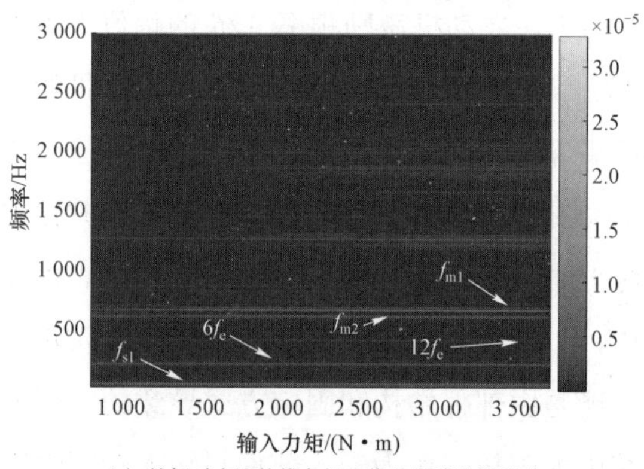


(c) 转矩对太阳轮横向振动位移频域特性影响

图 3-12　转速转矩对一排太阳轮和行星架横向振动位移频域特性影响

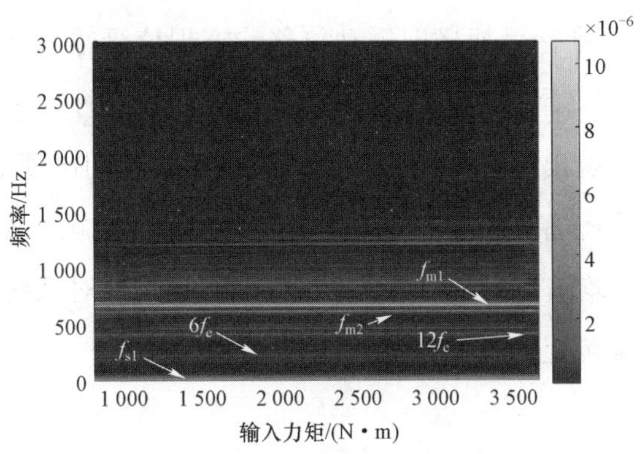


(d) 转矩对行星架横向振动位移频域特性影响

图 3-12　转速转矩对一排太阳轮和行星架横向振动位移频域特性影响（续）

在对振动位移的频域特性研究之后，通过振动位移均方根值研究其时域特性随输入转速转矩的变化情况。一、二排中心部件横向振动位移均方根值变化趋势如图 3-13 所示，从图中可以看出，在输入转速分别为 1 200 r/min、2 100 r/min、4 300 r/min 和 4 650 r/min 时，不同部件的均方根值出现了峰值，它们同样是由于一、二排啮合频率 $f_{m1}$ 和 $f_{m2}$ 接近派生系统第二阶、第三阶、第六阶和第七阶固有频率引发系统共振形成的，这与啮合力动载系数的分布情况相同，说明系统发生共振会导致啮合力、振动位移等振动响应增强。

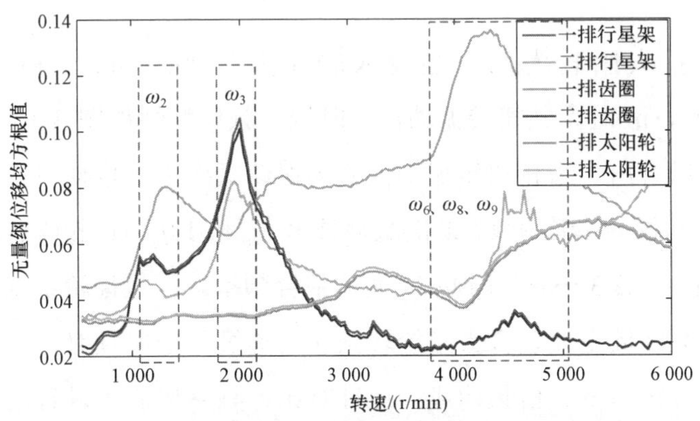


图 3-13　系统中心部件横向振动位移均方根值随转速变化曲线

图 3-14 为一排行星架横向振动位移均方根值受输入转速转矩影响的变化趋势图。可以看出，在转速转矩的影响下一排行星架横向振动位移均方根值没有呈现出明显的变化趋势，但在图中分别出现了系统第三阶、第七阶和第九阶固有频率对应的共振区域，系统共振的最小均方根值比非共振区的最大均方根值增大了 21.14%，说明共振对系统横向振动位移的影响大于转速转矩。

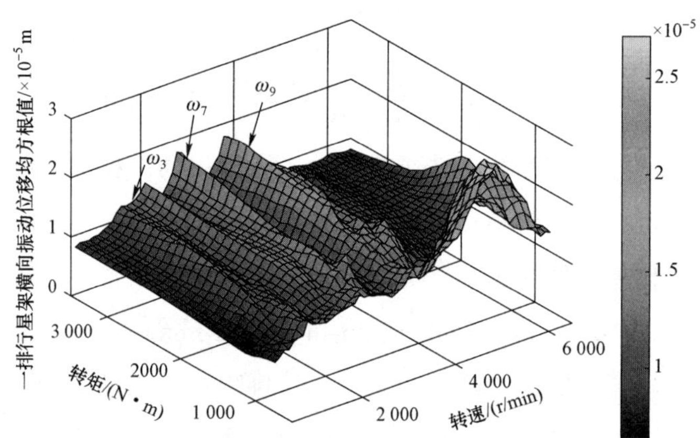

图 3-14　一排行星架横向振动位移均方根值随转速转矩变化趋势

### 3.3.2.2　系统扭转振动位移振动特性分析

以一排太阳轮为例，当输入转速为 2 000 r/min，输入转矩为 $T_0=1\ 000$ N·m 时，其扭转振动位移时域、频域特性如图 3-15 所示。由频域图可以看出，齿轮扭转振动位移的振动频率主要包括一排太阳轮转频 $f_{s1}$、发动机 6 谐次和 12 谐次激励频率 $6f_e$ 和 $12f_e$、齿轮啮合频率及其倍频 $nf_e$ $(n=1,2,3,\cdots)$和各频率之间的耦合频率。行星齿轮系统扭转振动位移的低频区域主要包含太阳轮转频和发动机各谐次频率，而高频区域主要由啮合频率及其倍频构成；通过对比各频率幅值可以看出，系统振动位移信号中部件转频起主要激励作用。

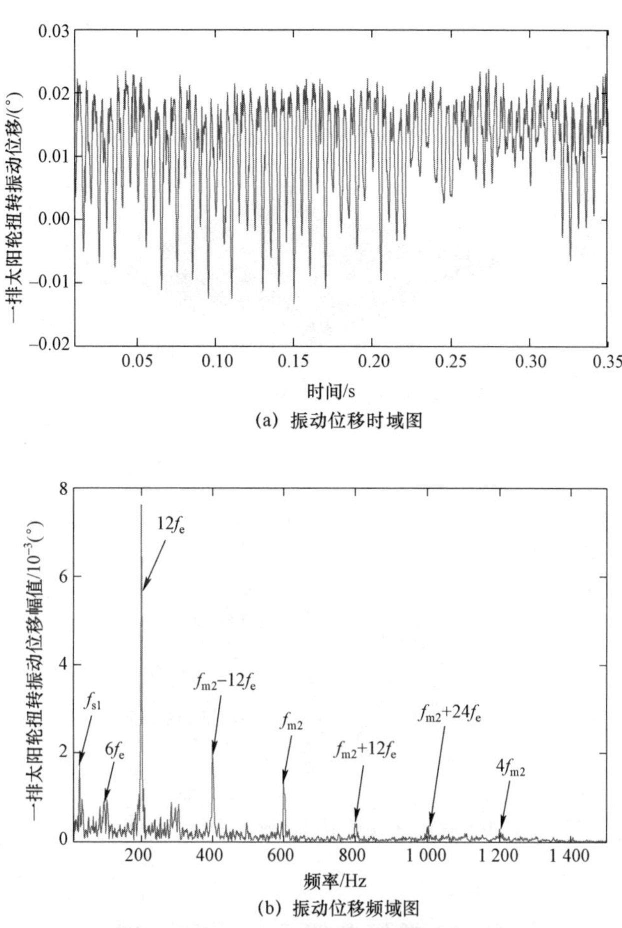


图 3-15　一排太阳轮扭转振动位移（1 000 r/min，1 000 N•m）

图 3-16 为一排太阳轮和行星架的扭转振动位移频域特性随转速转矩的变化瀑布图。首先，通过对比图 3-16（c）和图 3-16（d）可以看出，太阳轮与行星架的扭转振动频域幅值受输入转矩的影响规律与横向振动位移基本相同。对比图 3-16（a）和图 3-16（b）可以看出，一排太阳轮的扭转振动位移频域幅值基本不受转速变化影响；与太阳轮不同，一排行星架的扭转振动的啮合频率和发动机激励频率幅值受共振影响显著。

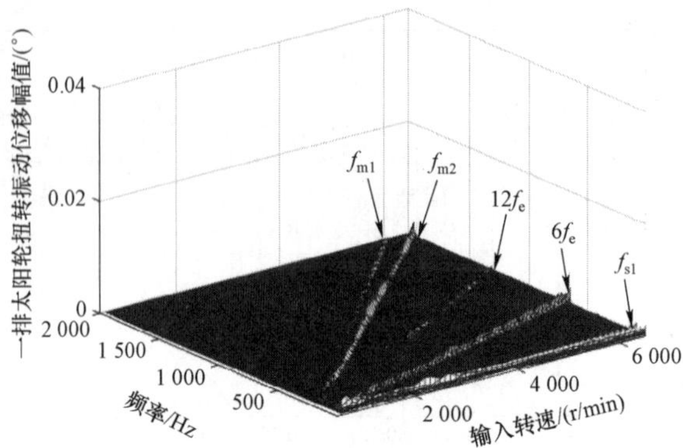


(a) 转速对太阳轮扭转振动位移频域特性影响

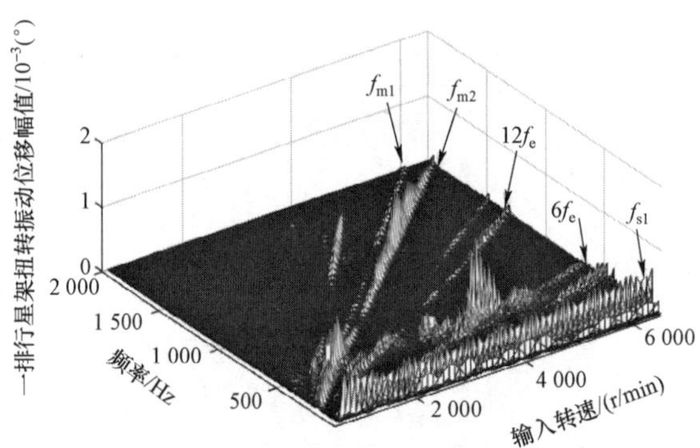


(b) 转速对行星架扭转振动位移频域特性影响

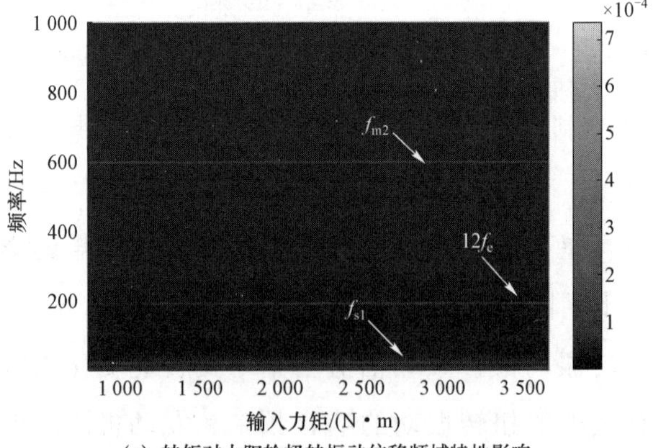


(c) 转矩对太阳轮扭转振动位移频域特性影响

图 3-16 转速转矩对一排太阳轮和行星架扭转振动位移频域特性影响

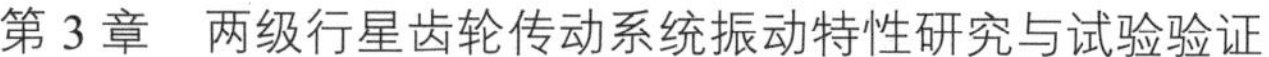

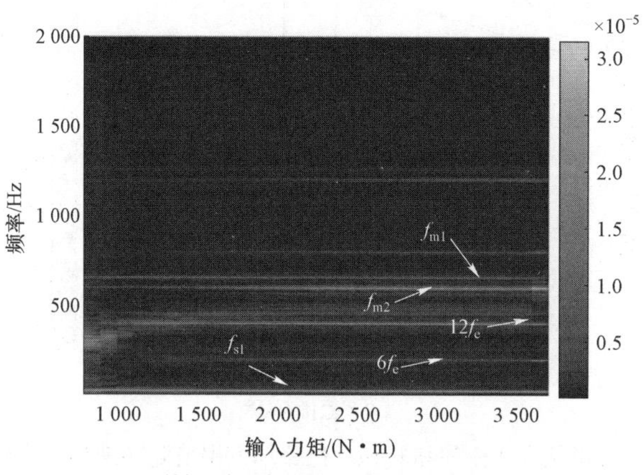


(d) 转矩对行星架扭转振动位移频域特性影响

图 3-16　转速转矩对一排太阳轮和行星架扭转振动位移频域特性影响（续）

图 3-17 为二排行星架和太阳轮扭转振动位移均方根值受转速转矩影响的变化趋势图。可以看出，在转速转矩的影响下二排行星架扭转振动位移均方根值没有呈现出明显的变化趋势，但却受到第二阶和第三阶共振的影响出现明显的共振峰值区域；二排太阳轮的扭转振动位移均方根值随输入转矩的增加其均方根值增大。

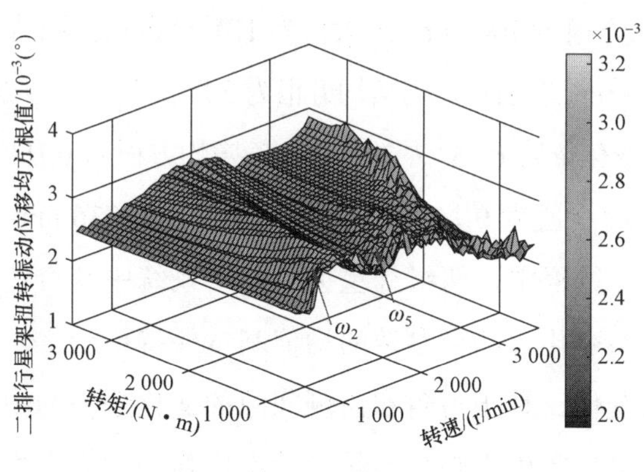


(a) 二排行星架

图 3-17　二排行星架和太阳轮扭转振动位移均方根值随转速转矩变化趋势

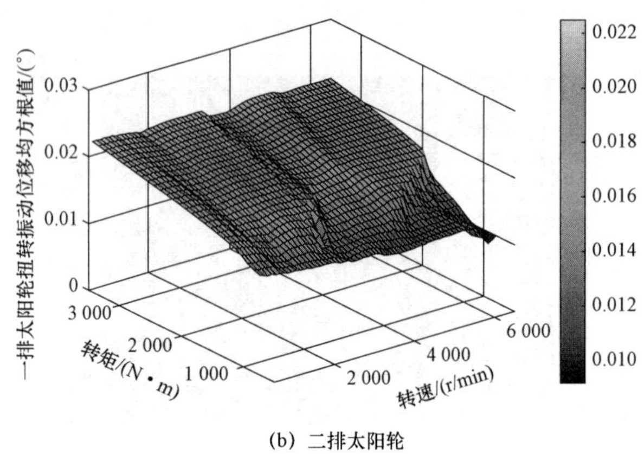


(b) 二排太阳轮

图 3-17　二排行星架和太阳轮扭转振动位移均方根值随转速转矩变化趋势（续）

### 3.3.2.3　动态啮合参数的时变特性分析

由于齿轮啮合参数与系统振动响应之间的耦合关系，行星齿轮传动系统啮合副间的压力角和齿侧间隙会发生动态变化，下面进一步分析两级行星齿轮传动系统的中心距及动态啮合参数压力角和齿侧间隙的时域变化特性。

当输入转速为 1 000 r/min，输入转矩 $T_0$ = 1 000 N·m 工况下，如图 3-18 所示，中心距均方根为 104 mm，最大值为 104.09 mm，最小值为 103.96 mm，其变化量为 0.13 mm 左右；压力角均方根为 20°，最大值为 20.08°，最小值为 19.92°，其变化量为 0.16° 左右；齿侧间隙均方根为 0.180 4 mm，最大值为 0.199 mm，最小值为 0.163 mm，其变化量为 0.036 mm 左右。

在齿轮啮合过程中，两级行星齿轮传动系统中啮合齿轮副之间的中心距会发生动态变化，啮合参数的均值基本保持不变，实际值在理论初始值附近波动变化，且压力角和齿侧间隙的变化趋势与中心距相同。啮合参数的变化主要是由于啮合齿轮的动态位移和偏心产生的，当部件偏离初始位置时会导致中心距发生变化，从而引起齿侧间隙、压力角的改变。

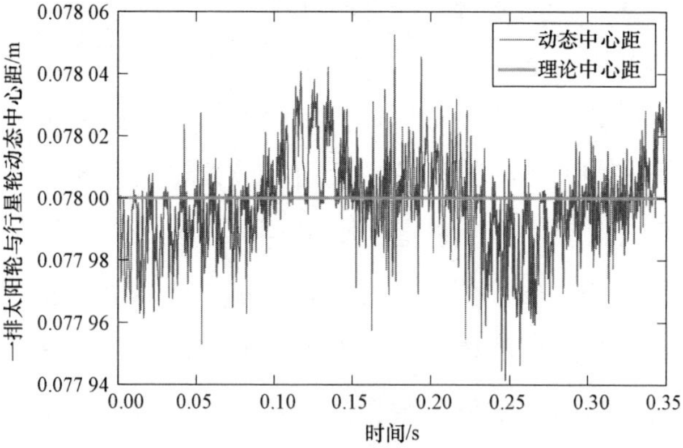

(a) 动态中心距时域图

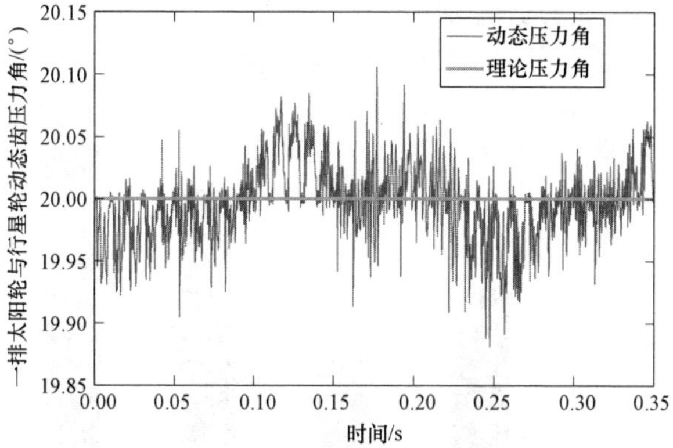

(b) 动态压力角时域图

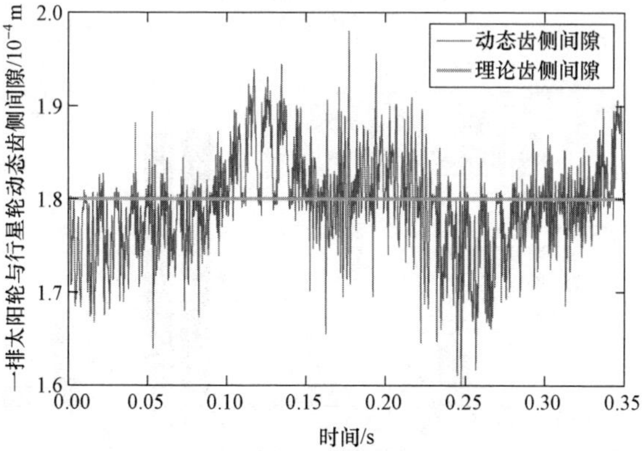

(c) 动态齿侧间隙时域图

图 3-18　一排太阳轮与行星轮外啮合动态啮合参数变化曲线

图 3-19 为考虑动态参数前后系统啮合齿侧间隙及啮合力的变化对比分析图。如图 3-19（a）所示，分别为一排太阳轮与 4 个行星轮之间的半齿侧间隙均方根值，相对于定值齿侧间隙系统而言，动态参数系统的各外啮合副之间的半齿侧间隙值各不相同，最大相差 0.51%，而齿侧间隙的改变会对系统振动特性产生直接影响。图 3-19（b）对比了定值参数模型和动态参数模型的一排外啮合力主要频率成分的幅值差异，图中的红色数字表示考虑动态参数模型的啮合力幅值相对于定值参数模型的变化率，由此可知，常用的定值参数模型计算的啮合力可能比实际值偏高，这主要是由于动态参数的变化使得系统部件具有了一定的浮动性，而浮动性能够适当改善系统的动载性能。

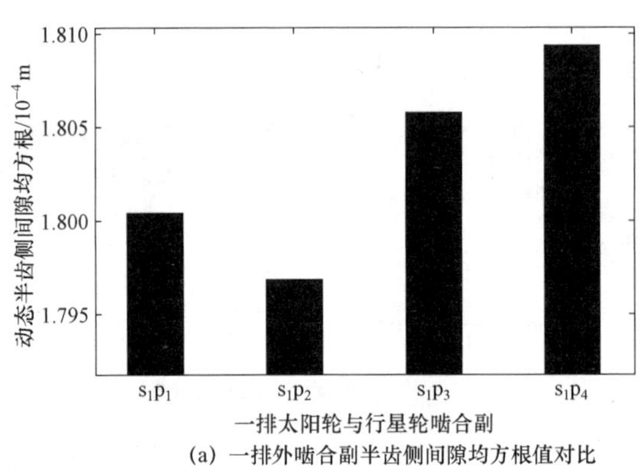


（a）一排外啮合副半齿侧间隙均方根值对比

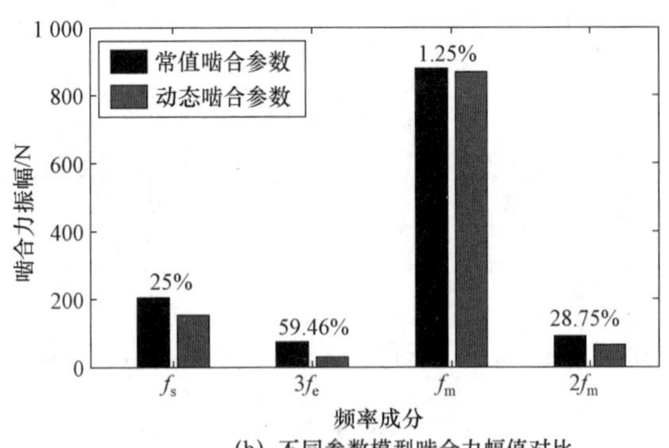


（b）不同参数模型啮合力幅值对比

图 3-19　动态齿侧间隙及啮合力各频率幅值对比

# 3.4　两级行星齿轮传动系统试验验证

## 3.4.1　试验装置及测试方法

### 3.4.1.1　试验装置

以两级行星齿轮传动系统试验台为对象，采用交流变频电机驱动，电涡流测功机进行加载。在两级行星齿轮箱的输入、输出轴分别安装一个转速转矩传感器，监测试验过程中轴端的转矩和转速。在箱体外表面靠近输出行星架轴承座位置处、输入太阳轮轴承座处、一排齿圈上端分别安装加速度传感器对振动加速度进行测量。通过试验测试的数据，分析系统的振动特性，并将测量值与仿真值进行对比分析，从而检验所建立动力学模型与仿真计算的正确性。两级行星齿轮传动系统试验台如图 3-20 所示。

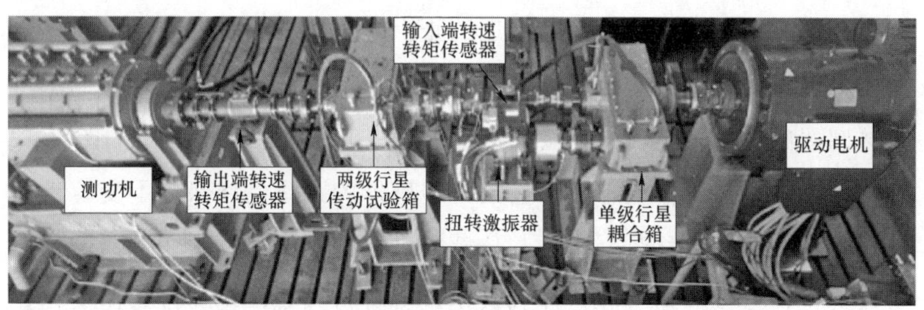


图 3-20　两级行星齿轮传动系统试验台实物图

试验测试的具体装置、传感器及数据采集设备技术指标和详细参数见表 3-2 和表 3-3。

**表 3–2 试验测试传感器及数据采集设备详细参数**

| 序号 | 设备名称 | 技术指标 | 厂家及型号 |
|---|---|---|---|
| 1 | 测试对象 | 两级行星齿轮传动系统 | |
| 2 | 驱动电机 | 250 kW，0～10 000 r/min | 德国 Schorch，LN8250M-A |
| 3 | 电涡流测功机 | 0～955 N•m，0～6 500 r/min | 迈凯机电公司，CW150 |
| 4 | 扭转激振器 | 0～2 225 N•m，灵敏度 555 N•m/V | 美国 Xcite 公司，1300T-2 |

**表 3–3 试验测试传感器及数据采集设备详细参数**

| 序号 | 名称 | 数量 | 技术指标 | 厂家及型号 |
|---|---|---|---|---|
| 1 | 电涡流位移传感器 | 2 | 最大量程 5 mm<br>输出信号 0～10 V | 德国 MICRO-EPSILON 公司 |
| 2 | 数据采集前端 1 | 1 | 32 通道 | 比利时 LMS 公司 |
| 3 | 数据处理软件 | 1 | LMS Test.Lab.Spectral Testing | 比利时 LMS 公司 |
| 4 | 转速转矩传感器 | 2 | 转矩 0～10 000 N•m<br>转速 0～6 000 r/min | 北京新宇航 |
| 5 | 三向加速度传感器 | 3 | 灵敏度 100 mv/g<br>频率范围 1.5～10 000 Hz | 美国 PCB，M356A16 型 |

#### 3.4.1.2 试验测试方法

（1）电涡流位移传感器安装

分别在距离一、二排齿圈最近的正上方位置的箱体安装振动位移传感器，传感器分别布置在每个齿圈的垂直方向，如图 3-21 所示。为了方便传感器的信号采集，在齿圈上特意留有无油道孔的光滑面，如图 3-22（a）所示。理想工作状态下，齿圈与传感器的距离始终保持不变。当齿圈发生垂向振动位移时，齿圈与传感器之间的距离将发生变化，位移信号通过位移传感器信号线传递到数据采集分析系统，位移传感器实物如图 3-22（b）所示。

（2）加速度传感器安装

分别在两级行星齿轮传动试验转置的输入、输出传动轴的两端轴承

座处各安装一个三向加速度传感器，用来测试齿轮轴承的振动加速度。在一排齿圈顶部安装一个加速度传感器，测量一排齿圈的振动加速度。加速度传感器安装示意图和实物图如图 3-23 所示。加速度信号通过各信号线与数据采集分析系统连接。

图 3-21　电涡流位移传感器安装位置

(a) 齿圈测量面

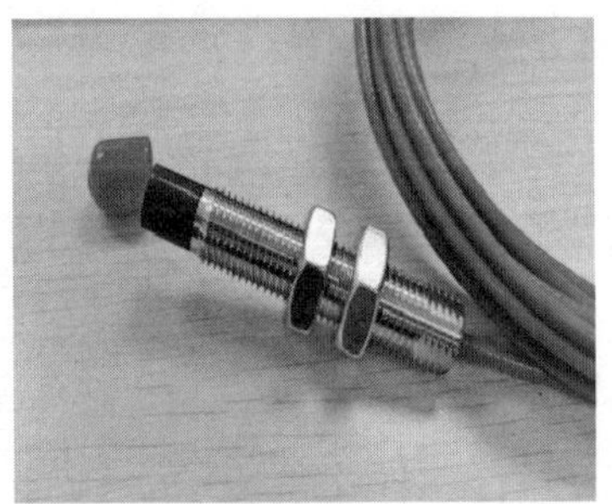

(b) 传感器

图 3-22　电涡流位移传感器及其测试面位置

(a) 端盖处

(b) 一排齿圈处

图 3-23　加速度传感器安装示意图

### 3.4.2 系统非线性振动特性试验验证

在行星齿轮传动系统的输入端采用电机进行驱动，输出端采用电涡流测功机进行加载。两级行星齿轮传动系统的试验工况为：驱动电机输入转速在[100 r/min,3 000 r/min]范围内，转速间隔为 200 r/min；加载测功机的负载转矩在[0 N•m,400 N•m]范围内，转矩间隔为 50 N•m。分别在这些工况下对两级行星齿轮系统进行振动特性测试。

#### 3.4.2.1 振动位移分析及对比验证

电涡流位移传感器前端与齿圈测量面之间的初始距离为 3.66 mm 左右，即距测试面的初始距离为+0.66 mm 左右。在输入转速为 1 000 r/min 时，对比系统空载和加载状态的振动位移，电涡流位移传感器测量二排齿圈的竖直方向振动位移试验结果的时域曲线及频域曲线分别如图 3-24 和图 3-25 所示。

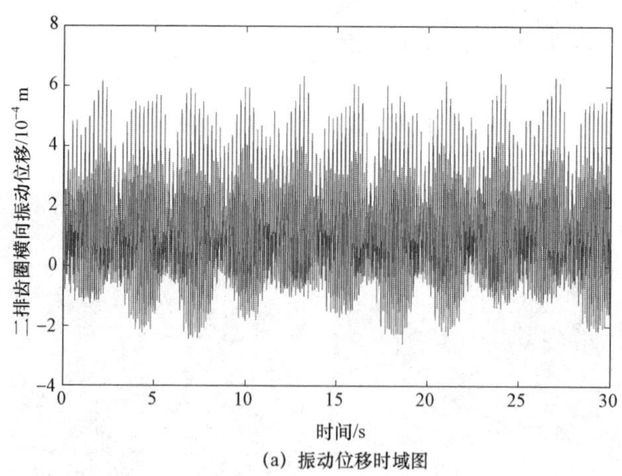

(a) 振动位移时域图

图 3-24 二排齿圈振动位移（1 000 r/min，空载）

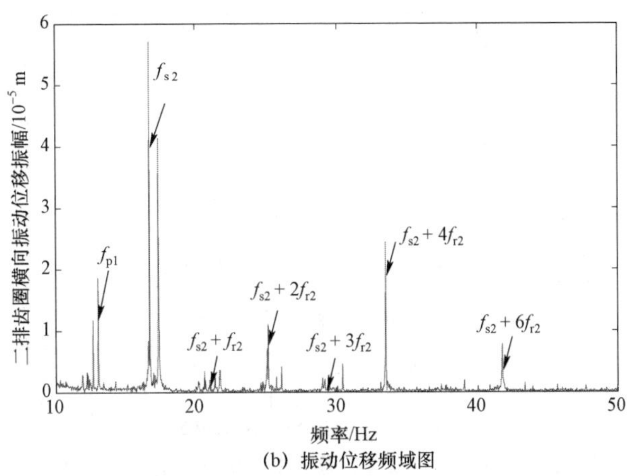

(b) 振动位移频域图

图 3-24　二排齿圈振动位移（1 000 r/min，空载）（续）

由时域图可以看出，空载时齿圈振动位移为 0.89 mm 左右；加载 100 N·m 负载时传感器端面与齿圈之间的距离在 2.73～3.55 mm 范围内波动，齿圈振动位移为 0.82 mm 左右。由图 3-24（b）和图 3-25（b）可以看出，二排齿圈振动位移的频率成分以二排太阳轮和齿圈、一排行星轮转频及其耦合频率为主，其频率主要分布在 0～50 Hz 范围内，同时在各主频周围还存在 1 Hz 左右的未知干扰频率调制成分；在转速一定时，频率成分不变，随着负载增加，各频率对应的振幅减小。

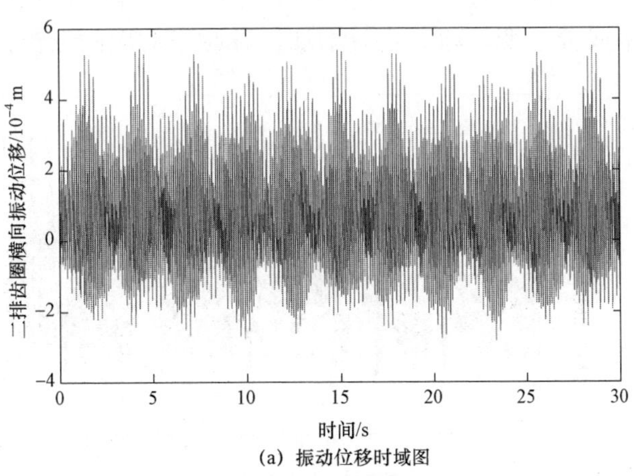

(a) 振动位移时域图

图 3-25　二排齿圈振动位移（1 000 r/min，加载）

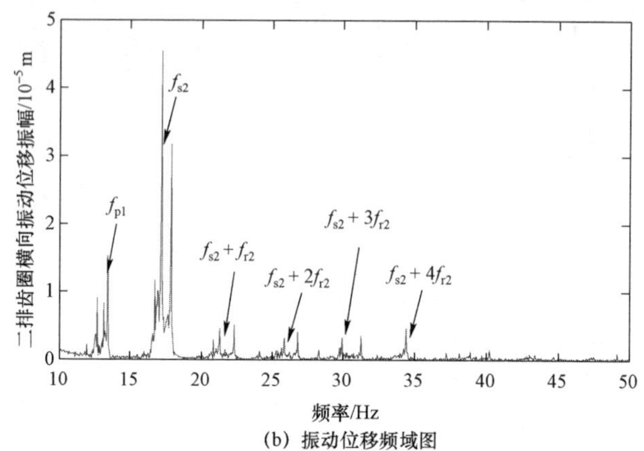

(b) 振动位移频域图

图 3-25　二排齿圈振动位移（1 000 r/min，加载）（续）

在输入转速为 3 000 r/min 时，对比系统空载和加载状态的振动位移。电涡流位移传感器测量二排齿圈的竖直方向振动位移试验结果的时域曲线及频域曲线分别如图 3-26 和图 3-27 所示。

由时域图可以看出，空载时齿圈振动位移为 1.11 mm 左右；加载 100 N·m 负载时齿圈振动位移为 0.78 mm 左右。从图 3-26（b）和图 3-27（b）可以看出，二排齿圈振动位移的频率成分以二排太阳轮和齿圈、一排行星轮转频及其耦合频率为主，其频率主要分布在 0～100 Hz 范围内，同时在各主频周围还存在 1 Hz 左右的未知干扰频率调制成分；在转速一定时，频率成分不变，随着负载增加，各频率对应的振幅减小。

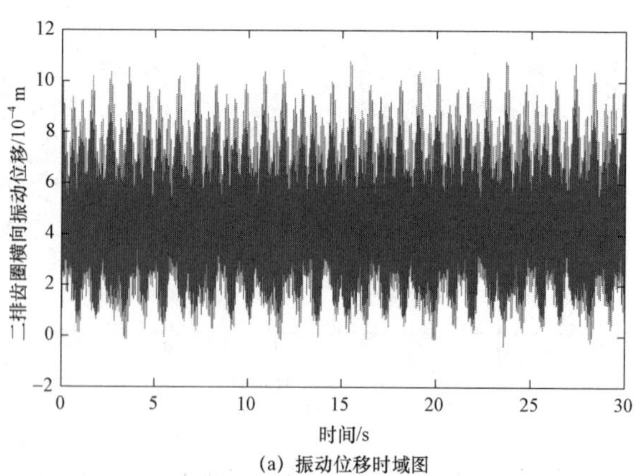

(a) 振动位移时域图

图 3-26　二排齿圈振动位移（3 000 r/min，空载）

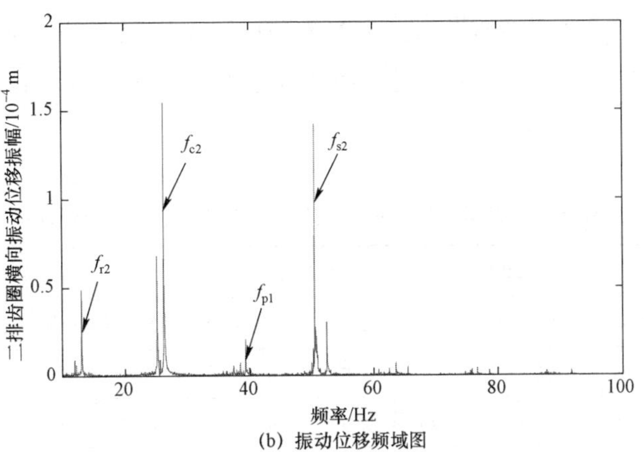


(b) 振动位移频域图

图 3-26　二排齿圈振动位移（3 000 r/min，空载）（续）

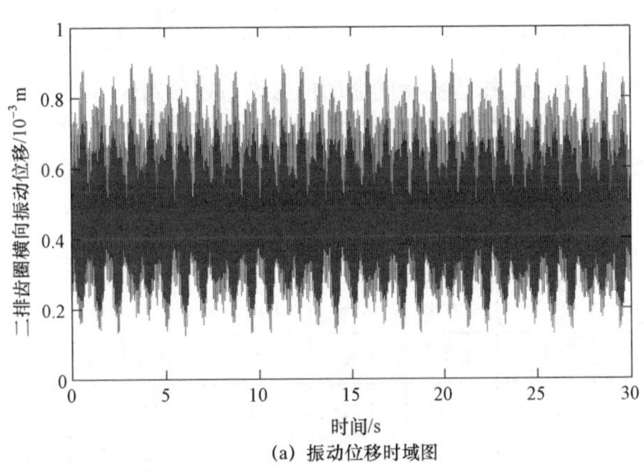


(a) 振动位移时域图

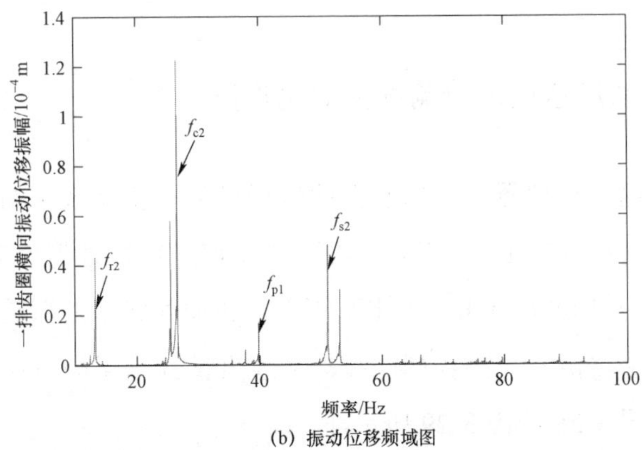


(b) 振动位移频域图

图 3-27　二排齿圈振动位移（3 000 r/min，加载）

表 3-4 和表 3-5 所列为二排齿圈振动位移均方根值的测试结果与仿真计算结果对比情况。由表可知，随着转矩和转速的变化，两者之间的最大相对误差为 18.37%。

**表 3–4　二排齿圈横向振动位移均方根值对比（mm）**

| 输入转速 r/min | 负载转矩 0 N•m | | | 负载转矩 50 N•m | | | 负载转矩 100 N•m | | |
|---|---|---|---|---|---|---|---|---|---|
| | 测试值 | 仿真值 | 误差% | 测试值 | 仿真值 | 误差% | 测试值 | 仿真值 | 误差% |
| 200 | 0.87 | 0.94 | 8.05 | 0.91 | 0.83 | −8.79 | 0.82 | 0.84 | 2.44 |
| 400 | 0.92 | 0.97 | 5.43 | 1.02 | 0.92 | −9.81 | 1.13 | 1.12 | −0.89 |
| 600 | 0.93 | 0.98 | 5.38 | 0.96 | 0.92 | −4.17 | 0.91 | 0.79 | −13.19 |
| 800 | 0.93 | 0.94 | 1.08 | 1.14 | 1.08 | −5.26 | 1.06 | 0.97 | −8.49 |

**表 3–5　二排齿圈横向振动位移均方根值对比（mm）**

| 输入转速 r/min | 负载转矩 0 N•m | | | 负载转矩 50 N•m | | | 负载转矩 100 N•m | | |
|---|---|---|---|---|---|---|---|---|---|
| | 测试值 | 仿真值 | 误差% | 测试值 | 仿真值 | 误差% | 测试值 | 仿真值 | 误差% |
| 1 000 | 0.90 | 0.87 | −3.33 | 1.21 | 1.17 | −3.31 | 0.85 | 0.98 | −15.29 |
| 1 600 | 0.92 | 0.83 | −9.78 | 0.98 | 1.16 | 18.37 | 0.89 | 1.04 | 16.85 |
| 2 000 | 0.95 | 1.03 | 8.42 | 1.06 | 1.21 | 14.15 | 1.19 | 1.36 | 14.29 |
| 2 600 | 0.98 | 1.15 | 17.35 | 1.11 | 1.09 | −1.83 | 1.17 | 1.31 | 11.97 |
| 3 000 | 1.12 | 1.30 | 16.07 | 1.25 | 1.09 | −12.8 | 0.88 | 1.01 | 14.77 |

#### 3.4.2.2　振动加速度试验测试及对比验证

三向加速度传感器分别安装在两级行星齿轮传动系统的输入、输出轴承端盖和一排齿圈上，本节以一排齿圈上测试的加速度值来进行分析。在输入转速为 1 000 r/min，对比系统空载和加载状态的振动加速度。三向加速度传感器测量一排齿圈的振动加速度试验结果的时域曲线和频域曲线分别如图 3-28 和图 3-29 所示。

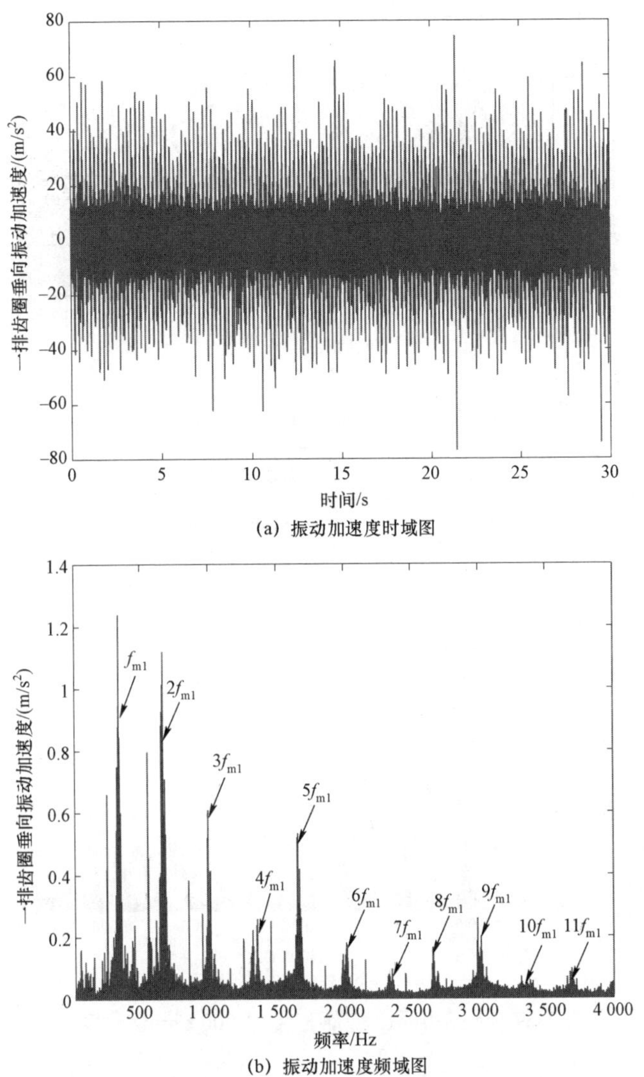


图 3-28　一排齿圈振动加速度（1 000 r/min，空载）

由时域图可以看出，空载时测得一排齿圈垂向最大振动加速度为 74.5 m/s$^2$ 左右。结合频域图可以看出，一排齿圈垂向振动加速度的低频区频率成分以一排太阳轮、一排行星轮和一排行星架转频为主，振动加速度的高频区主要以一排啮频及其倍频为主。

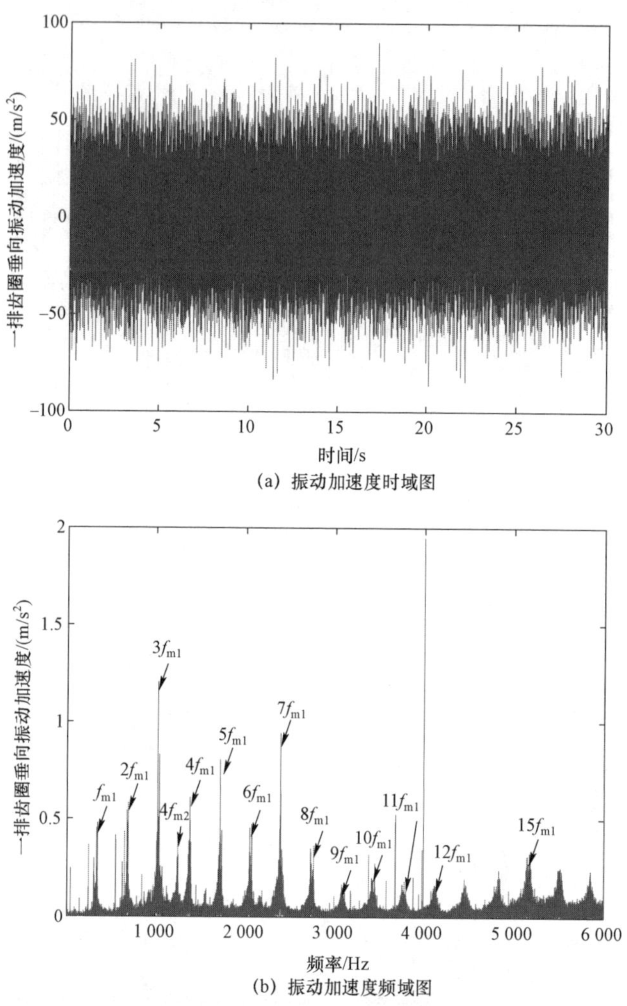


图 3-29　一排齿圈振动加速度（1 000 r/min，加载）

从图 3-29 可以看出，加载 100 N·m 负载时测得一排齿圈垂向最大振动加速度为 90.3 m/s$^2$，大于空载时的加速度。振动加速度的高频区主要以一排啮频及其倍频为主。

在输入转速为 3 000 r/min，对比系统空载和加载状态的振动加速度，三向加速度传感器测量一排齿圈的振动加速度试验结果的时域曲线及频域曲线分别如图 3-30 和图 3-31 所示。

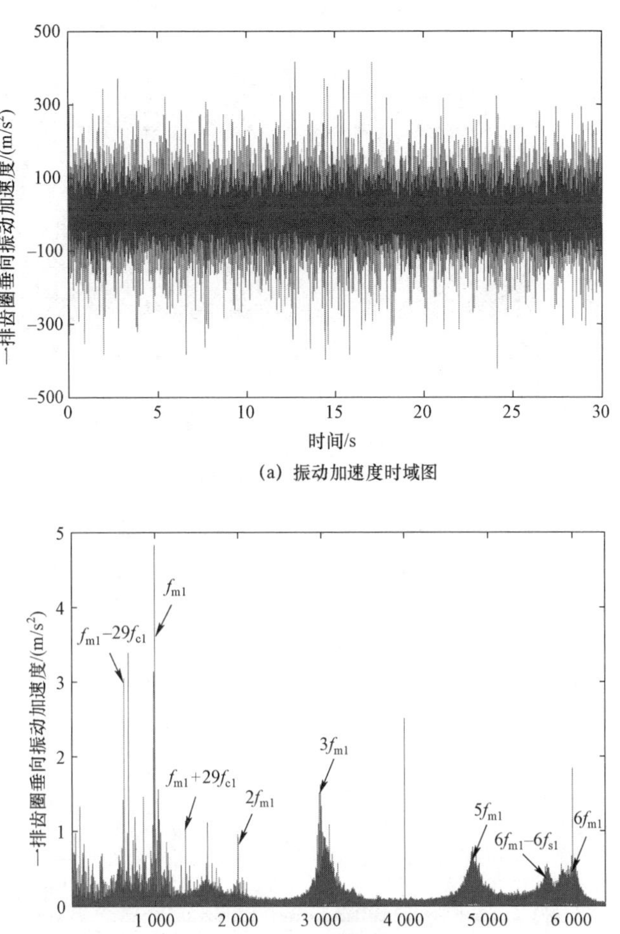


(a) 振动加速度时域图

(b) 振动加速度频域图

图 3-30　一排齿圈振动加速度（3 000 r/min，空载）

由时域图可以看出，空载时测得一排齿圈垂向最大振动加速度为 412 m/s$^2$ 左右；加载 100 N•m 负载时测得一排齿圈垂向最大振动加速度为 476 m/s$^2$ 左右。结合频域图可以看出，一排齿圈垂向振动加速度的低频区频率成分以一排太阳轮、一排行星轮和一排行星架转频为主。振动加速度的高频区主要以一排啮频及其倍频为主。

表 3-6 所列为一排齿圈垂向振动加速度均方根值的试验结果与仿真计算结果对比情况。由表可知，两者之间的最大相对误差为 18.49%。

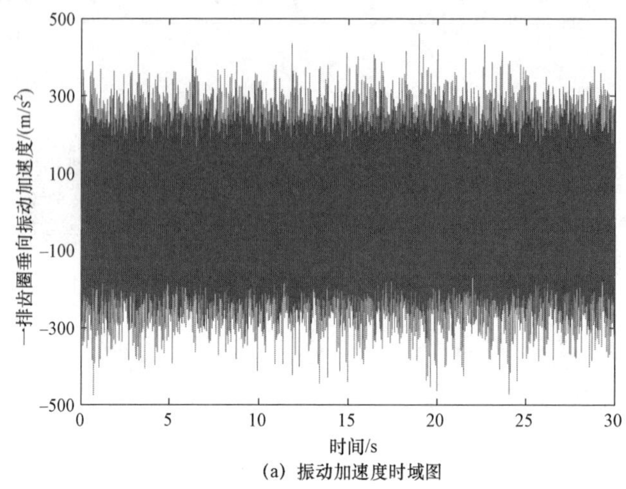

(a) 振动加速度时域图

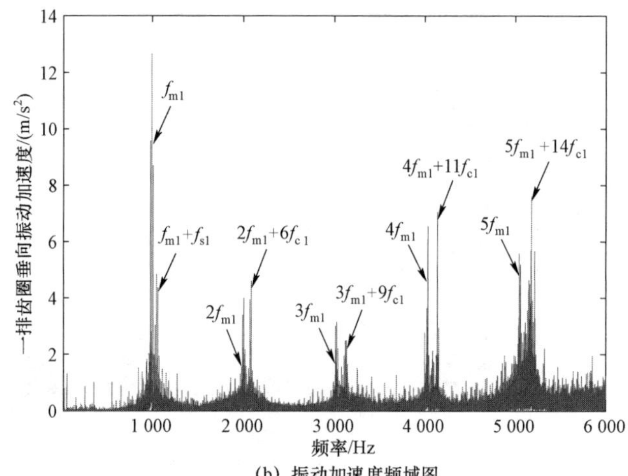

(b) 振动加速度频域图

图 3-31　一排齿圈振动加速度（3 000 r/min，加载）

**表 3-6　一排齿圈垂向振动加速度均方根值（m/s²）**

| 输入转速 r/min | 负载转矩 0 N•m | | | 负载转矩 50 N•m | | | 负载转矩 100 N•m | | |
|---|---|---|---|---|---|---|---|---|---|
| | 测试值 | 仿真值 | 误差% | 测试值 | 仿真值 | 误差% | 测试值 | 仿真值 | 误差% |
| 200 | 2.73 | 3.09 | 13.4 | 2.41 | 2.53 | 4.9 | 3.04 | 2.82 | −7.3 |
| 400 | 4.17 | 4.93 | 15.42 | 4.31 | 5.02 | 16.47 | 4.81 | 5.38 | 11.8 |
| 600 | 5.47 | 6.21 | 13.6 | 5.90 | 6.51 | 10.34 | 6.43 | 7.56 | 17.5 |
| 800 | 6.9 | 7.99 | 15.9 | 9.13 | 7.89 | −13.5 | 11.52 | 9.39 | −18.49 |
| 1 000 | 7.18 | 6.57 | −8.4 | 12.45 | 12.66 | 1.7 | 17.7 | 20.24 | 14.35 |

续表

| 输入转速 r/min | 负载转矩 0 N•m | | | 负载转矩 50 N•m | | | 负载转矩 100 N•m | | |
|---|---|---|---|---|---|---|---|---|---|
| | 测试值 | 仿真值 | 误差% | 测试值 | 仿真值 | 误差% | 测试值 | 仿真值 | 误差% |
| 1 600 | 13.99 | 13.75 | −1.7 | 22.3 | 21.89 | −1.8 | 35.2 | 29.95 | −14.9 |
| 2 000 | 15.2 | 15.71 | 3.4 | 28.6 | 26.14 | −8.6 | 38.9 | 36.68 | −5.7 |
| 2 600 | 24.6 | 23.19 | −5.7 | 53.6 | 49.09 | −8.4 | 98.9 | 111.06 | 12.3 |
| 3 000 | 34.1 | 33.17 | −2.7 | 63.5 | 73.85 | 16.3 | 134.08 | 142.39 | 6.2 |

通过对仿真模型进行试验验证，归纳总结出可能会导致振动位移和加速度产生误差的原因主要包括以下几个方面：

（1）模型简化因素

在采用集中质量法建模的过程中，系统质量、刚度、偏心等参数都是基于建模经验的等效值，与真实系统存在差异；将各部件简化为刚体模型，忽略了弹性变形也会造成一定的误差。

（2）测量因素

传感器的安装位置是否对中、支撑座的牢固程度、随箱体一起的振动等因素都会导致测量误差。

## 3.5　本章小结

本章针对两级行星齿轮传动系统的固有特性、振动能量分布状态及其传递规律、受迫振动特性及工况变化对其产生的影响进行研究，并通过试验对模型的精确度进行了验证，为后续非线性共振分析、参数对系统振动特性的影响分析提供理论和模型基础。主要工作和重要结论如下：

① 建立了两级行星齿轮传动系统的固有振动模型，对系统的振型特

点进行了归纳分析，总结出四种振动模式：中心部件平移振动模式、中心部件扭转振动模式、排行星轮振动模式和二排行星轮振动模式，在此基础上推导了行星系统的振动能量的表达式，研究了振动能量的分布状态及其传递规律。

② 分析了变转速转矩工况对两级行星齿轮传动系统啮合力时域特性和频域特性的影响。啮合力是行星传动系统主要的内部激励，其频率成分主要包括发动机 6 谐次和 12 谐次激励频率、啮合频率及其倍频、系统各部件转频、调制频率等。转速转矩的增加都会导致啮合力各频率幅值和动载系数增大，输入转速的增加还会导致啮合力产生新的耦合频率成分；转速增加会导致驱动面接触次数减小，脱齿次数增加，单边冲击状态次数增大；共振会导致系统的双边冲击状态次数增加，动载系数显著增大。

③ 分析了变转速转矩工况对两级行星齿轮传动系统振动位移时域特性和频域特性的影响。系统的振动位移频率成分主要包含发动机 6 谐次和 12 谐次激励频率、啮合频率及其倍频、系统各部件转频、调制频率等。转速对系统横向和扭转振动位移的影响主要体现在临界转速区间内激发系统共振引起振动位移的急剧增加。转矩增加会导致与输入轴连接的太阳轮扭转振动位移增大，而对其他部件的振动位移没有影响。

④ 对比分析了多个工况下两级行星系统的试验结果与仿真结果，并分析了可能导致误差产生的原因。对比结果表明，仿真结果与试验测试结果变化趋势基本吻合，频域成分基本相同，最大误差为 18.49%，通过仿真计算基本可以准确得到传动系统的振动响应。

# 第 4 章　两级行星齿轮传动系统非线性共振机理及变化规律研究

## 4.1 引　言

多级行星齿轮传动系统由于其复杂的结构，各部件之间的强耦合作用，使系统的振动特性更为复杂，共振现象更加明显，而且共振对系统的啮合力和振动位移等振动响应都具有较大影响，因此，本章主要对两级行星齿轮传动系统的非线性共振特性及其变化规律进行分析和试验研究。首先以单级行星齿轮系统为研究对象，采用多尺度法对行星齿轮的主共振非线性幅频特性进行分析；随后采用迭代法计算两级行星齿轮传动系统的主共振、亚谐共振、超谐共振和多重共振现象，并分别研究定值激励和动态啮合激励诱发的共振特性，揭示两级行星齿轮传动系统的共振机理；最后研究系统工况变化对共振特性的影响，总结系统共振特性的变化规律。

## 4.2　行星齿轮传动系统非线性共振特性分析

行星传动系统是一个多自由度非线性系统，在多源激励下共振现象复杂且不可避免，甚至会发生多重共振现象，导致系统产生剧烈振动，造成零部件的破坏，针对系统共振进行减振优化能够有效提高使用寿命。

## 4.2.1 行星齿轮传动系统横扭耦合动力学多尺度分析

行星齿轮传动系统横-扭耦合动力学模型微分方程为：

$$\boldsymbol{M}\ddot{\boldsymbol{x}}+\boldsymbol{K}(\boldsymbol{x},t)\boldsymbol{x}=\boldsymbol{F} \tag{4-1}$$

式子中 $\boldsymbol{M}$ 为质量矩阵；$\boldsymbol{K}(\boldsymbol{x},t)=\boldsymbol{K}_{\mathrm{b}}+\boldsymbol{K}_{\mathrm{m}}(\boldsymbol{x},t)$ 是刚度矩阵，包括支撑刚度 $\boldsymbol{K}_{\mathrm{b}}$ 和啮合刚度 $\boldsymbol{K}_{\mathrm{m}}(\boldsymbol{x},t)$；质量矩阵和刚度矩阵的具体形式见附录2。$\boldsymbol{F}$ 为各自由度受到的力；系统各部件位移组成的向量为

$$\boldsymbol{x}=\left[x_{\mathrm{c}},y_{\mathrm{c}},u_{\mathrm{c}},x_{\mathrm{r}},y_{\mathrm{r}},u_{\mathrm{r}},x_{\mathrm{s}},y_{\mathrm{s}},u_{\mathrm{s}},\underbrace{x_1,y_1,u_1,\cdots,x_N,y_N,u_N}_{N}\right]^{\mathrm{T}} \tag{4-2}$$

在考虑齿侧间隙的前提下，太阳轮-行星轮啮合刚度 $k_{\mathrm{sp}n}(x,t)$ 和齿圈-行星轮啮合刚度 $k_{\mathrm{rp}n}(x,t)$ 可以表示为

$$k_{\mathrm{sp}n}(x,t)=k_{\mathrm{sp}n}(t)f(L_{\mathrm{sp}n},b_{\mathrm{sp}n})=\begin{cases}k_{\mathrm{sp}n}(t) & \left|L_{\mathrm{sp}n}\right|>b_{\mathrm{sp}n}\\ 0 & \left|L_{\mathrm{sp}n}\right|\leqslant b_{\mathrm{sp}n}\end{cases} \tag{4-3}$$

$$k_{\mathrm{rp}n}(x,t)=k_{\mathrm{rp}n}(t)f(L_{\mathrm{rp}n},b_{\mathrm{rp}n})=\begin{cases}k_{\mathrm{rp}n}(t) & \left|L_{\mathrm{rp}n}\right|>b_{\mathrm{rp}n}\\ 0 & \left|L_{\mathrm{rp}n}\right|\leqslant b_{\mathrm{rp}n}\end{cases} \tag{4-4}$$

$$L_{\mathrm{sp}n}=u_{\mathrm{s}}-x_{\mathrm{s}}\sin\varphi_{\mathrm{sp}n}+y_{\mathrm{s}}\cos\varphi_{\mathrm{sp}n}+u_n-x_n\sin\alpha_{\mathrm{s}}-y_n\cos\alpha_{\mathrm{s}} \tag{4-5}$$

$$L_{\mathrm{rp}n}=u_{\mathrm{r}}-x_{\mathrm{r}}\sin\varphi_{\mathrm{rp}n}+y_{\mathrm{r}}\cos\varphi_{\mathrm{rp}n}-u_n+x_n\sin\alpha_{\mathrm{r}}-y_n\cos\alpha_{\mathrm{r}} \tag{4-6}$$

$f(L_{\mathrm{rpn}},b_{\mathrm{rpn}})$ 为非线性齿侧间隙函数，$L$ 为各啮合副在啮合线上的综合变形量。当 $\left|L_{\mathrm{sp}n}\right|>b_{\mathrm{sp}n}$ 时，啮合刚度值不为零；当 $\left|L_{\mathrm{sp}n}\right|\leqslant b_{\mathrm{sp}n}$ 时，啮合刚度值为零，齿轮的不同的啮合状态导致系统存在啮合参数激励，因此

可以将啮合函数表示为啮合线变形量的函数 $\Lambda(L_{\mathrm{rp}n})$ 。啮合角分别为 $\varphi_{\mathrm{s}n}=\varphi_n-\alpha_{\mathrm{s}}$ 和 $\varphi_{\mathrm{r}n}=\varphi_n-\alpha_{\mathrm{r}}$ ， $\varphi_n$ 为第 $n$ 个行星轮的初始位置角。

由于啮合刚度存在周期性变化，且将其进行傅里叶展开可得

$$k_{\mathrm{sp}n}(t)=\bar{k}_{\mathrm{sp}n}+\left[\sum_{l=1}^{\infty}\hat{k}_{\mathrm{sp}n}^{(l)}\mathrm{e}^{jl\omega t}+c.c.\right] \tag{4-7}$$

$$k_{\mathrm{rp}n}(t)=\bar{k}_{\mathrm{rp}n}+\left[\sum_{l=1}^{\infty}\hat{k}_{\mathrm{rp}n}^{(l)}\mathrm{e}^{jl\omega t}+c.c.\right],\quad n=1,2,\cdots,N \tag{4-8}$$

式中，$\tilde{k}_{\mathrm{sp}n}$ 和 $\tilde{k}_{\mathrm{rp}n}$ 分别为系统外啮合、内啮合的平均啮合刚度，$\hat{k}_{\mathrm{sp}n}^{(l)}$ 和 $\hat{k}_{\mathrm{rp}n}^{(l)}$ 分别表示各啮合副时变啮合刚度的第 $l$ 阶傅里叶系数，$cc$ 表示对应的共轭复数。傅里叶系数可以表示为：

$$\hat{k}_{\mathrm{sp}n}^{(l)}=\frac{\tilde{k}_{\mathrm{sp}n}}{l^2\pi^2 s_{\mathrm{s}}}\sin[l\pi(c_{\mathrm{s}}-s_{\mathrm{s}})]\sin(l\pi s_{\mathrm{s}})\mathrm{e}^{-il\omega\gamma_{\mathrm{s}n}T} \tag{4-9}$$

$$\hat{k}_{\mathrm{rp}n}^{(l)}=\frac{\tilde{k}_{\mathrm{rp}n}}{l^2\pi^2 s_{\mathrm{r}}}\sin[l\pi(c_{\mathrm{r}}-s_{\mathrm{r}})]\sin(l\pi s_{\mathrm{r}})\mathrm{e}^{-il\omega(\gamma_{\mathrm{sr}}+\gamma_{\mathrm{m}})T} \tag{4-10}$$

式中，$T$ 为啮合周期，$c_{\mathrm{s}}$、$c_{\mathrm{r}}$ 为重合度；$\tilde{k}_{\mathrm{sp}n}$ 和 $\tilde{k}_{\mathrm{rp}n}$ 为啮合刚度变化的峰峰值；$\gamma_{\mathrm{sp}n(\mathrm{rp}n)}$ 为第 $n$ 个行星轮啮合副与第一个行星轮啮合副之间的相位差；$\gamma_{\mathrm{sr}}$ 为内、外啮合相位差；$c_{\mathrm{s}}$、$c_{\mathrm{r}}$ 为重合度；$\tilde{k}_{\mathrm{sp}n}$ 和 $\tilde{k}_{\mathrm{rp}n}$ 为啮合刚度变化的峰峰值。时变啮合刚度示意图如图 4-1 所示。

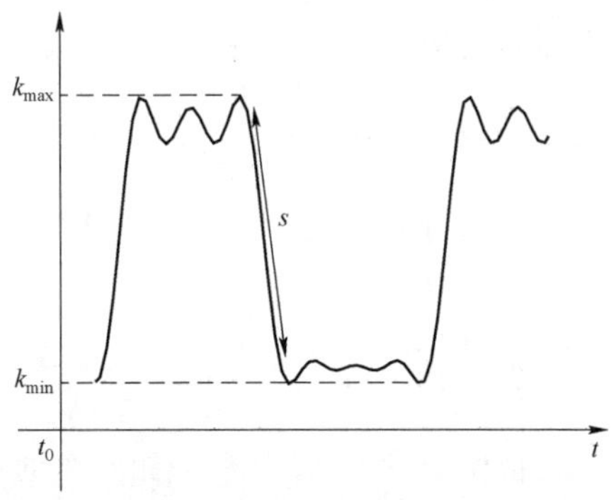


图 4-1　时变啮合刚度示意图

行星排内外啮合刚度表示为傅里叶级数形式，且假设存在 $d_{\mathrm{sp}n}^{(l)}=\dfrac{\hat{k}_{\mathrm{sp}n}^{(l)}}{\varepsilon\bar{k}_{\mathrm{sp}n}}$、$d_{\mathrm{rp}n}^{(l)}=\dfrac{\hat{k}_{\mathrm{rp}n}^{(l)}}{\mu\bar{k}_{\mathrm{rp}n}}$，则有

$$k_{\mathrm{sp}n}(t)=\bar{k}_{\mathrm{sp}n}+\varepsilon\bar{k}_{\mathrm{sp}n}\left[\sum_{l=1}^{\infty}d_{\mathrm{sp}n}^{(l)}\mathrm{e}^{jl\omega t}+c.c.\right] \tag{4-11}$$

$$k_{\mathrm{rp}n}(t)=\bar{k}_{\mathrm{rp}n}+\mu\bar{k}_{\mathrm{rp}n}\left[\sum_{l=1}^{\infty}d_{\mathrm{rp}n}^{(l)}\mathrm{e}^{jl\omega t}+c.c.\right] \tag{4-12}$$

式（4-11）和式（4-12）中，$\varepsilon$ 和 $\mu$ 为较小的无量纲参数，且有 $\varepsilon=\mu=o(1)$。

将式（4-11）和式（4-12）代入式（4-1）中可以得到

$$\boldsymbol{M}\ddot{x}+\boldsymbol{K}_{\mathrm{b}}x+\sum_{n=1}^{N}\left\{\bar{k}_{\mathrm{sp}n}[1+\varepsilon\widehat{Q}_{\mathrm{s}}]\boldsymbol{K}_{\mathrm{s}n}\varLambda_{\mathrm{s}}(L_{\mathrm{s}})\right\}x+\sum_{n=1}^{N}\left\{\bar{k}_{\mathrm{rp}n}[1+\varepsilon\widehat{Q}_{\mathrm{r}}]\boldsymbol{K}_{\mathrm{r}n}\varLambda_{\mathrm{r}}(L_{\mathrm{r}})\right\}x=\boldsymbol{F} \tag{4-13}$$

式中，$\boldsymbol{K}_{\mathrm{b}}$ 为支撑刚度矩阵；$\widehat{Q}_{\mathrm{s}}=\sum_{l=1}^{\infty}d_{\mathrm{sp}n}^{(l)}\mathrm{e}^{jl\omega t}+c.c.$，$\widehat{Q}_{\mathrm{r}}=\sum_{l=1}^{\infty}d_{\mathrm{rp}n}^{(l)}\mathrm{e}^{jl\omega t}+c.c.$；$\boldsymbol{K}_{\mathrm{s}n}$ 和 $\boldsymbol{K}_{\mathrm{r}n}$ 分别为啮合刚度矩阵系数。

将式（4-13）进行模态坐标转换，代入 $x=Vz$ 可得

$$\ddot{z}+\sum_{n=1}^{N}\{k_{\mathrm{sp}n}[1+\varepsilon\widehat{Q}_{\mathrm{s}}]G_{\mathrm{s}n}\varLambda_{\mathrm{s}}(z)\}z+\sum_{n=1}^{N}\{k_{\mathrm{rp}n}[1+\varepsilon\widehat{Q}_{\mathrm{r}}]G_{\mathrm{r}n}\varLambda_{\mathrm{r}}(z)\}z+G_{\mathrm{b}}z=f \tag{4-14}$$

式中，$G_{\mathrm{s}n}=V^{T}\boldsymbol{K}_{\mathrm{s}n}V$，$G_{\mathrm{r}n}=V^{T}\boldsymbol{K}_{\mathrm{r}n}V$，$G_{\mathrm{b}}=V^{T}\boldsymbol{K}_{\mathrm{b}}V$，$f=V^{T}\boldsymbol{F}$。

系统的周期振动频率可以展开为小量 $\varepsilon$ 的幂级数，

$$\omega t=\omega_0 t+\omega_1(t\varepsilon)+\omega_2(t\varepsilon^2)+\cdots \tag{4-15}$$

引入时间尺度，并将之视为独立变量，则系统的 $q$ 阶响应可以近似表示为

$$u(t)=u_0(T_0,T_1,\cdots)+\varepsilon u_1(T_0,T_1,\cdots)+\varepsilon u_2(T_0,T_1,\cdots)+\cdots \tag{4-16}$$

研究系统的一阶近似解，因此只需要添加两个时间尺度，此时系统的第 $q$ 阶模态响应解为

$$z_q(t_0,t_1)=z_{q0}(t_0,t_1)+\varepsilon z_{q1}(t_0,t_1)+0(\varepsilon^2) \quad (4\text{-}17)$$

由于齿轮分离的时间相对于齿轮啮合周期较短，且啮合分离函数同样具有周期性，因此分离函数可以表示为

$$\Lambda_s=1+\varepsilon\theta_s=1+\varepsilon\left\{\theta_s^{(0)}+\left[\sum_{l=1}^{\infty}\theta_s^{(l)}(t)\,\mathrm{e}^{jl(\omega t-\phi_s(t))}+c.c.\right]\right\} \quad (4\text{-}18)$$

$$\Lambda_r=1+\varepsilon\theta_r=1+\varepsilon\left\{\theta_r^{(0)}+\left[\sum_{l=1}^{\infty}\theta_r^{(l)}(t)\,\mathrm{e}^{jl(\omega t-\phi_r(t))}+c.c.\right]\right\} \quad (4\text{-}19)$$

将式（4-17），式（4-18），式（4-19）代入式（4-14）化简可得

$$\ddot{z}_q+\varepsilon\lambda_q\dot{z}_q+\omega_q^2 z_q+\sum_{w=1}^{3(N+3)}\sum_{n=1}^{N}(\varepsilon k_{sp}Q_s G_{snqw}+\mu k_{rp}Q_r G_{rnqw})z_w=f_q \quad (4\text{-}20)$$

$$Q_s=\sum_{l=1}^{\infty}d_s^{(l)}\mathrm{e}^{jl\omega t}+\theta_s+c.c.$$

$$Q_r=\sum_{l=1}^{\infty}d_r^{(l)}\mathrm{e}^{jl\omega t}+\theta_r+c.c.$$

式中，$G_{snqw}$，$G_{rnqw}$ 分别是矩阵 $G_{sn}$，$G_{rn}$ 的第 $q$ 行、第 $w$ 列元素。

定义多尺度法偏导数算子如下

$$\frac{\mathrm{d}}{\mathrm{d}t}=\sum_{r=0}^{+\infty}\frac{\mathrm{d}T_r}{\mathrm{d}t}\frac{\partial}{\partial T_r}=\sum_{r=0}^{+\infty}\varepsilon^r\frac{\partial}{\partial T_r}=\sum_{r=0}^{+\infty}\varepsilon^r D_r \quad (4\text{-}21a)$$

$$\frac{\mathrm{d}^2}{\mathrm{d}t^2}=\sum_{r=0}^{+\infty}\varepsilon^r D_r\left(\sum_{r=0}^{+\infty}\varepsilon^s D_s\right)=D_0^2+2\varepsilon D_0D_1+\varepsilon^2(D_1^2+2D_0D_2)+\cdots \quad (4\text{-}21b)$$

将式（4-17），式（4-21）代入式（4-20），并展开比较 $\varepsilon$ 的同次幂，可以得到以下偏微分方程组：

$$D_0^2 z_{q0}+\omega_q^2 z_{q0}=f_q \quad (4\text{-}22a)$$

$$D_0^2 z_{q1}+\omega_q^2 z_{q1}=-2D_0D_1z_{q0}-\lambda_q D_0 z_{q0}-\sum_{w=1}^{4(N+3)}\sum_{n=1}^{N}(k_{sp}Q_s G_{snqw}+gk_{rp}Q_r G_{rnqw})z_{w0} \quad (4\text{-}22b)$$

## 4.2.2 系统主共振非线性幅频特性分析

以主共振为分析对象，主共振的频率关系可以表示为 $\omega=\omega_i+\varepsilon\sigma$ ，$\sigma$ 为一个小的失调参数。设式（4-22a）的一阶近似解为

$$z_{q0}(t_0,t_1)=A_q(t_1)\mathrm{e}^{j\omega_q t_0}+c.c.+\frac{f_q}{\omega_q^2} \tag{4-23}$$

假设 $\omega_q$ 不是 $\omega_i$ 的整数倍，将式（4-22）代入式（4-21b）中的第 $k$ 阶模态中，整理并考虑消去永年项条件后，可以得到下式

$$2j\omega_k D_1 A_k+j\omega_k\lambda_k A_k+\sum_{n-1}^{N}(k_{\mathrm{sp}}Q_{\mathrm{s}}G_{snqw}+gk_{rp}Q_r G_{rnqw})A_k=0 \tag{4-24}$$

对于动态响应求解必有 $q=i$ ，此时方程（4-23）的解为

$$z_{i0}(t_0,t_1)=A_i(t_1)\mathrm{e}^{j(\omega-\varepsilon\sigma)t_0}+c.c.+\frac{f_i}{\omega_i^2}=A_i(t_1)\mathrm{e}^{-j\sigma t_1}\mathrm{e}^{j\omega t_0}+c.c.+\frac{f_i}{\omega_i^2} \tag{4-25}$$

从式（4-25）可以看出，系统的主共振响应是以激励周期为周期的响应。而主共振响应的幅值也同时受到系统其他扰动频率的影响，与主激励频率产生调制作用。根据第二章的分析，考虑到齿轮系统的啮合频率更易激发系统共振，因此，以系统啮合激励为主来分析系统的主共振现象。在齿轮啮合过程中伴随有轮齿分离的冲击现象，而齿轮的分离冲击与响应都是以啮合周期为周期的，结合式（4-25），其分离函数相位随时间 $t_1$ 变化，即式（4-18）和式（4-19）中 $t=t_1$ 。同时为了进一步表征啮合现象对系统振动响应的影响，将 $A_i(t_1)$ 展开为

$$A_i(t_1)=\frac{1}{2}a_i(t_1)\mathrm{e}^{j\beta_i(t_1)} \tag{4-26}$$

将式（4-26）代入式（4-25），化简后可得：

$$z_{i0}(t_0,t_1)=a_i(t_1)\cos[\omega t_0-(\varepsilon\sigma t_0-\beta(t_1))]+\frac{f_i}{\omega_i^2} \tag{4-27}$$

假设 $\gamma_i(t_1)=\sigma t_1-\beta_i(t_1)$，则转换模态坐标后的齿轮啮合变形函数为

$$\begin{aligned}\delta_{sn}&=a_i(v_{syi}\cos\varphi_{sn}-v_{sxi}\sin\varphi_{sn}-v_{xni}\sin\alpha_s-v_{yni}\cos\alpha_s+v_{sui}+v_{nui})\\&+\sum_{w=1}^{3(N+3)}(v_{syw}\cos\varphi_{sn}-v_{sxw}\sin\varphi_{sn}-v_{xnw}\sin\alpha_s-v_{ynw}\cos\alpha_s+v_{suw}+v_{nuw})\frac{f_w}{\omega_w^2}\end{aligned} \tag{4-28a}$$

$$\begin{aligned}\delta_{rn}&=a_i(v_{ryi}\cos\varphi_{rn}-v_{rxi}\sin\varphi_{rn}-v_{xni}\sin\alpha_r-v_{yni}\cos\alpha_s+v_{sui}+v_{nui})\\&+\sum_{w=1}^{3(N+3)}(v_{ryw}\cos\varphi_{rn}-v_{rxw}\sin\varphi_{rn}-v_{xnw}\sin\alpha_r-v_{ynw}\cos\alpha_r+v_{ruw}+v_{nuw})\frac{f_w}{\omega_w^2}\end{aligned} \tag{4-28b}$$

将式（4-18）和式（4-19）代入式（4-22b）可得消去永年项的条件为

$$\begin{aligned}&j2\omega_i D_1 A_i+j\omega_i\lambda_i A_i+\sum_{n=1}^{N}k_{spn}(\theta_s^{(0)}A_i+\theta_s^{(2)}e^{2j(\sigma t_1-\gamma_i)}\widehat{A}_i)G_{snii}+\\&\sum_{n=1}^{N}k_{rpn}(\theta_r^{(0)}A_i+\theta_r^{(2)}e^{2j(\sigma t_1-\gamma_i)}\widehat{A}_i)G_{rnii}+g\sum_{w=1}^{3(N+3)}\sum_{n=1}^{N}k_{rpn}\theta_r^{(1)}e^{j(\sigma t_1-\gamma_i)}\frac{f_w}{\omega_w^2}G_{rnii}+\\&\sum_{w=1}^{3(N+3)}\sum_{n=1}^{N}k_{spn}\theta_s^{(1)}e^{j(\sigma t_1-\gamma_i)}\frac{f_w}{\omega_w^2}G_{sniw}+\sum_{n=1}^{N}k_{spn}d_{sn}^{(2)}e^{2j\sigma t_1}\widehat{A}_iG_{snii}+g\sum_{n=1}^{N}k_{rpn}d_{rn}^{(2)}e^{2j\sigma t_1}\widehat{A}_iG_{rnii}+\\&\sum_{w=1}^{3(N+3)}\sum_{n=1}^{N}k_{spn}d_{sn}^{(1)}e^{j\sigma t_1}G_{sniw}\frac{f_w}{\omega_w^2}+g\sum_{w=1}^{3(N+3)}\sum_{n=1}^{N}k_{rpn}d_{sn}^{(1)}e^{j\sigma t_1}G_{sniw}\frac{f_w}{\omega_w^2}=0\end{aligned} \tag{4-29}$$

当只考虑一阶谐波时，可以得到第 $i$ 阶模态振动响应的幅值 $a_i(t_1)$ 与相位 $\gamma_i(t_1)$ 的一阶常微分方程为

$$\omega_i D_1 a_i=-\frac{1}{2}\omega_i a_i\lambda_i-|\chi_2|\sin(\gamma_i+\Psi) \tag{4-30a}$$

$$\omega_i a_i D_1\gamma_i=\omega_i a_i\sigma-\chi_1-|\chi_2|\cos(\gamma_i+\Psi) \tag{4-30b}$$

$$\begin{aligned}\chi_1&=\sum_{w=1}^{3(N+3)}\sum_{n=1}^{N}(k_{spn}\theta_{sn}^{(1)}G_{sniw}+gk_{rpn}\theta_{rn}^{(1)}G_{rniw})\frac{f_w}{\omega_w^2}\\&+\sum_{n=1}^{N}(\theta_{sn}^{(0)}+\theta_{sn}^{(2)})\frac{a_iG_{snii}k_{spn}}{2}+\sum_{n=1}^{N}(\theta_{rn}^{(0)}+\theta_{rn}^{(2)})\frac{ga_iG_{rnii}k_{rpn}}{2}\end{aligned} \tag{4-30c}$$

$$\chi_2 = \sum_{w=1}^{3(N+3)} \sum_{n=1}^{N} (k_{spn} d_{sn}^{(1)} G_{sniw} + g k_{rpn} d_{rn}^{(1)} G_{rniw}) \frac{f_w}{\omega_w^2} \tag{4-30d}$$

为求稳态运动的定常解振幅和相位，上式中需满足 $D_1 a_i = 0$ 和 $D_1 \gamma_i = 0$，化简计算后可以得到对应振幅 $a_i$，相位 $\gamma_i$ 和失调参数 $\sigma$ 的方程为

$$\frac{1}{4}\omega_i^2 a_i^2 \lambda_i^2 + \omega_i^2 a_i^2 \sigma^2 - 2\chi_1 \omega_i a_i \sigma = |\chi_2|^2 - \chi_1^2 \tag{4-31}$$

由于 $\chi_1$ 中包含振幅 $a_i$ 项，因此将 $\chi_1$ 和 $\chi_2$ 代入式（4-30）并化简可得

$$\left(\frac{H_3}{\varepsilon}\right)^2 - \frac{\omega_i^2 a_i^2 \lambda_i^2}{4} - \left(\omega_i a_i \sigma - \frac{H_1 a_i + 2H_2}{2\varepsilon}\right)^2 = 0 \tag{4-32}$$

式中，$H_1 = \sum_{n=1}^{N} (\theta_{sn}^{(0)} + \theta_{sn}^{(2)}) \frac{G_{snii} k_{sp} \varepsilon}{2} + \sum_{n=1}^{N} (\theta_{rn}^{(0)} + \theta_{rn}^{(2)}) \frac{g G_{rnii} k_{rp} \varepsilon}{2}$

$$H_2 = \sum_{w=1}^{3(N+3)} \sum_{n=1}^{N} (k_{sp} \theta_{sn}^{(1)} G_{sniw} + g k_{rp} \theta_{rn}^{(1)} G_{rniw}) \frac{f_w \varepsilon}{\omega_w^2}$$

$$H_3 = \sum_{w=1}^{3(N+3)} \sum_{n=1}^{N} (k_{sp} G_{sniw} + g k_{rp} G_{rniw}) \frac{f_w \varepsilon}{\omega_w^2}$$

求解失调参数 $\sigma$ 的表达式，并考虑关系 $\omega = \omega_i + \varepsilon\sigma$，可以得到

$$\omega = \omega_i + \frac{1}{2\omega_i a_i}[H_1 a_i + 2H_2 \pm \sqrt{(H_3)^2 - (\omega_i^2 a_i \xi_i)^2}] \tag{4-33}$$

以主共振为例来分析多自由度非线性系统的共振特性，表 4-1 所列为内外啮合副各阶谐波系数。

**表 4-1　外啮合与内啮合傅里叶谐波系数**

| 谐波阶数 | $\widehat{k}_{sn}^{(l)}$ （$1\times10^8$） | $\widehat{k}_{sn}^{(l)}$ （$1\times10^8$） |
|---|---|---|
| 1 | 1.319 2 | 1.329 6 |
| 2 | 0.197 5 | 0.461 4 |
| 3 | 0.400 3 | 0.229 6 |
| 4 | 0.188 7 | 0.350 3 |

如图 4-2 所示为一排行星架的三阶固有频率 $\omega_3$ 主共振幅频特性曲线，图中箭头描述了振动幅值随激励频率变化而产生的跳跃现象。图 4-2 中随着激励频率由小值逐渐增加时，幅值沿 ABC 连续变化，但当到达 C 点后，如果激励频率继续增加，则幅值将会突增到 E 点，然后沿着 EF 连续变化；反之，若激励频率由大值逐渐减小时，幅值将会沿着 FED 连续变化，当到达 D 点后，随着频率的继续减小，幅值将会突减到 D 点，然后沿着 BA 连续变化。曲线 ABC、DEF 为稳定解轨迹，而 CD 为不稳定解轨迹，在试验中只能实现渐进稳定运动。

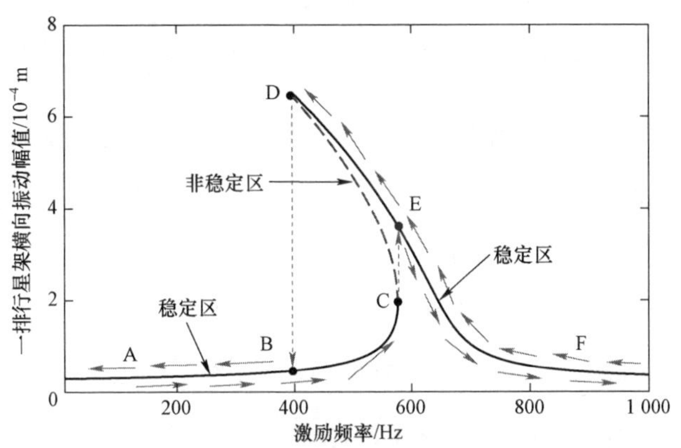


图 4-2　一排行星架横向振动位移 $\omega_3$ 主共振幅频曲线

图 4-3 显示了系统不同的阻尼比 $\xi$ 对一排行星架的主共振幅频响应的影响规律。从图中可以看出，随着阻尼比的增加，共振响应幅值都减小，同时系统的不稳定解区域也缩小，当阻尼比增加到 $\xi = 0.08$ 时，系统趋于线性，说明系统随着阻尼的增加逐渐趋于稳定状态。

同样地，对于非线性系统的亚谐共振和超谐共振也具有类似的跳跃现象。而对于某一个激励频率值，当存在两个稳定的周期解时，哪一个代表系统的实际响应，需要根据选择的初始条件来决定，在非线性系统中，稳定的周期解与初始条件相关。在实际试验过程中，激励频率的变化过程相对理论分析过程是缓慢变化的，系统将会经过一系列的暂态过程进入另一定常稳定振动状态。

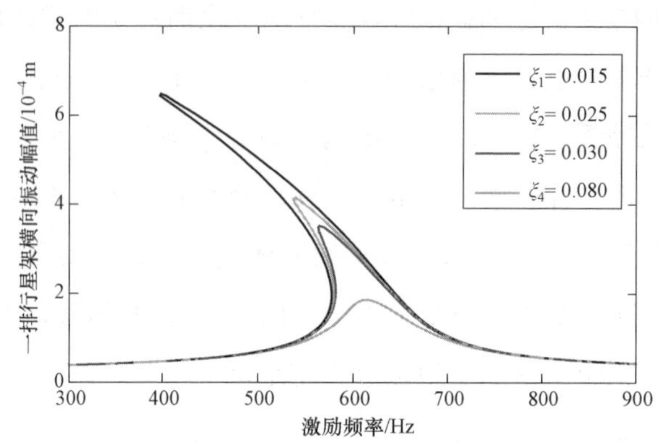


图 4-3　不同阻尼比 $\xi$ 对一排行星架横向振动位移 $\omega_3$ 主共振幅频曲线

通过对系统发生共振现象进行分析可知，当激励频率 $\omega$ 与系统固有频率 $\omega_i$ 之间满足 $\omega \approx \omega_i$、$\omega \approx n\omega_i$、$\omega \approx \omega_i/n$ 关系时，系统将会分别激发主共振、$1/n$ 次亚谐共振和 $n$ 次超谐共振，这些共振现象都会使得系统振动幅值大幅增加，稳定性降低。同时，激励频率的变化趋势也会对系统共振幅值产生影响，而在多自由度强耦合非线性行星齿轮系统中，甚至会发生多种共振同时出现的多重共振现象，这会使得系统振动更加剧烈也更加复杂。

## 4.3　两级行星齿轮传动系统共振响应激发机理分析

在理论分析的基础上，结合数值法分析系统的共振现象。当激励频率与派生系统固有频率近似满足共振激发条件时系统将会发生共振。同时，由于系统结构复杂且自由度较多，在系统的各阶固有频率之间很容易存在近似整数倍关系，即 $\omega_i = n\omega_j$（$n=1,2,\cdots;\ i\neq j$），除外激频率诱发的共振外，各阶次固有频率之间也会相互激发产生共振，即发生系统内共

振。对于复杂工况下服役的传动系统，激发共振的激励有可能来自于外激励，也有可能来自齿轮箱的内部激励，多自由度系统的共振可能存在多种激发原因，且同时存在多种共振现象，即发生多重共振，因此，分别从定值激励和动态啮合激励讨论系统共振的特性，以一排行星架为主来研究系统的共振特性。

在分析过程中对参数的定义为：$\omega$ 表示系统外激励频率；$f_{mi}$ $(i=1,2)$ 表示第 $i$ 级行星排的啮合频率；$\omega_n$ $(n=1,2,\cdots,42)$ 表示系统第 $n$ 阶固有频率。

## 4.3.1　定值激励共振的激发机理及响应特性

图 4-4 为外激频率为 $\omega$=1 256 Hz 时一排行星架振动位移的共振频域图，此时，外激频率与系统第八阶固有频率 $\omega_8$ 相等，激发了系统的第 8 阶固有频率主共振。图 4-4（a）和（b）分别为行星架扭转方向和横向振动的频域图，可以看出在频率 1 256 Hz 处出现了较大的振动幅值，图中 $f_{m1}$ 为系统一级行星排啮合频率。经对比，扭转振动主共振幅值相对于啮频幅值增加了 53.1%，这是因为第八阶固有频率对应的系统振型为中心部件扭转振动模式，该共振模式下系统扭转振动被加强。

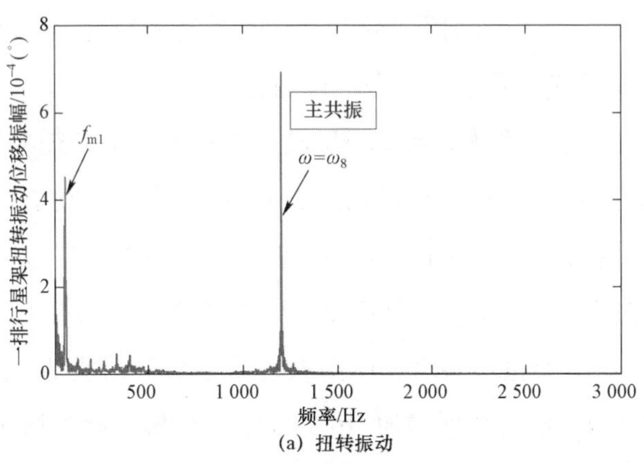

(a) 扭转振动

图 4-4　$\omega$=1 256 Hz 激发系统主共振

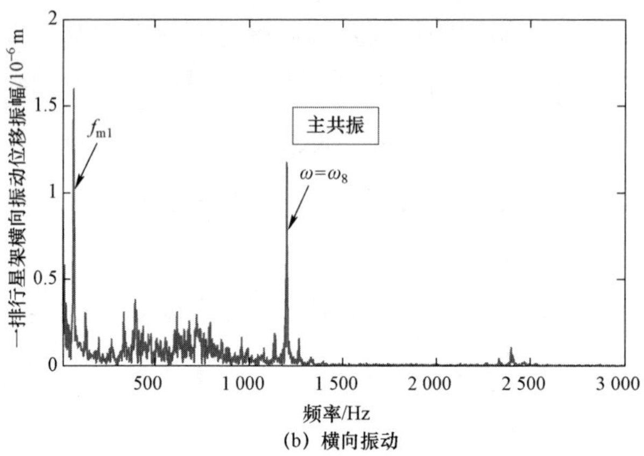

(b) 横向振动

图 4-4 $\omega$=1 256 Hz 激发系统主共振（续）

图 4-5 为外激频率为 $\omega$=1 425 Hz 时一排行星架的共振频域图，此时，外激频率与系统第三阶固有频率存在 $\omega=2\omega_3$ 关系，激发了系统第三阶固有频率的 1/2 次亚谐共振。图 4-5（a）和（b）分别为行星架扭转方向和横向振动的频域图，图中 $f_{m1}$ 为系统一级行星排啮合频率。与图 4-4 进行对比可以看出，在外激频率 1 425 Hz 处，行星架扭转振动和横向振动的幅值都小于啮频 $f_{m1}$ 的幅值，说明系统没有发生主共振。从图 4-5（b）可以明显看出，在频率点 $\omega_3=712$ Hz 处出现了较大的横向振动幅值，相对于啮频幅值增加了 235.7%，这是由于外激频率激发了系统的第三阶固有频率亚谐共振，且第三阶固有频率对应的系统振型为中心部件平移振动模式，该共振模式下系统横向振动被加强。

图 4-6 为外激频率为 $\omega$=325 Hz 时一排行星架的共振频域图，此时，外激频率与系统第二阶固有频率存在 $\omega=\omega_2$ 关系，激发了系统第二阶固有频率的主共振。图 4-6（a）和（b）分别为行星架扭转方向和横向振动的频域图，图中 $f_{m1}$ 为系统一级行星排啮合频率，可以看出，在外激频率 325 Hz 处，行星架扭转振动和横向振动的主共振幅值都大于啮频 $f_{m1}$ 的幅值，相对于 $f_{m1}$ 幅值分别增加 46.38%和 9.92%，此时扭转方向主共振幅值较大，是因为系统第二阶固有频率对应的系统振型为中心部件扭转振动模式，该共振模式下系统扭转振动被加强。

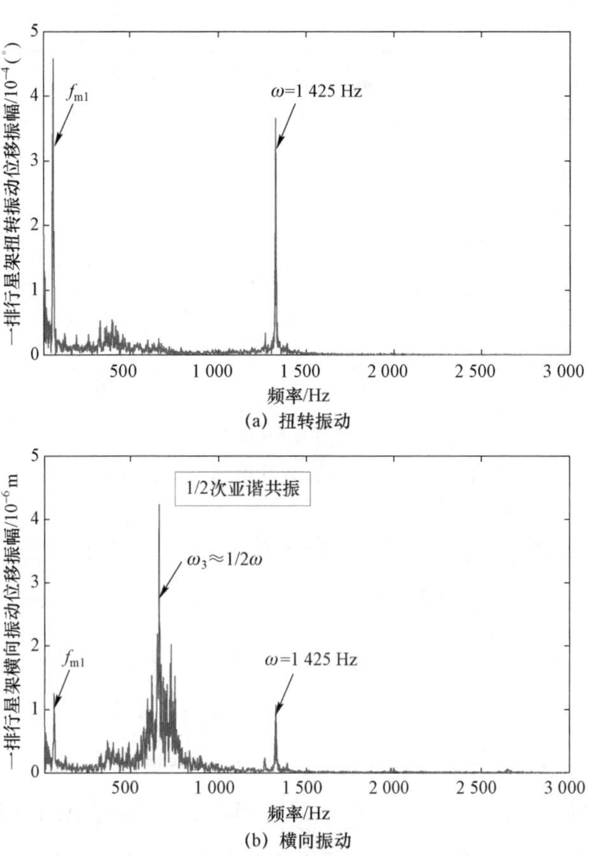


图 4-5　$\omega = 1\ 425$ Hz 激发系统亚谐共振

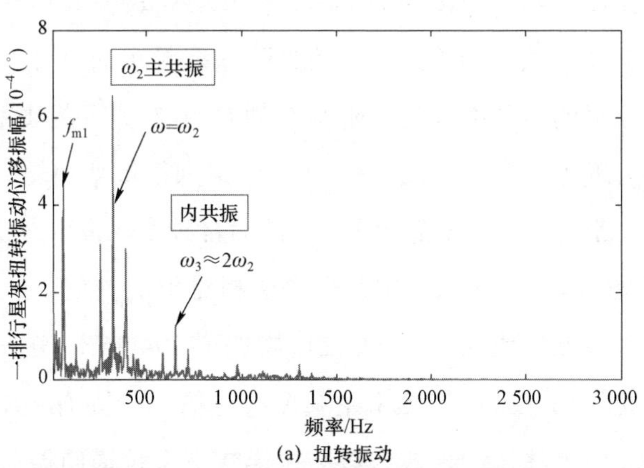


图 4-6　$\omega = 325$ Hz 激发系统内共振

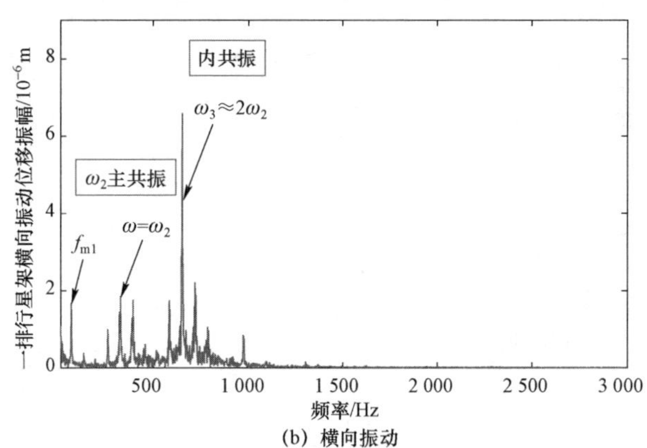

(b) 横向振动

图 4-6 $\omega=325$ Hz 激发系统内共振（续）

在系统发生主共振的同时，由于第三阶固有频率与第二阶固有频率存在 $\omega_3\approx 2\omega_2$ 的关系，因此同时激发了系统的内共振，出现了较大的横向振动幅值，相对于啮频幅值增加了 291.7%，这是由于外激频率激发了系统的第三阶固有频率超谐共振，且第三阶固有频率对应的系统振型为中心部件平移振动模式，该共振模式下系统横向振动被加强。

图 4-7 显示了外激频率为 $\omega=712$ Hz时一排行星架的振动位移共振频域图，此时，外激频率以及系统第二阶、第三阶、第七阶和第八阶固有频率之间存在 $\omega=\omega_3$、$\omega\approx 2\omega_2$、$\omega_7\approx 3\omega_3$ 和 $\omega_8\approx 2\omega$ 关系，同时激发了系统第三阶固有频率的主共振、第二阶固有频率的 1/2 次亚谐共振、第七阶固有频率的内共振和第八阶固有频率的 2 次超谐共振，出现了典型的多重共振现象。图 4-7（a）和（b）分别为行星架扭转方向和横向振动的频域图，图中 $f_{m1}$ 为系统一级行星排啮合频率，可以看出，在外激频率 712 Hz 处，行星架扭转振动主共振幅值相对于 $f_{m1}$ 幅值减小了 46.58%，横向振动的主共振幅值相对于 $f_{m1}$ 幅值增加了 294.96%，这是由于外激频率激发了系统的第三阶固有频率主共振，且第三阶固有频率对应的系统振型为中心部件平移振动模式，该共振模式下系统横向振动被加强。

在系统发生主共振的同时，在频率点 $\omega_2=325$ Hz 处也同时激发了系

统的 1/2 次亚谐共振，出现了较大的扭转及横向振动幅值，相对于啮频幅值分别增加了 242.83%和 266.13%，这是由于外激频率激发了系统的第二阶固有频率 1/2 次亚谐共振，且第二阶固有频率对应的系统振型为中心部件扭转振动模式，该共振模式下系统扭转振动被加强，且由于主共振与亚谐共振的共同作用，导致 $\omega_2$ 处的横向振动也增强。

同时也可以看到在 $\omega_7$ 和 $\omega_8$ 处也激发了系统的内共振和 2 次超谐共振，由于这两阶固有频率的振型分别为中心部件平移振动和扭转振动，因此分别在图中呈现出各自不同的激振幅值，但都小于低频固有频率的共振幅值。

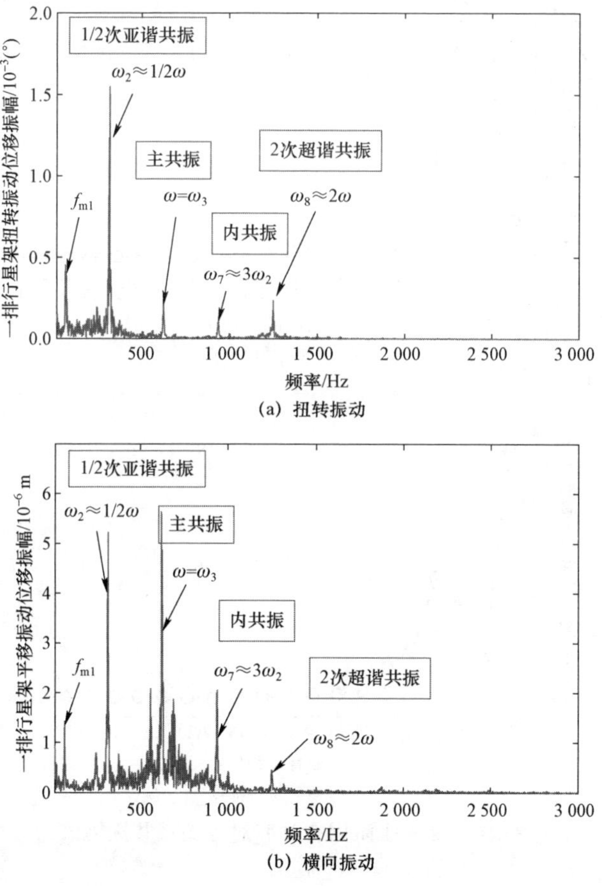


(a) 扭转振动

(b) 横向振动

图 4-7　$\omega = 712$ Hz 激发系统多重共振

由以上分析得知，系统主共振的峰值一般都大于其他共振形式，并且主共振为主要的共振激发形式，以此为基础研究系统主共振峰值随激励频率增加的变化趋势，如图 4-8 所示，分别为一排行星架横向振动和扭转振动主共振峰值变化曲线。从图中可以看出，7 阶以下固有频率的主共振幅值较大，7 阶固有频率以后的主共振幅值基本趋于稳定且远小于低频区共振幅值。

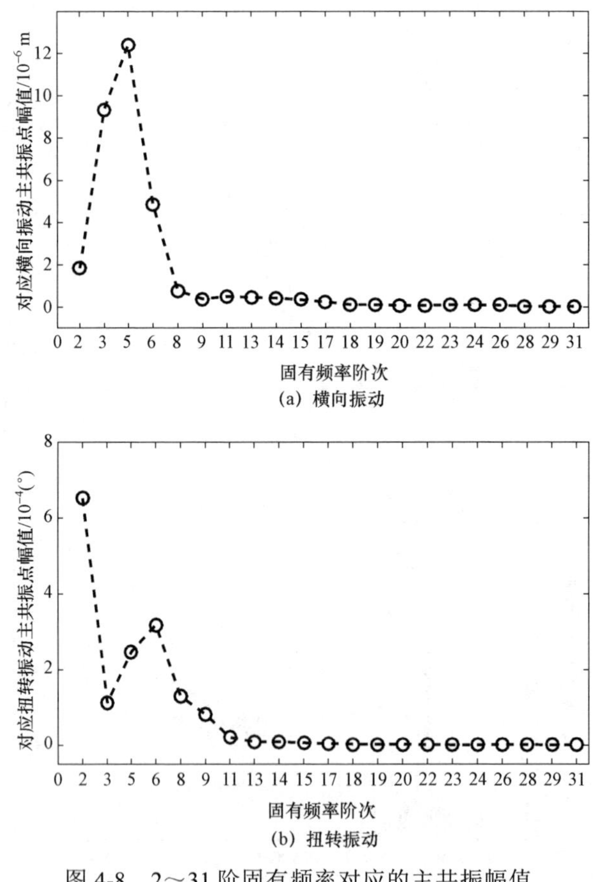


(a) 横向振动

(b) 扭转振动

图 4-8　2～31 阶固有频率对应的主共振幅值

## 4.3.2　动态啮合激励共振的激发机理及响应特性

啮合频率为行星齿轮系统的主要激振频率，且会随着转速一起发生变化。图 4-9 显示了一排啮合频率为 $f_{m1}=1\ 256$ Hz时一排行星架振动位移的共振频域图，此时，外激频率与系统第八阶固有频率 $\omega_8$ 相等，激发了系统的主共振。图 4-9（a）和（b）分别为行星架扭转方向和横向振动的频域图，可以看出在频率 1 256 Hz 处出现了较大的振动幅值。此时，共振点对应系统的第 8 阶振型为中心部件扭转振动，因此，系统扭转振动较为强烈。同时可以看到，横向振动位移被激发了系统第 3 阶固有频率的 1/2 次亚谐振动。

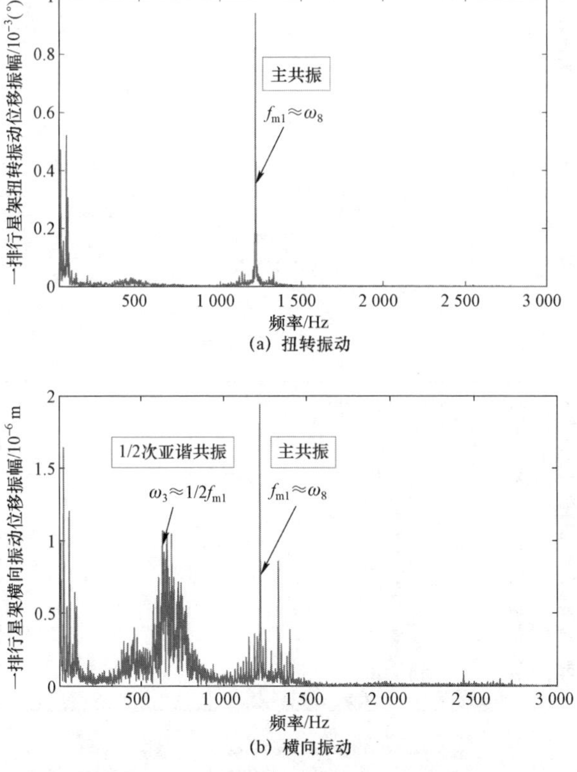


图 4-9　$f_{m1}=1\ 256$ Hz 激发系统主共振

图 4-10 显示了啮合频率为 $f_{m1}$ =1 425 Hz 时一排行星架的共振频域图，此时，啮合频率与系统第三阶固有频率存在 $\omega \approx 2\omega_3$ 关系，激发了系统第三阶固有频率的 1/2 次亚谐共振。图 4-10（a）和（b）分别为行星架扭转方向和横向振动的频域图。从图 4-10（b）可以明显看出，在频率点 $\omega_3$= 712 Hz 处出现了较大的横向振动幅值，相对于啮频幅值增加了 75.98%，这是由于外激频率激发了系统的第三阶固有频率亚谐共振，且第三阶固有频率对应的系统振型为中心部件平移振动模式，该共振模式下系统横向振动被加强。

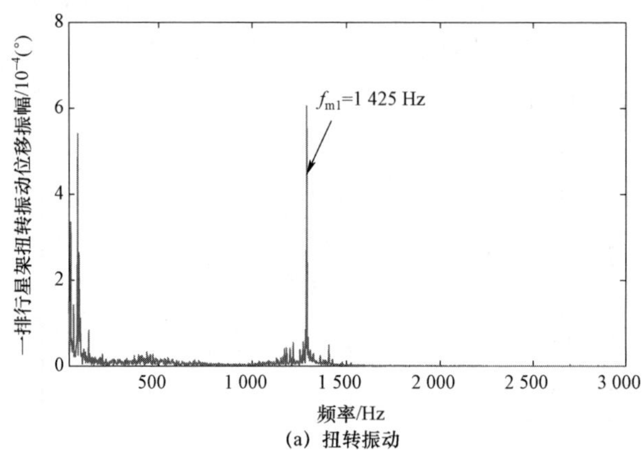

(a) 扭转振动

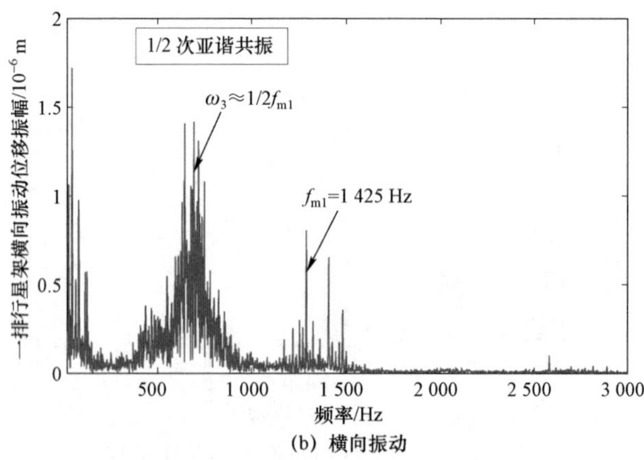

(b) 横向振动

图 4-10　$f_{m1}$ =1 425 Hz 激发系统亚谐共振

图 4-11 显示了啮合频率为 $f_{m1}=325$ Hz 时一排行星架振动位移的共振频域图，此时，啮合频率与系统第二阶固有频率存在 $f_{m1}\approx\omega_3$ 关系，同时激发了系统第二阶固有频率的主共振和第三阶固有频率的 2 次超谐共振。图 4-11（a）和（b）分别为行星架扭转方向和横向振动的频域图，此时扭转方向主共振幅值较大，是因为系统第二阶固有频率对应的系统振型为中心部件扭转振动模式，该共振模式下系统扭转振动被加强。在系统发生主共振的同时，在频率点 $\omega_3$= 712 Hz 处也同时激发了系统的 2 次超谐共振，出现了较大的横向振动幅值，相对于啮频幅值增加了 53.16%，这是由于外激频率激发了系统的第三阶固有频率超谐共振，且

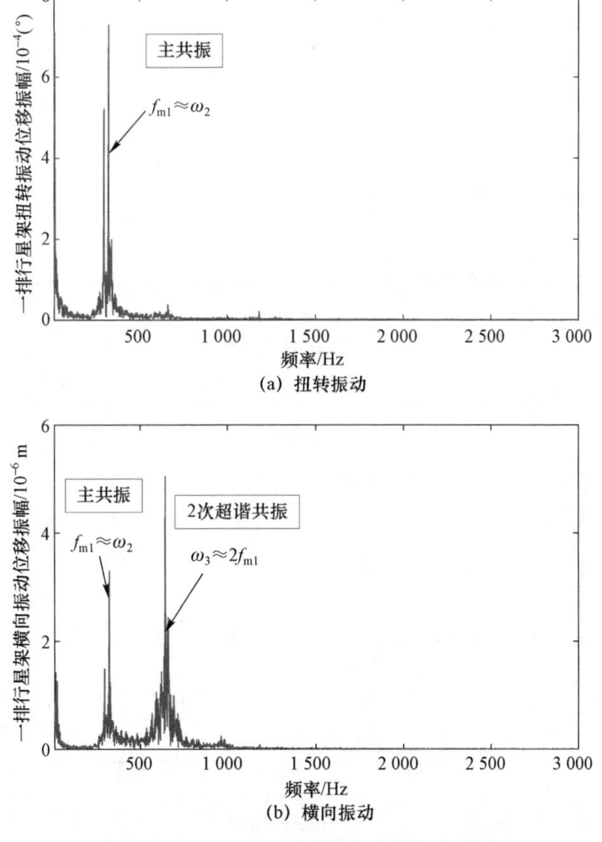


图 4-11　$f_{m1}=325$ Hz 激发系统超谐共振

第三阶固有频率对应的系统振型为中心部件平移振动模式，该共振模式下系统横向振动被加强。

图 4-12 显示了啮合频率为 $f_{m1}=712$ Hz 时一排行星架的共振频域图，此时，啮合频率以及系统第二阶、第三阶和第八阶固有频率之间存在 $f_{m1}\approx\omega_3$、$f_{m1}\approx 2\omega_2$ 和 $\omega_8\approx 2f_{m1}$ 关系，同时激发了系统第三阶固有频率的主共振、第二阶固有频率的 1/2 次亚谐共振、第八阶固有频率的 2 次超谐共振，出现了典型的多重共振现象。图 4-12（a）和（b）分别为行星架扭转方向和横向振动的频域图，可以看出，在外激频率 714 Hz 处，

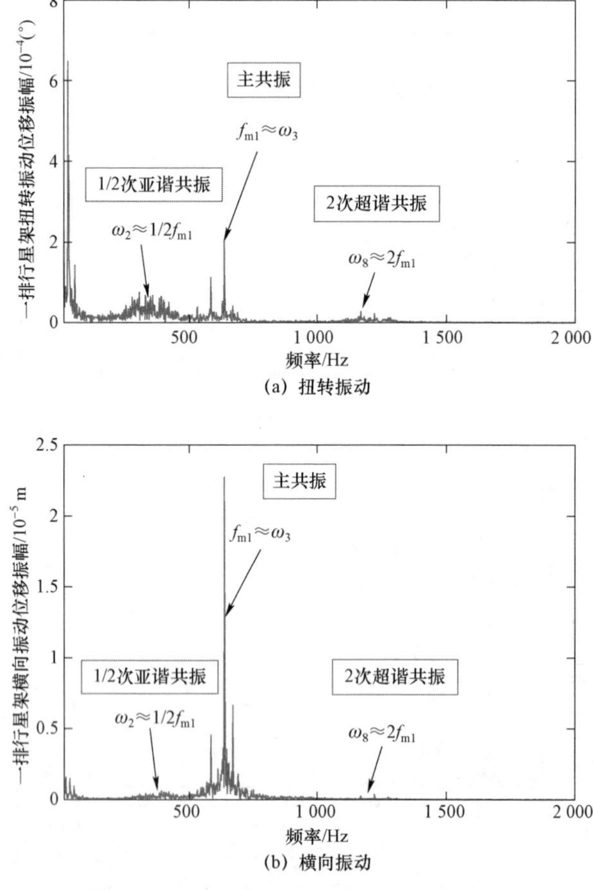


图 4-12　$f_{m1}=712$ Hz 激发系统多重共振

横向振动的主共振具有较大的幅值，这是由于外激频率激发了系统的第三阶固有频率主共振，且第三阶固有频率对应的系统振型为中心部件平移振动模式，该共振模式下系统横向振动被加强。

在系统发生主共振的同时，在频率点 $\omega_2=325$ Hz 处也同时激发了系统的 1/2 次亚谐共振，出现了较大的扭转振动幅值和较弱的横向振动幅值，这是由于外激频率激发了系统的第二阶固有频率亚谐共振，且第二阶固有频率对应的系统振型为中心部件扭转振动模式，该共振模式下系统扭转振动被加强。

同时也可以看到在 $\omega_8$ 处也激发了系统的 2 次超谐共振，由于第 8 阶固有频率的振型为中心部件扭转振动，因此在图 4－12（a）中呈现出较为明显的激振幅值，但小于低频固有频率的共振幅值。

综上所述，在多自由度系统中存在复杂的共振现象，当系统激励频率 $\omega$、激励频率的整数倍频 $n\omega$、激励频率的分数倍频 $\omega/n$ 与系统某一阶固有频率近似相等时都可以激发系统共振，并且当系统的某两阶固有频率之间存在 $\omega_i=n\omega_j$ 或 $\omega_i=\omega_j/n$ 且 $i\neq j$ 的关系时，系统更容易被激发系统内共振，多种共振同时被激发时就出现了复杂的多重共振现象。相对于定值激励而言，由于行星齿轮系统的啮合激励频率及其倍频都是起主要作用的激励频率，因此，更容易激发系统的超谐共振或啮频倍频的主共振。

同时还发现，行星齿轮传动系统的共振幅值大小受到系统的固有振型模式影响较为明显，当被激发共振的固有频率所对应的固有振型模式与齿轮部件的振动形式一致时，共振幅值较大，反之共振幅值较小。例如，当系统被激发共振的某一阶固有频率振型为中心部件平移振动模式时，则系统中心部件的平移振动共振幅值相对于扭转振动共振幅值会显著增加。

# 4.4 两级行星齿轮传动系统共振特性随工况变化规律分析

实际系统工作过程中转速及转矩会随着工况发生变化，因此，在研究了系统各种共振特性的基础上，有必要对工况和系统共振特性之间的关系进行分析。本文将激发系统共振的频率分为两种，一种是系统定值激励引发的共振，另一种是随系统工况变化的动态啮合激励。

## 4.4.1 定值激励共振特性随转速转矩变化规律分析

假设在系统运行过程中存在 $\omega=712$ Hz 的定值激励激发系统共振，随着转速和转矩的改变分析系统主共振幅值、1/2 次亚谐共振幅值和 2 次超谐共振幅值的变化规律。

如图 4-13 所示为系统横向振动位移亚谐共振 $\omega_2=325$ Hz 幅值随转速转矩变化的分布图。从图中可以看出，随着转速的增加，系统横向振动

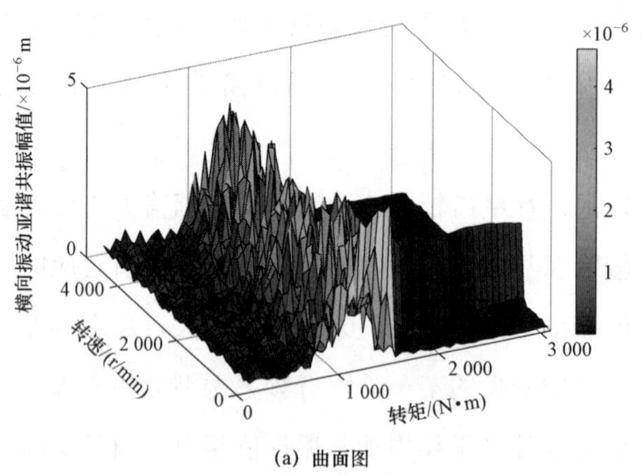

(a) 曲面图

图 4-13 转速转矩变化对系统横向振动位移亚谐共幅值的影响

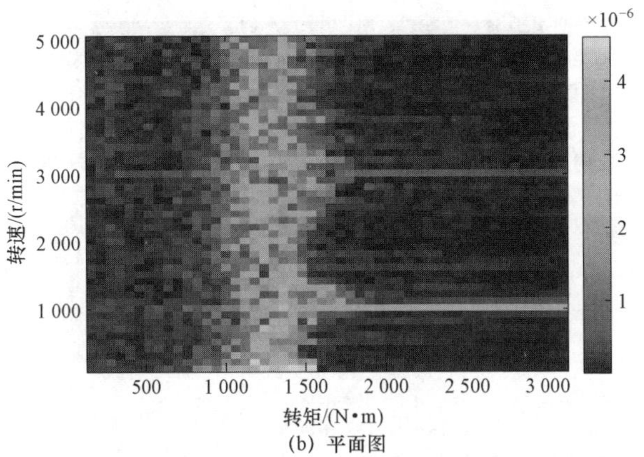


(b) 平面图

图 4-13　转速转矩变化对系统横向振动位移亚谐共幅值的影响（续）

位移的亚谐共振幅值基本保持不变，但在 1 000 r/min 和 3 000 r/min 处有两条明显的亮线，这是由于在这两个转速下分别激发了 325 Hz 的主共振和 1/3 次亚谐共振。同时，从图中也可以看出，随着转矩的增加，系统横向振动位移的亚谐共振幅值呈现出明显的区域分布特征，在[1 000 N•m, 1 500 N•m]的转矩范围内振动较为剧烈。

如图 4-14 所示为系统扭转振动位移 1/2 次亚谐共振 $\omega_2 = 325$ Hz 幅值随转速转矩变化的分布图。从图中可以看出，其扭转振动位移亚谐共振幅值随转速转矩的变化趋势与横向振动相同，都呈现出明显的区域分布特征。

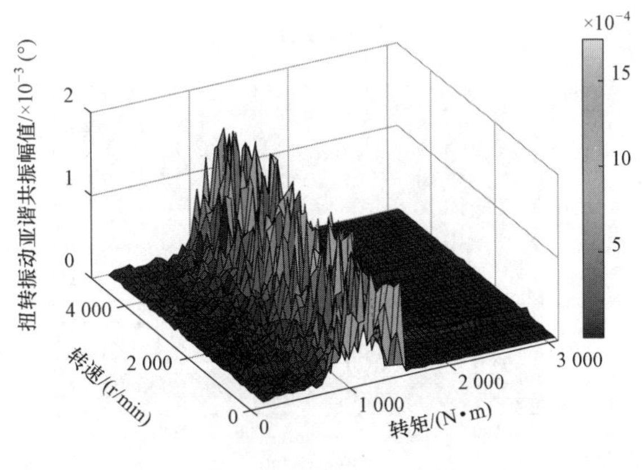


(a) 曲面图

图 4-14　转速转矩变化对系统扭转振动位移亚谐共幅值的影响

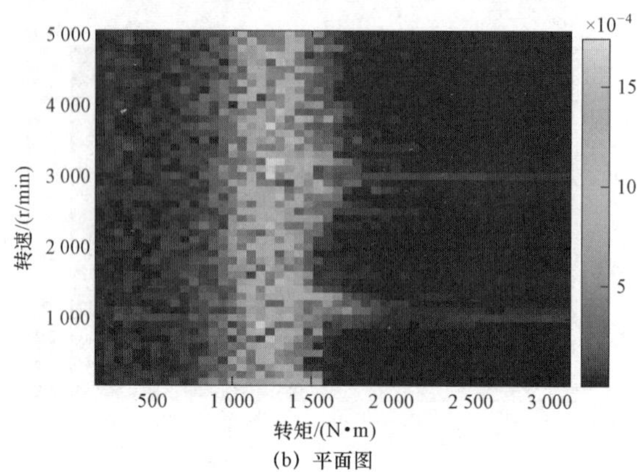


(b) 平面图

图 4-14 转速转矩变化对系统扭转振动位移亚谐共幅值的影响（续）

如图 4-15 所示为系统横向振动位移主共振 $\omega_3$= 712 Hz 幅值随转速转矩变化的分布图。从图中可以看出，随着转速的增加，系统横向振动位

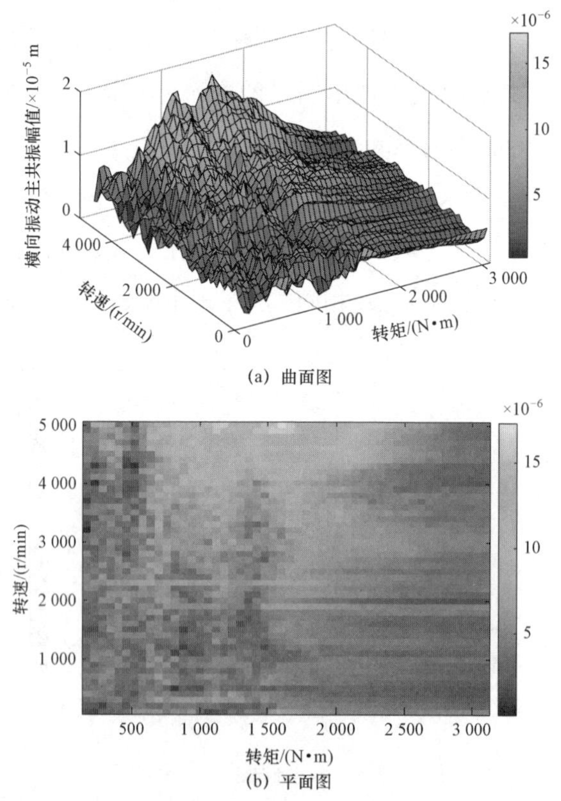


(a) 曲面图



(b) 平面图

图 4-15 转速转矩变化对系统横向振动位移主共幅值的影响

移主共振幅值呈增加趋势，相对于初始转速的最小峰值，最高转速对应的最大共振幅值增加了 10 倍。同时，从图中也可以看出，系统横向振动位移的主共振幅值在[800 N•m，1 750 N•m]的范围内随转速增加较为明显。

如图 4-16 所示为系统扭转振动位移在第三阶固有频率 $\omega_3$ 处主共振幅值随转速转矩变化的分布图。从图中可以看出，随着转速的增加，系统扭转振动位移主共振幅值基本不受影响。同时，从图中也可以看出，随着转矩的增加，系统扭转振动位移的主共振幅值呈现增加的趋势，转矩越大共振就越剧烈。

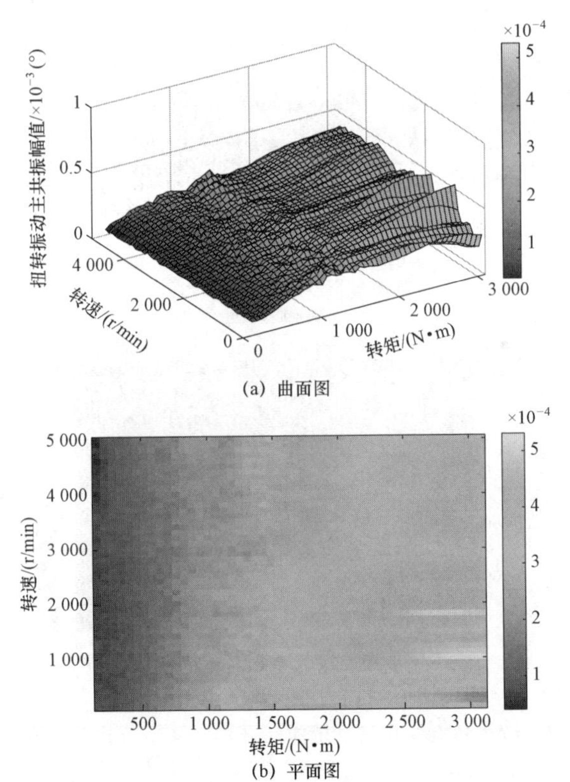


图 4-16　转速转矩变化对系统扭转振动位移主共振幅值的影响

如图 4-17 所示为系统横向振动位移 2 次超谐共振幅值随转速转矩

变化的分布图。从图中可以看出，当转速低于 3 500 r/min 时，系统超谐共振幅值基本不受转速影响，各转速下的幅值最大相差 7.1%，当转速大于 3 500 r/min 后，系统超谐共振幅值开始随转速逐渐增加，相对于转速低于 3 500 r/min 区间内的幅值最小增加了 48.36%。同时，从图中也可以看出，在[500 N·m,1 800 N·m]的转矩范围内，随着转矩的增加，系统超谐共振幅值呈先增加后减小的趋势，当转速小于 3 500 r/min 时，在 1 180 N·m 处达到最大值，而当转速高于 3 500 r/min 时，在 820 N·m 处达到最大值。

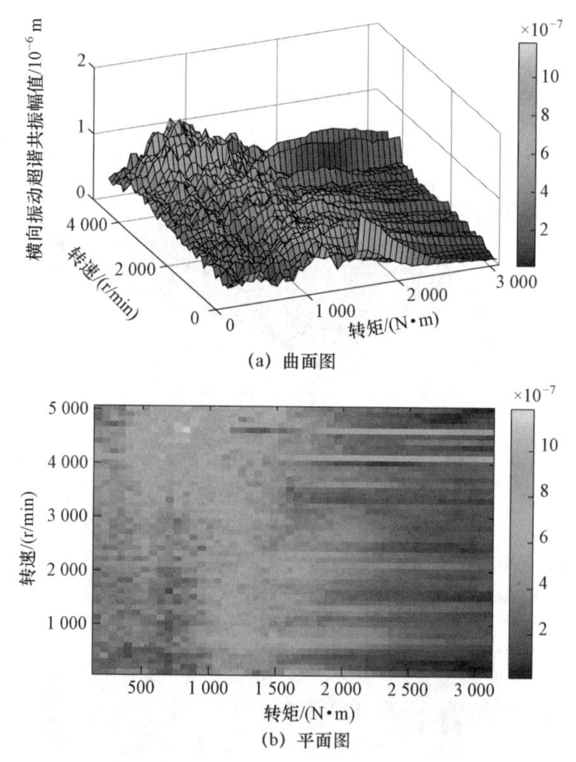


图 4-17 转速转矩变化对系统横向振动位移超谐共振幅值的影响

图 4-18 所示为系统扭转振动位移的 2 次超谐共振幅值随转速转矩变化的分布图。从图中可以看出，在[500 N·m,700 N·m]和[810 N·m, 1 270 N·m]的转矩范围内，随着转速的增加，系统扭转振动位移超谐共

振幅值逐渐降低，以 500 N·m 和 1 000 N·m 的输入转矩为例，该工况下随着转速上升幅值分别降低了 18.72%和 30.03%。同时，从图中也可以看出，系统扭转振动位移的超谐共振幅值也呈现转矩区域性，分别在 500 N·m 和 1 000 N·m 的输入转矩处出现波峰。

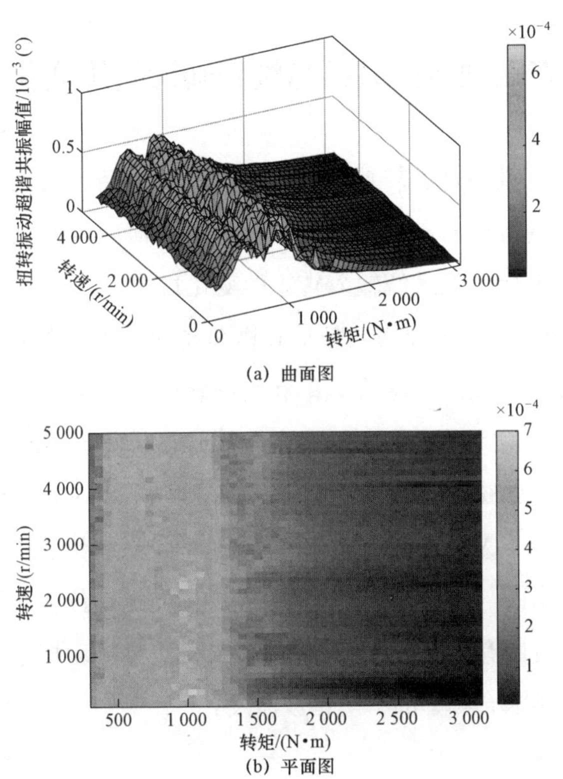


图 4-18 工况变化对系统扭转振动超谐共振幅值的影响

综上所述，系统共振幅值的大小，即共振强弱，受到系统运行工况的影响显著。

除了扭转振动的主共振强度随着转矩的增加大致呈线性增加趋势外，系统亚谐共振和超谐的共振强度以及横向振动的主共振强度都具有明显的转矩区域性，在[800 N·m，1 500 N·m]转矩范围内共振剧烈。系统横向振动的主共振和超谐共振强度随转速增加幅值增大，在[4 000 r/min,

5 000 r/min]转速范围内共振幅值达到最大值，而扭转振动在[500 r/min, 2 700 r/min]转速范围内出现高强度超谐共振。整体而言，两级行星齿轮传动系统定值激励的亚谐共振和超谐共振都具有较为稳定的激发高强度共振的工况区间，只有主共振强度是随转矩转速变化动态改变的。

### 4.4.2 动态啮频激励共振特性随转速转矩变化规律分析

系统的啮合激励是随转速工况变化的动态激励，因此，本节首先采用全工况扫频的方式对其共振特性进行分析，而后再研究系统的低阶固有频率的主共振幅值随系统输入转矩的变化规律。

图 4-19 为一排行星架横向振动频谱瀑布图，从图中可以看出系统的主要频率成分为一、二排啮合频率和系统转频。在整个转速区间内，系统的第 3 阶固有频率的主共振被激发，同时也激发了系统第 2 阶固有频率的亚谐共振，如图中黄圈标记处所示。在频率[680 Hz,720 Hz]的范围内出现了一条平行于 *X* 轴的明显亮色带，这是处于系统第 3 阶固有频率共振区的共振带。由图 4-19 可以看出，系统的横向振动位移共振点主要集中于系统的前 3 阶固有频率，且以对应中心部件平移振动振型的固有频率为主，主要由一排啮合频率的一阶谐波激发。

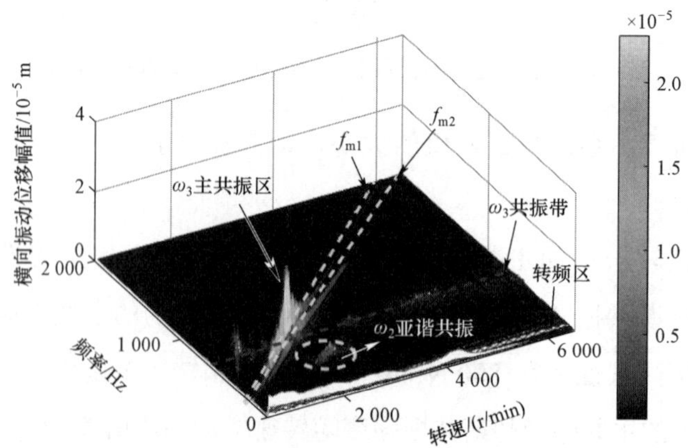


图 4-19　一排行星架横向振动位移频谱瀑布图

图 4-20 为一排行星架扭转振动频谱瀑布图，从图中可以看出系统的主要频率成分同样为一、二排啮合频率和系统转频。在整个转速区间内，系统的第 2 阶和第 8 阶固有频率的主共振被激发，同时在[2 000 r/min, 2 200 r/min]范围内激发了系统第 2 阶固有频率的 1/2 次亚谐共振，如图中黄圈标记处所示。在频率[300 Hz,335 Hz]的范围内出现了系统第 2 阶固有频率的共振带。由图 4-20 可以看出，系统的扭转共振主要集中于系统的前 8 阶固有频率，且以对应中心部件扭转振动振型的固有频率为主。

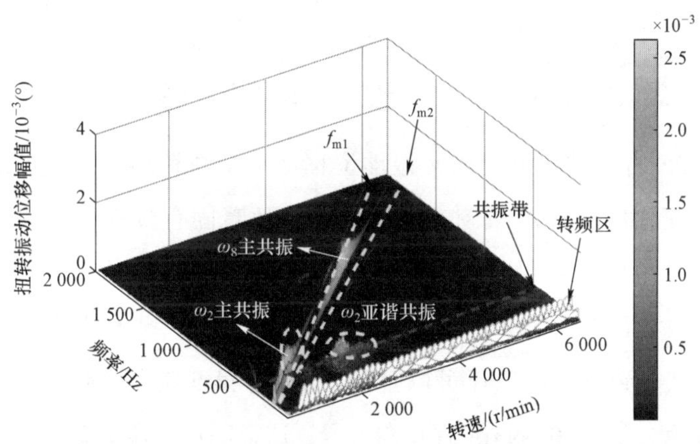


图 4-20　一排行星架扭转振动位移频谱瀑布图

图 4-21 为一排行星架横向振动位移前 8 阶固有频率主共振的幅值随输入转矩变化的统计瀑布图。由图可知，随着固有频率阶次的增加，共振幅值降低；在输入转矩小于 1 800 N•m 时共振幅值较大，随着转矩的增加幅值减小，主要是由于转速一定时，随着转矩的增加啮合力冲击减弱的原因。还可以看出，啮合频率激发的共振与系统振型具有很强的相关性，图 4-21 中最大的共振幅值为第 3 阶固有频率主共振的幅值，其次为第 7 阶固有频率，这两阶固有频率都对应中心部件平移振动的振型，第 2 阶固有频率有较大的共振幅值的原因是由于激发了第 3 阶超谐共振导致的。

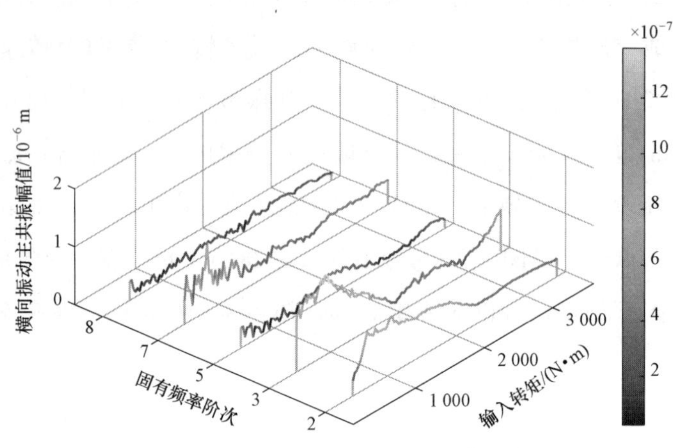


图 4-21　一排行星架横向振动频谱瀑布图

图 4-22 为一排行星架扭转振动位移前 8 阶固有频率主共振的幅值随输入转矩变化的统计瀑布图。由图可知，随着固有频率阶次的增加，共振幅值降低；当输入转矩小于 1 200 N·m 时，第 2 阶固有频率对应的主共振的幅值最大，因为第 2 阶固有频率对应的振型为中心部件扭转振动，与其振动形式一致导致的；还可以看到，第 3、第 5 阶固有频率对应的共振幅值在转矩大于 2 700 N·m 后开始上升，这说明第 3 阶、第 5 阶固有频率对应的扭转振动主共振在大负载区域会加剧。

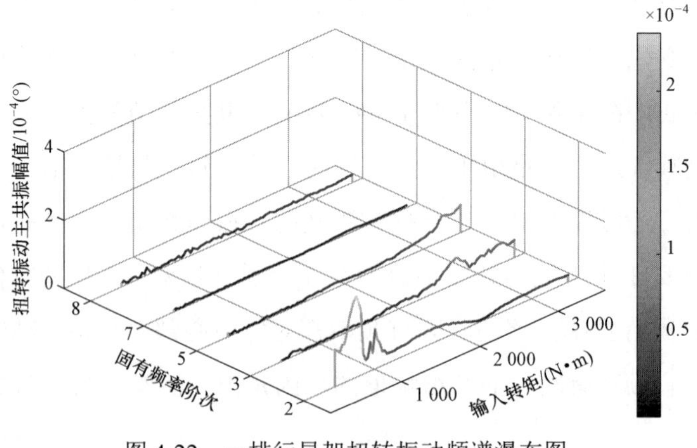


图 4-22　一排行星架扭转振动频谱瀑布图

综上可知，系统啮合频率激发主共振幅值的大小，同样受到系统运行工况的显著影响。首先，啮合频率是随着系统的输入转速发生动态变化的，因此是否会激发共振受输入转速的直接影响，只有输入转速接近啮频激发共振的临界转速时才会发生共振。其次，啮频激发的共振强度分布具有明显的载荷区域性，对于横向振动共振，其高强度共振激发转矩区间为[500 N·m，2 000 N·m]；对于扭转振动共振，转矩范围[500 N·m，1 000 N·m]为高强度共振区间。整体来看，两级行星系统的动态啮频激励共振在[500 N·m，2 000 N·m]的输入转矩范围内共振强度较大，且系统横向振动可激发高强度共振的载荷区间范围大于扭转振动。

## 4.5　两级行星齿轮传动系统共振特性动态试验研究

根据前文的分析，当啮合频率接近系统固有频率的 1 倍、$1/n$ 倍和 $n$ 倍时，可以分别激发系统的主共振、$n$ 阶超谐共振和 $1/n$ 阶亚谐共振现象。发生共振时系统部件及箱体的振动较大，会对系统的稳定性产生不良影响。本试验目的在于测试系统在啮合频率激励下出现的各种共振现象，研究系统的共振特性，验证系统共振的激发机理及其非线性幅频特性。

具体试验台架如图 4-23 所示。为了可以直接得到系统齿轮部件的振动情况，采用直接测量的一排齿圈加速度信号进行计算分析。具体试验工况为：测功机施加 50 N·m 的恒定负载转矩，通过驱动电机输入转速分别为 0 r/min～3 000 r/min 的升速过程和 3 000 r/min～0 r/min 的降速过程实现动态啮合频率的扫频激励。

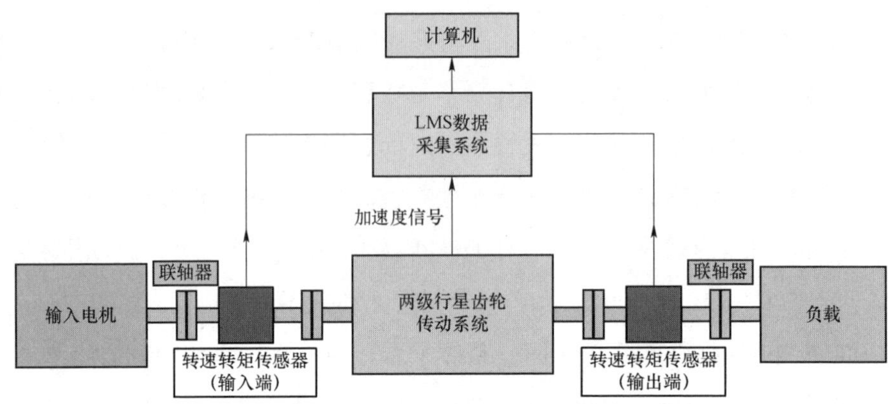


图 4-23　两级行星齿轮传动系统共振测试试验台架示意图

## 4.5.1　系统多重共振现象及非线性幅频特性

图 4-24 为通过试验测试软件计算得到的一排齿圈横向振动加速度的时频分析结果。随着输入转速的变化，系统被激发了不同程度的共振，以主共振和超谐共振为主。图中 A 区域为系统一阶啮合频率激发的主共振区域，其中包含 6～8 阶固有频率共振区；B、C、D 区域分别为啮频的高阶谐波激发共振的区域，包含 14 阶、25 阶和 30～33 阶固有频率共振区。F 区域为亚谐共振激发区域，主要为 3～5 阶固有频率共振区。

对比图 4-24（b）升速工况和图 4-24（a）降速工况两种情况可以看出，在降速工况下一排齿圈振动形成了明显的垂直于横轴的共振带，主要体现在 B、C、D 区域，这些共振现象以各啮频倍频的主共振和超谐共振现象为主，F 区域没有出现亚谐共振现象；而在升速工况下，系统各阶共振强度没有形成明显的共振带区域，其共振强度小于降速工况，但在 F 区域内却出现了亚谐共振现象。在升、降速两种工况下，系统的同一共振频率点处的主共振幅值出现差异，降速工况幅值大于升速工况幅值，这与 4.2.2 节分析的主共振幅频特性对应，验证了系统共振幅频特性的非线性特征。

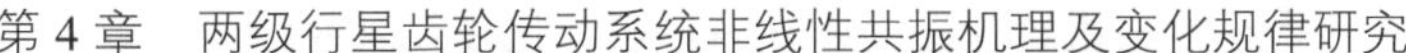

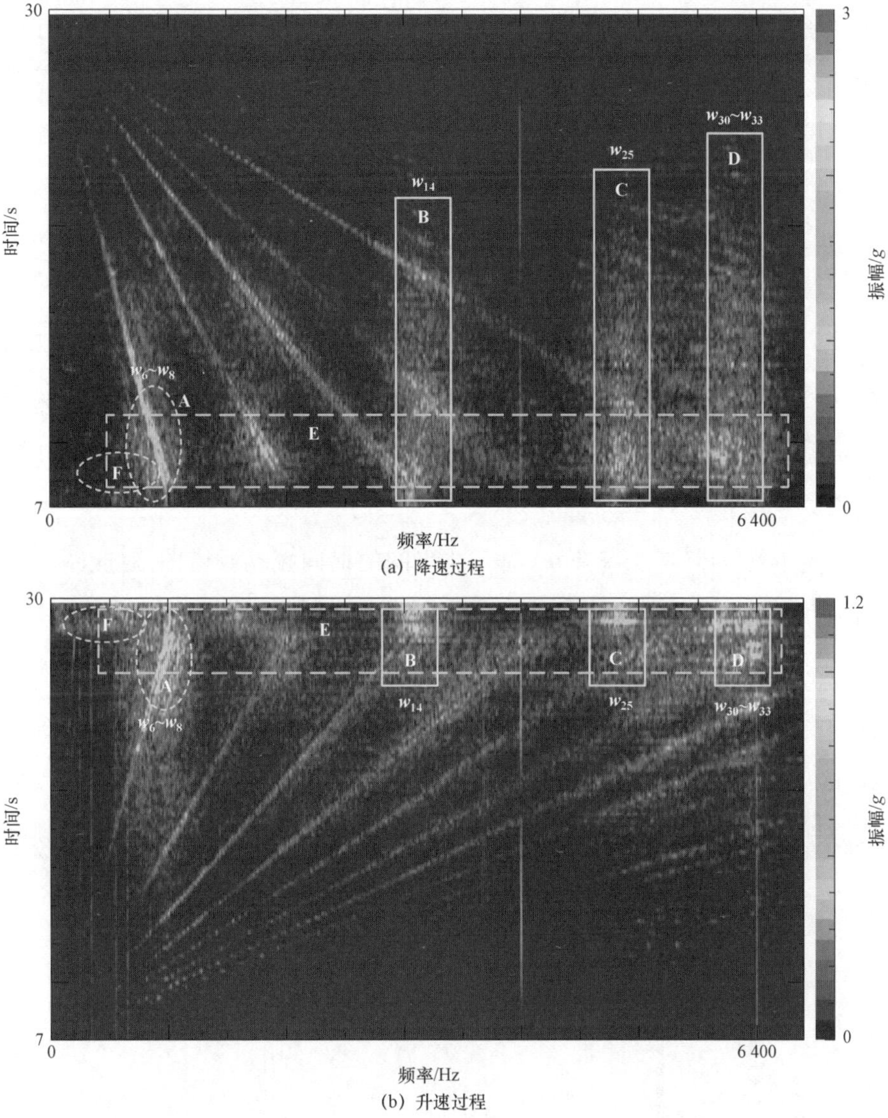

(a) 降速过程

(b) 升速过程

图 4-24　系统升降速平移振动共振特性扫频图

通过试验分析，两级行星系统中一排齿圈振动在不同的扫频工况下都出现了复杂的多重共振现象，其中主要包括由一阶啮频激发的系统 6～8 阶主共振，一阶啮频激发的 5 次、6 次超谐共振和 1/2 次亚谐共振；并且由于系统固有频率之间存在整数倍关系，例如 $\omega_{25} \approx 5\omega_6$，系统同样也

出现了内共振现象。系统啮频激励产生的多种共振和内共振在两级行星系统的扫频试验中同时出现，形成了复杂的多重共振，导致系统的振动加速度剧烈增加。

## 4.5.2 系统多重共振激发机理验证

为了详细分析两级行星系统的多重共振现象的激发机理，利用 LMS 数据分析软件对不同时刻的振动响应进行切片处理。以降速工况为例来分析系统主共振和超谐共振现象，以升速工况为例来分析系统亚谐共振现象。

图 4-25 为降速工况第 9 s 时一排齿圈的横向振动频谱图，对应图 4-24（a）的 E 区域，系统一排啮合频率为 918 Hz。图中在 918 Hz 处出现较大的振动幅值，可以初步判定在这点附近发生了共振现象，而此时的啮频接近系统第 6 阶固有频率，由此判断为系统一阶啮合频率激发的系统主共振。同时，在 4 821 Hz 和 5 711 Hz 处也出现了较大的振动幅值，频率值分别接近系统的第 25 阶和第 30 阶固有频率值，并且与一阶啮合频率

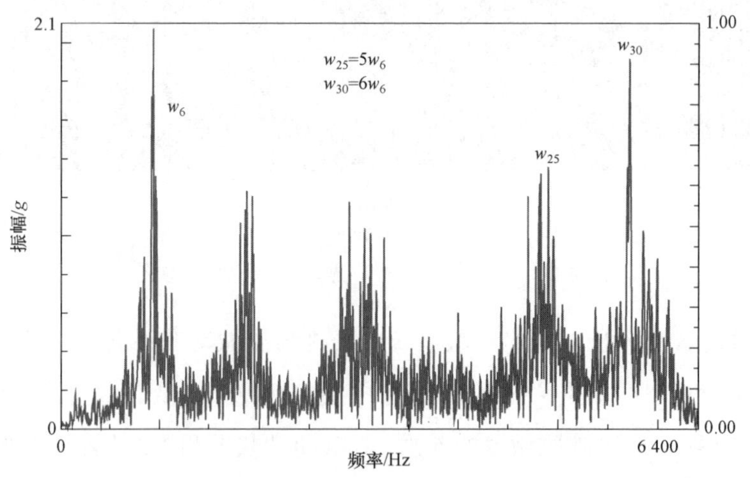


图 4-25 降速工况 $t=9$ s 切片图

基本满足 5 倍和 6 倍的关系，因此，这两处的共振分别为一排啮合频率的 5 次和 6 次超谐波共振。

图 4-26 为降速工况第 17.5 s 时一排齿圈的横向振动频谱图，对应图 4-24（a）的 G 区域，系统一排啮合频率为 523 Hz。此时，在 3 171 Hz 处出现较大的振动幅值，可以初步判定在这点附近发生了共振现象，3 137 Hz 频率值接近系统的第 17 阶固有频率值，并且与一阶啮合频率基本满足 6 倍的关系，因此，此处的共振为一排啮合频率的 6 次超谐波共振。

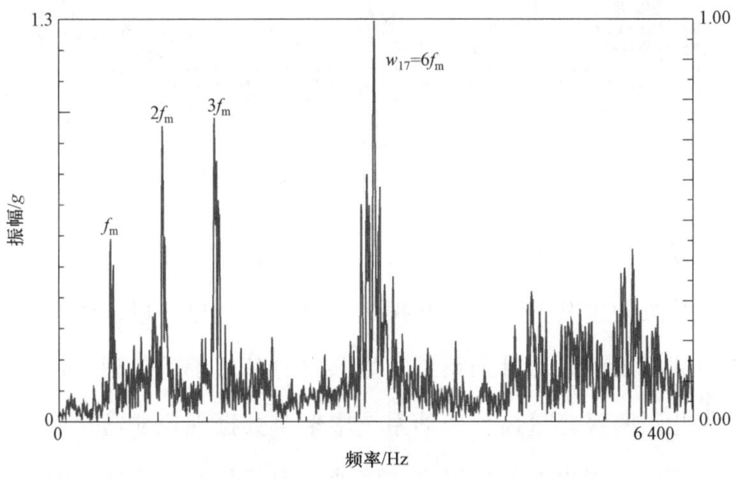


图 4-26　降速工况 $t=17.5$ s 切片图

图 4-27 为升速工况第 27.5 s 时一排齿圈的横向振动频谱图，对应图 4-24（b）的 F 区域，系统一排啮合频率为 985 Hz。此时，在 985 Hz、3 096 Hz 和 5 728 Hz 处出现较大的振动幅值，可以初步判定在这点附近发生了共振现象，985 Hz、3 096 Hz 和 5 728 Hz 频率值接近系统的第 6 阶、第 17 阶和第 30 阶固有频率值，并且与一阶啮合频率基本满足 1 倍、3 倍和 6 倍的关系，因此，此处的共振为一排啮合频率的一阶啮频主共振、3 次和 6 次超谐波共振。同时发现在 312 Hz 处也出现较小的振动幅值，且该频率值与系统第 2 阶固有频率基本相等，所以在此处激发了系

统一阶啮合频率的 1/2 次亚谐波共振。

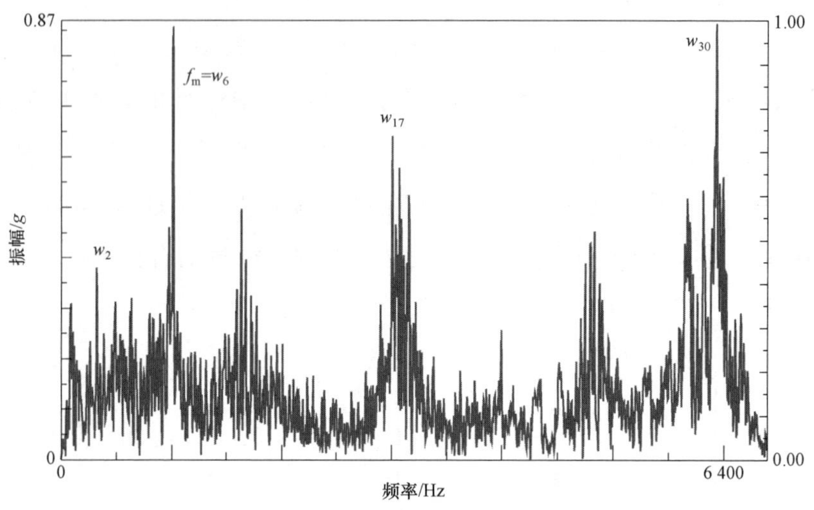


图 4-27　升速工况 $t=27.5$ s 切片图

通过以上试验研究发现，随着样机输入转速的变化，系统发生以啮合频率为基频的主共振、超谐共振、亚谐共振现象，以及固有频率之间引发的内共振现象，并且当系统发生共振时基本都是多种共振现象组合出现，因此，两级行星齿轮传动系统中多重共振现象非常普遍。系统在同一共振频率区域内的共振强度在降速工况下相对于升速工况更强，共振带更明显，说明在共振频率区域内激振频率的变化趋势直接影响共振幅值的强弱，降频趋势的激振频率激发的共振幅值大于其升频趋势激发的共振幅值，这与 4.2.2 节中分析的行星齿轮系统非线性共振幅频特性一致。通过试验测试，对两级行星齿轮传动系统的主共振、亚谐共振、超谐共振和多重共振现象及其激发机理进行了分析和验证，并且也证实了系统非线性共振幅频特性的正确性。本节分析了两级行星齿轮传动系统的共振激发机理、幅频响应特性及其随工况变化规律，为行星齿轮系统的共振理论分析和工程优化设计奠定理论基础并提供设计指导。

# 4.6　本章小结

本章针对两级行星齿轮传动系统的共振激发机理、共振响应特性及其随工况的变化规律进行分析和试验研究，主要工作和重要结论如下：

① 采用多尺度法计算了行星齿轮传动系统的主共振解析解，研究了其主共振幅频特性。当系统发生主共振时，系统的幅频响应呈现出强非线性，且伴随出现跳跃现象，系统振动存在稳定区和非稳定区，并且激振频率的变化趋势会对同一频率处的幅值大小产生影响，并且大的阻尼系数能够有效提高系统的稳定性。

② 采用数值计算法分析了两级行星齿轮传动系统的共振特性。当激振频率满足关系 $\omega \approx \omega_i$、$\omega \approx n\omega_i$、$n\omega \approx \omega_i$ 时，会分别激发系统的主共振、$1/n$ 次亚谐共振和 $n$ 次超谐共振，当固有频率之间满足整数倍关系 $\omega_i \approx n\omega_j$ 且 $i \neq j$ 时，系统易发生内共振现象，各种共振现象不仅仅只是独立激发，还会产生多种共振被同时激发的多重共振现象。系统发生多重共振时的振动幅值大于单一共振幅值。系统的各阶主共振幅值随着固有频率增大逐渐减小。

③ 定值激励激发的系统共振以主共振为主，当满足激发关系时，可以激发出系统的亚谐共振和超谐共振，亚谐共振更容易被激发且强度较大。系统的主共振特性受到工况影响较为显著，横向振动的主共振强度主要受到转速的影响，而扭转振动的主共振强度受输入转矩的影响显著。亚谐共振和超谐共振的强度都具有转速转矩工况区间性，只有在特定区间内才容易被激发高强度共振。

④ 行星齿轮系统的动态啮合激励更易激发系统多重共振。与定值激励激发的共振相比，行星系统的啮合激励 $f_m$ 及其倍频 $nf_m$ 都可以作为单独的激励源来激发系统共振，因此更容易同时激发系统的主共振和超谐

共振。啮频激励激发的主共振强度具有转矩区间性，相对于定值激励共振而言，啮频激励的高强度共振区间更宽。

⑤ 通过对两级行星齿轮传动系统进行升、降速变工况试验，验证了系统的共振激发机理、幅频响应特性及其随工况变化的规律。在变转速条件下，系统发生了以啮合频率的基频的多重共振现象；啮合频率激发共振的强弱及其种类受转速影响较为明显，在降速过程中能够强烈激发系统的主共振和超谐共振，在升速过程中激发的主共振和超谐共振较弱，但是却能够激发系统的亚谐共振。

# 第 5 章　参数对两级行星齿轮传动系统振动特性的影响研究

## 5.1 引　言

第三章和第四章分别研究了两级行星齿轮系统的固有振动特性、强迫振动特性以及系统的共振特性，分析了系统的固有频率、振动响应的频域特征以及共振现象引发的系统振动特性的变化。在此基础上，本章将进一步研究参数对系统固有特性和强迫振动特性的影响关系，为减振优化设计提供指导。首先，研究系统振动参数对固有特性的影响，应用模态能量法分析固有频率的模态跃迁现象以及动态参数灵敏度变化的根本原因；其次，研究系统振动参数与振动响应的关系，并对振动位移均方根值和动态载荷系数的参数灵敏度进行分析计算；最后，研究相位调谐理论与两级行星齿轮传动系统振动响应之间的关系，并进一步分析相位调谐理论对系统共振特性的影响规律。在以上分析的基础上，得出最有效的改进系统固有特性和强迫振动响应特性的参数，为系统减振优化设计奠定基础。

# 5.2 振动参数对系统固有特性的影响及变区间动态灵敏度分析

本节主要研究系统固有频率的模态跃迁或模态相交现象，以及模态发生变化时行星齿轮传动系统的振型特征、振动能量、参数灵敏度随系统参数变化的规律，揭示模态跃迁或模态相交的根本原因，为系统固有振动特性分析和参数匹配优化提供理论指导。

## 5.2.1 参数对系统模态跃迁现象及振动能量分布状态的影响规律

两级行星齿轮传动系统各阶固有频率随一、二排太阳轮连接轴弯曲刚度变化的轨迹如图 5-1 所示。由图 5-1（a）可以看出，随着连接轴弯曲刚度的增加，系统 1～13 阶固有频率基本保持不变，且没有发生模态跃迁及轨迹相交现象；当刚度值小于 $2\times10^9$ N/m，对 14～27 阶固有频率影响较大，当刚度值大于 $3\times10^9$ N/m，则对 28～42 阶固有频率影响较大，且在这两个范围内都发生了明显的模态跃迁及轨迹相交现象。图 5-1（b）为第 28、29、30 阶固有频率的轨迹变化图，在 A 点处发生了模态跃迁及轨迹相交。$\omega_{28}$ 沿着 A→E→C 变化，$\omega_{29}$ 沿着 A→E→D 变化，$\omega_{30}$ 沿着 B→E→D 变化。在 E 点之前，$\omega_{30}$ 为单根，为二排行星轮振动模式，$\omega_{28}$ 和 $\omega_{29}$ 为同一固有频率的二重根，为中心部件平移模式；在 E 点之后，$\omega_{28}$ 为单根，为二排行星轮振动模式，$\omega_{30}$ 和 $\omega_{29}$ 为同一固有频率的二重根，为中心部件平移模式。$\omega_{28}$ 和 $\omega_{29}$ 在 E 点处发生分离，$\omega_{30}$ 和 $\omega_{29}$ 在 E 点发生相交，$\omega_{28}$ 和 $\omega_{30}$ 发生模态跃迁。

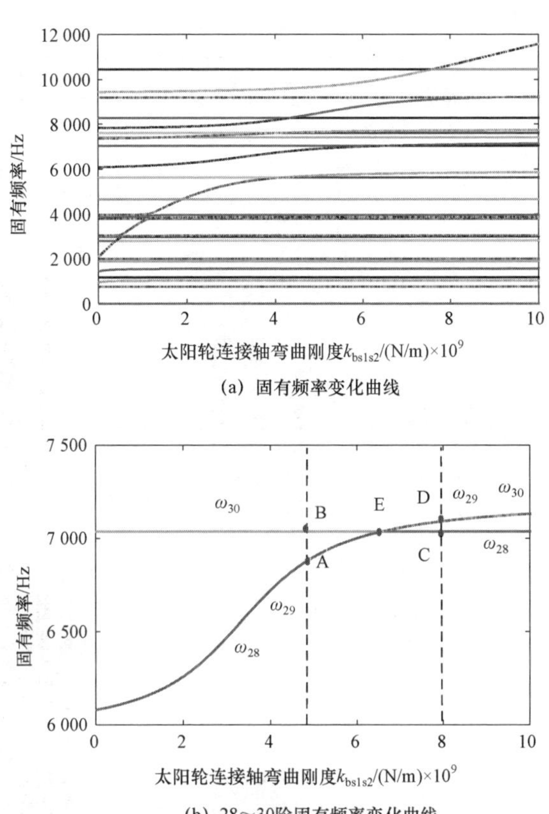


(a) 固有频率变化曲线

(b) 28～30阶固有频率变化曲线

图 5-1　固有频率随太阳轮连接轴弯曲刚度变化轨迹

系统28～30阶固有频率在发生模态跃迁和模态相交前后的振动势能分布情况如图 5-2 所示，其对应的轨迹线上位置如图 5-1（b）所示。图 5-2（a）为发生模态跃迁前 $\omega_{28}$ 在图 5-1（b）中 A 点对应的振动势能，可以看出一、二排太阳轮轴的弹性势能 $U_{bs1s2}$ 最大，而后依次为二排行星轮轴承支撑的弹性势能 $U_{2pn}$、二排太阳轮-行星轮啮合势能 $U_{s2pn}$、一排齿圈-行星轮啮合势能 $U_{r1pn}$，其中 $n=2,4$，$\omega_{29}$ 与 $\omega_{28}$ 是频率值相等的二重根，其振动势能与 $\omega_{28}$ 基本相同，只是含有行星轮的势能序号 $n$ 不同，此时 $n=1,3$。图 5-2（b）为发生模态跃迁前 $\omega_{30}$ 在图 5-1（b）中 B 点对应的振动势能，$\omega_{30}$ 为二排行星轮振动模式，因此其势能主要集中在有二排行星轮参与的过程中，从大到小依次为 $U_{2pn}$、$U_{s2pn}$ 和 $U_{r2pn}$，其中 $n=1,2,3,4$。

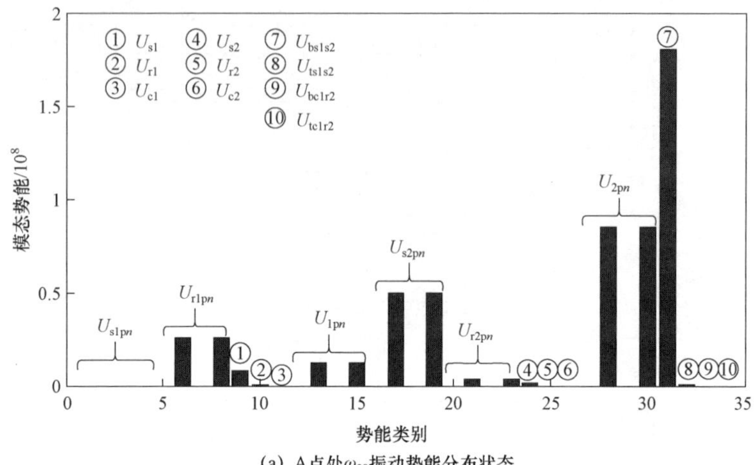

(a) A点处$\omega_{28}$振动势能分布状态

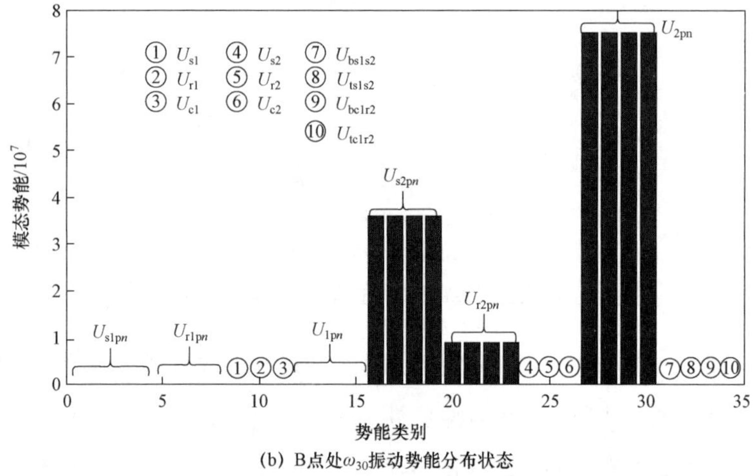

(b) B点处$\omega_{30}$振动势能分布状态

图 5-2　模态跃迁前振动势能变化趋势图

图 5-3（a）为发生模态跃迁后 $\omega_{28}$ 在图 5-1（b）中 C 点对应的振动势能，可以看出其分布状态与模态跃迁前的振动势能分布基本相同，此时为二排行星轮模式；图 5-3（b）为发生模态跃迁后在图 5-1（b）中 D 点对应的振动势能，此时为中心部件平移模式，其振动势能从大到小依次为、$U_{s2pn}$ 和，其中 $n=1,3$。与是频率相等的二重根，其振动势能的分布状态与基本相同，只是含有行星轮的势能序号 $n$ 不同，此时 $n=2,4$。

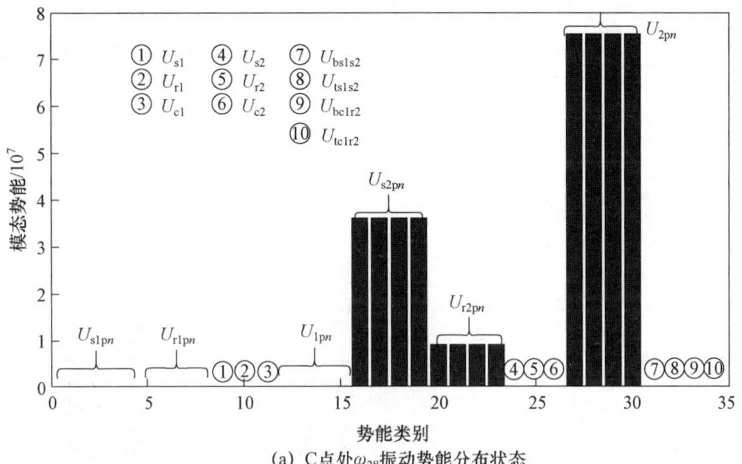

(a) C点处$\omega_{28}$振动势能分布状态

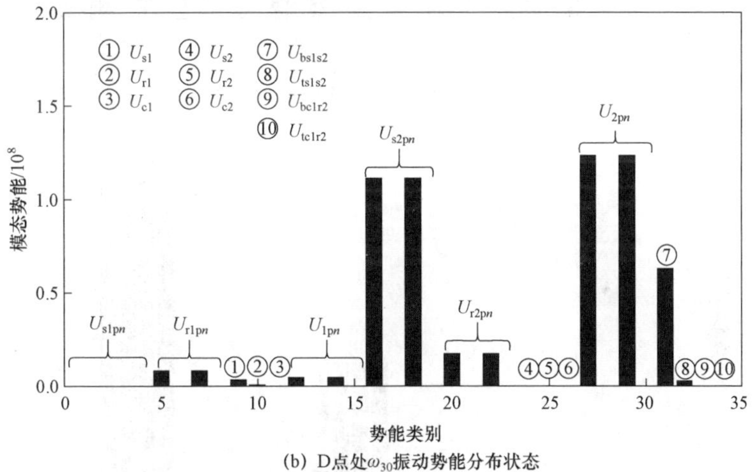

(b) D点处$\omega_{30}$振动势能分布状态

图 5-3　模态跃迁后振动势能变化趋势图

经过对图 5-2 和图 5-3 的对比分析，随着一、二排太阳轮轴弯曲刚度的增加，在模态跃迁和模态相交发生前后，单根固有频率对应的振动势能保持不变，重根对应的中心部件平移模式中的一、二排太阳轮轴的弹性势能$U_{bs1s2}$降低，二排势能$U_{2pn}$、$U_{s2pn}$和$U_{r2pn}$增加。在距离发生模态跃迁和模态相交的最近处选择一点 E，对 E 的振动势能进行分析，如图 5-4 所示。在图 5-1（b）中 E 点处，$\omega_{30}$为二排行星轮模式，其振动势能与 B、

C 两处相同，$\omega_{28}$为中心部件平移模式，与 A 点的振动势能进行对比看出，太阳轮连接件的弹性势能$U_{bs1s2}$有所减小，二排势能$U_{2pn}$、$U_{s2pn}$和$U_{r2pn}$开始增加。

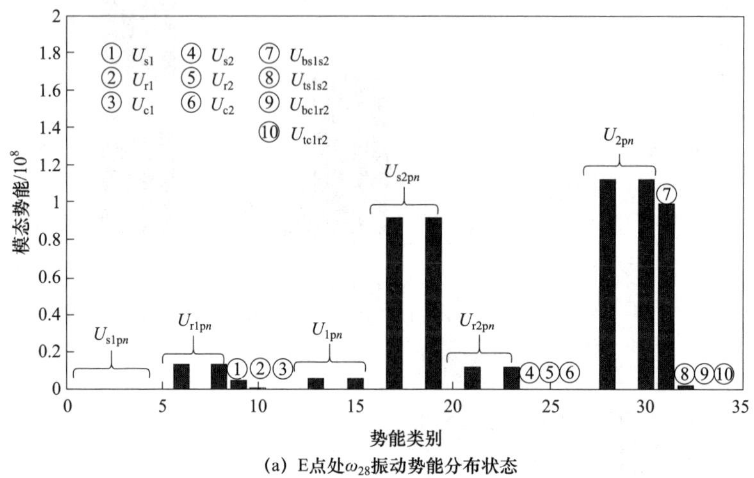

(a) E点处$\omega_{28}$振动势能分布状态

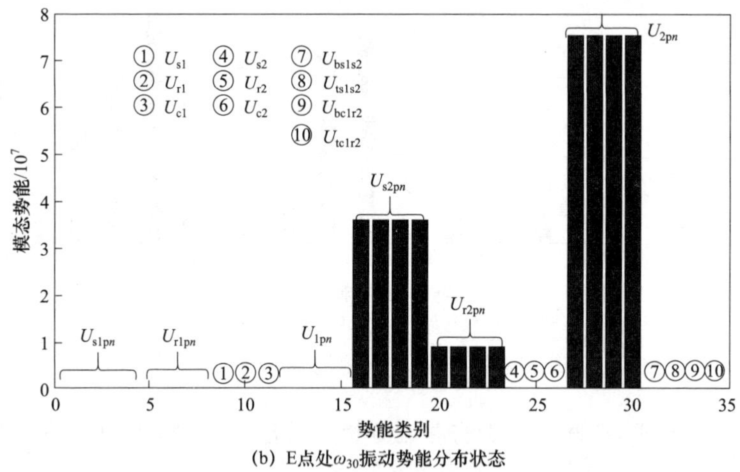

(b) E点处$\omega_{30}$振动势能分布状态

图 5-4　模态跃迁临界点处振动势能变化趋势图

整体来看，随着太阳轮连接轴弯曲刚度的增加，一、二排太阳轮的相对振动位移逐渐减小，连接轴弯曲势能逐渐降低，而二排内、外啮合势能和二排行星轮的轴承支撑势能大幅增加，说明太阳轮连接轴的弯曲

势能逐渐转化为与二排行星轮振动相关的势能。随着连接轴弯曲刚度数值的不断增加和振动势能的逐渐转换，导致两排太阳轮的相对平移振动减弱，二排行星轮振动增加，当到达模态跃迁的临界刚度值后，第 28 阶和第 30 阶固有频率的振型及其模态势能分布状态完全发生改变；而后随着连接轴弯曲刚度数值的继续增加，第 28 阶模态势能趋于稳定不再变化，即系统 28 阶模态势能状态不再受太阳轮连接轴弯曲刚度的影响。由此可以看出，两级行星齿轮传动系统中质量、惯量和刚度等振动参数的确定即可决定系统的振动能量分布状态，通过调整参数可以使能量在同一阶模态的各部件之间相互转换，从而改变相应固有频率的振型模式。

同时在研究中发现，系统中不同振动参数的变化都会导致系统固有特性的改变，即目标固有频率在不同的参数取值范围内会呈现不同的振型特点。如图 5-5 和图 5-6 所示，一排行星架与二排齿圈连接轴的弯曲刚度对第 7～9 阶固有频率影响较大，尤其是在区间 $4\times10^7$～$7\times10^7$ N/m 之间，易发生模态跃迁现象；一排行星轮的轴承支撑刚度在区间 $3\times10^8$～$7\times10^8$ N/m 刚度范围内对第 15～17 阶固有频率影响较大。

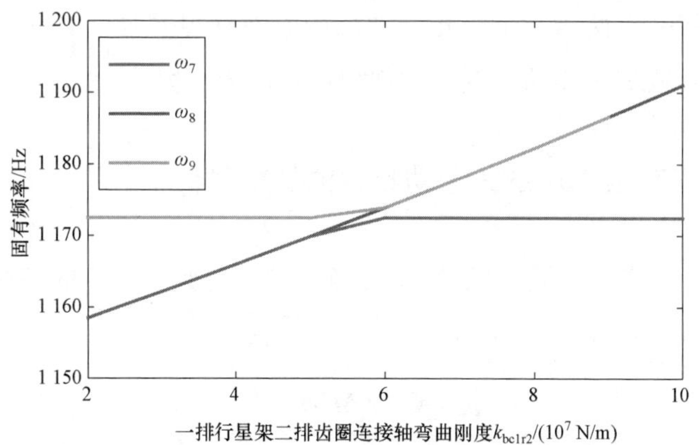


图 5-5　一排行星架、二排齿圈连接轴弯曲刚度变化对固有频率轨迹的影响

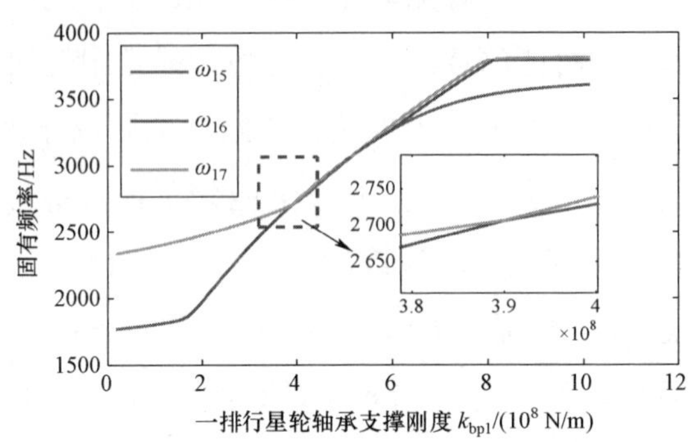


图 5-6　一排行星轮支撑刚度变化对固有频率轨迹的影响

综上可知，两级行星齿轮传动系统振动参数的变化能够导致系统固有频率数值和振型的改变，导致系统模态能量的传递和转移。同时振动参数的种类和取值范围对系统各阶固有频率及其振型变化的影响强弱也不相同。

## 5.2.2　固有频率的参数灵敏度分析及变区间动态灵敏度特性研究

本节将针对两级行星齿轮传动系统的固有频率对振动参数的灵敏度及其随参数取值区间动态变化的规律进行深入研究。

### 5.2.2.1　固有频率对系统振动参数的灵敏度分析

假定 $\omega_i$ 为第 $i$ 阶固有频率，$\phi_i$ 为第 $i$ 阶固有频率对应的特征向量，则根据第 3 章中式（3-1）可得

$$(\boldsymbol{K}-\lambda_i\boldsymbol{M})\phi_i=0 \tag{5-1}$$

当特征值为单根时，对式（5-1）左乘 $\phi_i^T$，并对其进行求导可得：

$$\phi_i^{T'}(\boldsymbol{K}-\lambda_i\boldsymbol{M})\phi_i+\phi_i^T(\boldsymbol{K}-\lambda_i\boldsymbol{M})'\phi_i+\phi_i^T(\boldsymbol{K}-\lambda_i\boldsymbol{M})\phi_i'=0 \tag{5-2}$$

由于$|K-\lambda_i M|$为对称矩阵并且结合式（5-2）可得

$$\phi_i^T(\boldsymbol{K}-\lambda_i\boldsymbol{M})'\phi_i=0 \tag{5-3}$$

归一化后可得

$$\lambda_i'=\phi_i^T(K'-\lambda_i M')\phi_i \tag{5-4}$$

$$\phi_i'=-\frac{1}{2}(\phi_i^T\boldsymbol{M}'\phi_i)\phi_i+\sum_{k=1,k\neq i}^{L}\frac{\phi_k^T(\boldsymbol{K}'-\lambda_i\boldsymbol{M}')\phi_i}{\lambda_i-\lambda_k}\phi_k \tag{5-5}$$

$$\lambda_i''=2\phi_i^T(\boldsymbol{K}'-\lambda_i\boldsymbol{M}')\phi_i+\phi_i^T(\boldsymbol{K}''-2\lambda_i'\boldsymbol{M}'-\lambda_i\boldsymbol{M}'')\phi_i \tag{5-6}$$

当特征值为重根时，设$\lambda_1=\lambda_2=\lambda_3=\cdots=\lambda_m$，$m$为重根数。对式（5-4）求导可得

$$(K-\lambda_i\boldsymbol{M})\phi_i'=(-\boldsymbol{K}'+\lambda_i\boldsymbol{M}'+\lambda_i'\boldsymbol{M})\phi_i \tag{5-7}$$

可以求得$\lambda_i''$为

$$\lambda_i''=2\phi_i^T(\boldsymbol{K}'-\lambda_i\boldsymbol{M}')v_i-\phi_i^T(-\boldsymbol{K}''+\lambda_i\boldsymbol{M}''+2\lambda_i'\boldsymbol{M}')\phi \tag{5-8}$$

式中，$i=1,2,\cdots,m$，$m$为重根数。$v_i$为除单根外其他主模态对重根特征向量的敏感度贡献量

$$v_i=\sum_{k=m+1}^{L}\frac{\phi_k^T(\lambda_i\boldsymbol{M}'-\boldsymbol{K}')\phi_i}{\lambda_k-\lambda_i}\phi_k \tag{5-9}$$

以系统外啮合刚度为例，对系统的敏感度进行分析。对于系统参数矩阵$\boldsymbol{M}$和$\boldsymbol{K}$，只有包含目标参数时其导数才不为 0，因此，对于啮合刚度应有$\boldsymbol{M}'=0$，$\boldsymbol{K}''=0$，求特征值和特征向量的灵敏度关键在于求解$\boldsymbol{K}'$。假设特征向量为：

$$\phi_i=(\phi_s^i,\phi_r^i,\phi_c^i,\phi_1^i,\phi_2^i,\cdots,\phi_N^i)$$

$$\phi_j^i=(\phi_{jx}^i,\phi_{jy}^i,\phi_{ju}^i)\qquad j=\mathrm{s,r,c} \tag{5-10}$$

行星系统中心构建扭转振动模式和行星轮振动模式的特征值为单根，将式（5-10）代入式（5-1）～式（5-4）可得

$$\frac{\partial\lambda_i}{\partial k_{\mathrm{sp}}}=\sum_{n=1}^{N}(\delta_{\mathrm{s}n}^{i})^2 \tag{5-11}$$

$$\frac{\partial\phi_i}{\partial k_{\mathrm{sp}}}=\sum_{k=1,k\neq i}^{L}\sum_{n=1}^{N}\frac{\delta_{\mathrm{s}n}^{i}\delta_{\mathrm{s}n}^{k}}{\lambda_i-\lambda_{\mathrm{k}}}\phi_{\mathrm{k}} \tag{5-12}$$

式中，$\delta_{\mathrm{s}n}^{i}$ 为第 $i$ 阶振型对应的第 $n$ 个行星轮与太阳轮的啮合线变形量。

$$\delta_{\mathrm{s}n}^{i}=y_{\mathrm{s}}\cos(\psi_n-\alpha_{\mathrm{s}})-x_{\mathrm{s}}\sin(\psi_n-\alpha_{\mathrm{s}})-\eta_n\cos\alpha_{\mathrm{s}}-\varsigma_n\sin\alpha_{\mathrm{s}}+u_{\mathrm{s}}+u_n \tag{5-13}$$

系统中心构件平移振动模式的特征值为二重根，即 $\lambda_1=\lambda_2$，其特征向量可以写为 $\phi=[\phi_1,\phi_2]$，并且满足 $\phi^T M\phi=I_{2\times2}$，由式（5-11）和式（5-12）可以计算 $\lambda_{1,2}'$，

$$D=\phi^T K\phi=\sum_{n=1}^{N}\begin{bmatrix}(\delta_{\mathrm{s}n}^{1})^2 & \delta_{\mathrm{s}n}^{1}\delta_{\mathrm{s}n}^{2}\\ \delta_{\mathrm{s}n}^{1}\delta_{\mathrm{s}n}^{2} & (\delta_{\mathrm{s}n}^{2})^2\end{bmatrix} \tag{5-14}$$

由于存在关系

$$\sum_{n=1}^{N}\sin\varphi_n=0,\quad \sum_{n=1}^{N}\cos\varphi_n=0,$$

$$\sum_{n=1}^{N}(\cos^2\varphi_n-\sin^2\varphi_n)=0,\quad \sum_{n=1}^{N}(\cos\varphi_n\sin\varphi_n)=0$$

则有

$$\sum_{n=1}^{N}(\delta_{\mathrm{s}n}^{1})^2=\sum_{n=1}^{N}(\delta_{\mathrm{s}n}^{2})^2,\quad \sum_{n=1}^{N}\delta_{\mathrm{s}n}^{1}\delta_{\mathrm{s}n}^{2}=0$$

因此 $\lambda_{1,2}$ 关于啮合刚度的灵敏度具有与式（5-11）相同的形式。

$$\frac{\partial\lambda_{1,2}}{\partial k_{\mathrm{sp}}}=\sum_{n=1}^{N}(\delta_{\mathrm{s}n}^{i})^2 \tag{5-15}$$

由于存在 $\lambda_i=\omega_i^2$、$\lambda_i'=2\omega_i\omega_i'$ 关系，经过分析整理可以得到系统固有频率关于刚度参数与质量、惯量参数的敏感度

$$\frac{\partial\omega_i}{\partial\rho}=\begin{cases}\dfrac{1}{2\omega_i}\sum\limits_{n=1}^{N}(\delta_{jn}^i)^2 & \rho=k_{\mathrm{sp}},j=\mathrm{s}\text{ 或 }\rho=k_{\mathrm{rp}},j=\mathrm{r}\\ \dfrac{1}{2\omega_i}\sum\limits_{n=1}^{N}[(\delta_{\mathrm{pnr}}^i)^2+(\delta_{\mathrm{pnt}}^i)^2] & \rho=k_{\mathrm{p}}\\ \dfrac{1}{2\omega_i}(x_j^2+y_j^2) & \rho=k_j,j=\mathrm{s,r,c}\\ \dfrac{1}{2\omega_i}u_j^2 & \rho=k_{j\mathrm{u}},j=\mathrm{s,r,c}\end{cases}\tag{5-16}$$

$$\frac{\partial\omega_i}{\partial\rho}=\begin{cases}-\dfrac{\omega_i}{2}\sum\limits_{n=1}^{N}\dfrac{(u_n)^2}{r_{\mathrm{p}}^2} & \rho=I_{\mathrm{p}}\\ -\dfrac{\omega_i}{2}\sum\limits_{n=1}^{N}[(\varsigma_n)^2+(\eta_n)^2] & \rho=m_{\mathrm{p}}\\ -\dfrac{\omega_i}{2}[(x_j)^2+(y_j)^2] & \rho=m_j,j=\mathrm{s,r,c}\\ -\dfrac{\omega_i}{2}\dfrac{(u_j)^2}{r_j^2} & \rho=I_j,j=\mathrm{s,r,c}\end{cases}\tag{5-17}$$

式中：

$$\delta_{\mathrm{s}n}^i=-x_{\mathrm{s}}^i\sin(\psi_n-\alpha_{\mathrm{s}})+y_{\mathrm{s}}^i\cos(\psi_n-\alpha_{\mathrm{s}})-\varsigma_n^i\sin\alpha_{\mathrm{s}}-\eta_n^i\cos\alpha_{\mathrm{s}}+u_{\mathrm{s}}^i+u_n^i$$

$$\delta_{\mathrm{r}n}^i=-x_{\mathrm{r}}^i\sin(\psi_n-\alpha_{\mathrm{r}})+y_{\mathrm{r}}^i\cos(\psi_n-\alpha_{\mathrm{r}})+\varsigma_n^i\sin\alpha_{\mathrm{r}}-\eta_n^i\cos\alpha_{\mathrm{r}}+u_{\mathrm{r}}^i-u_n^i$$

$$\delta_{\mathrm{pnr}}^i=y_{\mathrm{c}}^i\sin\psi_n+x_{\mathrm{c}}^i\cos\psi_n-\varsigma_n^i$$

$$\delta_{\mathrm{pnt}}^i=y_{\mathrm{c}}^i\cos\psi_n-x_{\mathrm{c}}^i\sin\psi_n-\eta_n^i+u_{\mathrm{c}}^i$$

式（5-16）和式（5-17）为行星齿轮传动系统固有频率关于质量、刚度参数的灵敏度计算式。通过分析可以看出，行星轮振动模式的固有频率受其自身轴承支撑刚度和质量、啮合刚度的影响，与其他部件的参数无关；中心部件扭转振动模式的固有频率只受中心部件惯量和扭转刚度及啮合刚度影响；中心部件平移振动模式的固有频率只与中心部件质量和径向支撑刚度及啮合刚度有关。可以看出，齿轮啮合刚度作为计算啮合力的关键参数，对整个系统的固有特性都有着重要作用。

在理论分析基础上，计算系统前 7 阶固有频率对系统质量参数 $m_{hi}$ ($h$ = s,r,c,p)、轴承支撑刚度 $k_{hi}$ ($h$ = s,r,c,p)、一排行星架与二排齿圈连接轴的弯曲刚度 $k_{bc1r2}$ 和扭转刚度 $k_{tc1r2}$、一排太阳轮与二排太阳轮连接轴的弯曲刚度 $k_{bs1s2}$ 和扭转刚度 $k_{ts1s2}$、一、二排啮合刚度 $k_{sip}$ 和 $k_{rip}$ 的灵敏度，并进行归一化处理，结果如图 5-7 所示。

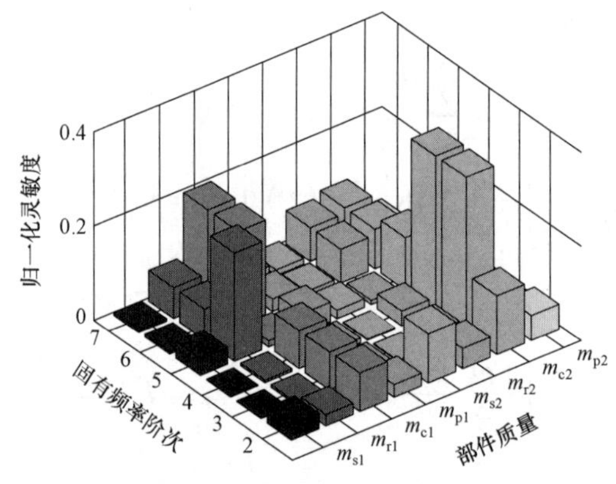


(a) 前7阶固有频率对质量参数的灵敏度

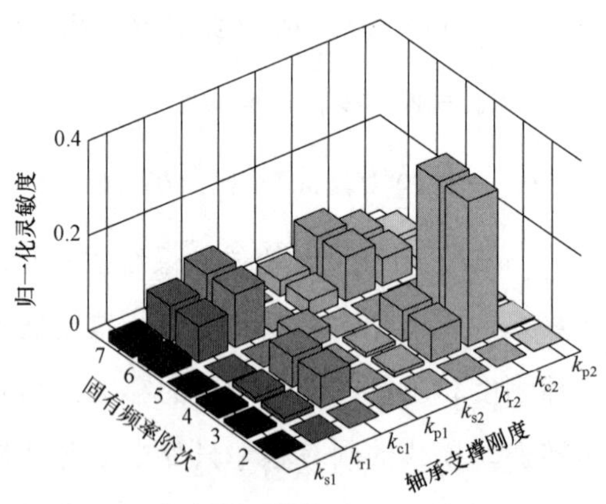


(b) 前7阶阶固有频率对轴承支撑刚度的灵敏度

图 5-7　系统固有频率对振动参数的灵敏度

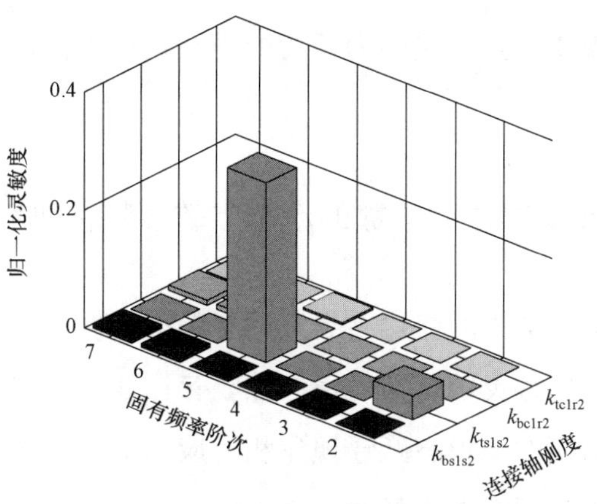


(c) 前7阶固有频率对连接件刚度的灵敏度

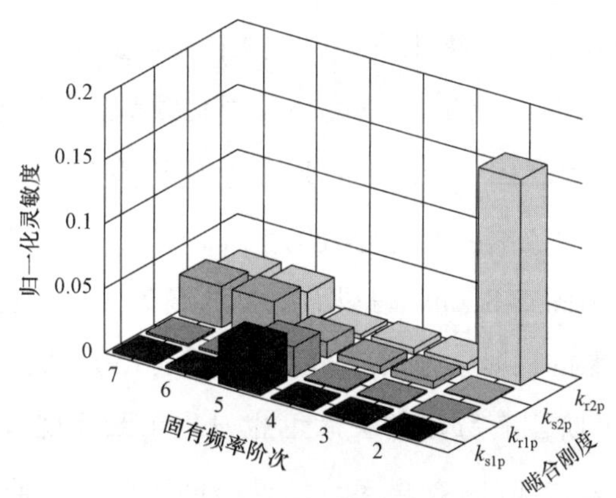


(d) 前7阶固有频率对啮合刚度的灵敏度

图 5-7　系统固有频率对振动参数的灵敏度（续）

结合第三章分析的两级行星齿轮传动系统振型特点和图 5-7 可以看出，第 2 阶和第 5 阶固有频率对应的振型特征为中心部件扭转振动模式，对这两阶固有频率影响最大的参数分别为二排齿圈与行星轮的啮合刚度 $k_{r2p}$ 和一排太阳轮与二排太阳轮连接轴的扭转刚度 $k_{ts1s2}$；第 3 阶和第 4 阶、第 6 阶和第 7 阶分别为两组二重根，对应振型特征为中心部件平移振动模式，对这四阶固有频率影响最大的参数分别为二排行星架质量 $m_{c2}$、二排行星架支撑刚度 $k_{c2}$ 和一排行星架质量 $m_{c1}$。该灵敏度结果与理论分析

的参数灵敏度规律一致，能够为后续的固有特性优化设计提供参数选择依据。

#### 5.2.2.2 固有频率对振动参数的动态灵敏度特性研究

参数在一定范围内的变化会导致固有频率的振型及模态能量分布状态发生改变，而参数灵敏度又与模态振型存在联系。因此，本节主要研究随参数变化出现的与模态跃迁现象相对应的动态灵敏度变化特性，以及参数取值范围与固有频率灵敏度之间的关系，为参数优化时选定合理的取值范围提供理论指导。

以一排太阳轮轴承支撑刚度 $k_{bs1}$ 为例来说明参数灵敏度的动态变化现象。图 5-8（a）和图 5-8（b）分别为系统固有频率及其灵敏度随参数 $k_{bs1}$ 改变的变化趋势示意图。从图 5-8（a）可以看出，刚度参数 $k_{bs1}$ 在 $1.9\times10^8$ N/m 左右的范围内变化导致第 7、8、9 阶固有频率发生了模态跃迁现象；同时，由图 5-8（b）可以看到，在参数变化引发系统固有频率发生模态跃迁现象的同时，刚度参数 $k_{bs1}$ 在区间 $1.9\times10^8$ ～ $2\times10^8$ N/m 内对系统 7、8、9 阶固有频率的灵敏度也发生了跃迁现象。在刚度值为 $1.9\times10^8$ N/m 处第 7 阶固有频率灵敏度瞬间下降，说明在刚度值大于

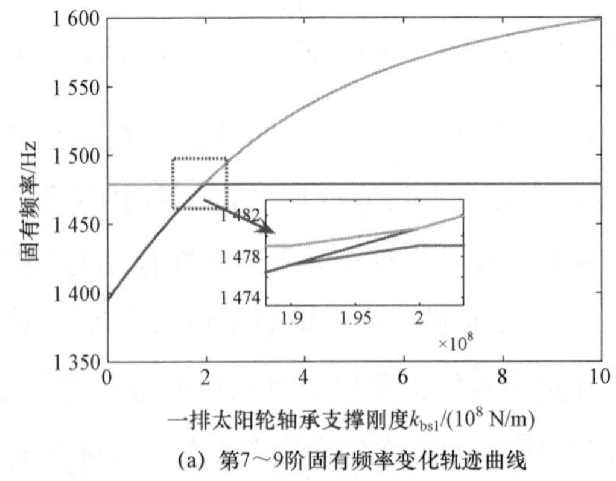

(a) 第7～9阶固有频率变化轨迹曲线

图 5-8 各阶固有频率对一排太阳轮轴承支撑刚度灵敏度变化趋势

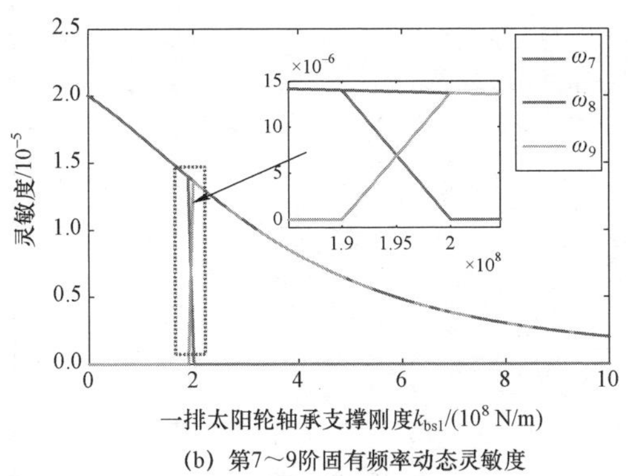


(b) 第7～9阶固有频率动态灵敏度

图 5-8　各阶固有频率对一排太阳轮轴承支撑刚度灵敏度变化趋势（续）

$1.9\times10^8$ N/m 后，刚度参数的变化不再对其产生影响；同时，在$1.9\times10^8$ N/m 处第 9 阶固有频率灵敏度瞬间增加，说明在刚度值大于$1.9\times10^8$ N/m 后，刚度参数的变化开始对其产生影响；一排太阳轮轴承支撑刚度只在区间 $1\times10^7$ ～$1.9\times10^8$ N/m 之间对系统第 7 阶固有频率能够起到显著且有效的调节作用。

与刚度参数变化引起固有频率灵敏度跃迁的作用相同，质量参数的变化也可以引起相应阶固有频率的灵敏度发生明显的变化及跃迁现象。图 5-9 中随着一排太阳轮质量的增加，参数对第 24、25、26 阶固有频率的灵敏度发生显著变化，在 5.9 kg 处第 26 阶固有频率灵敏度下降，质量大于 6 kg 后灵敏度基本为零，说明在质量值大于 6 kg 后，参数的变化不

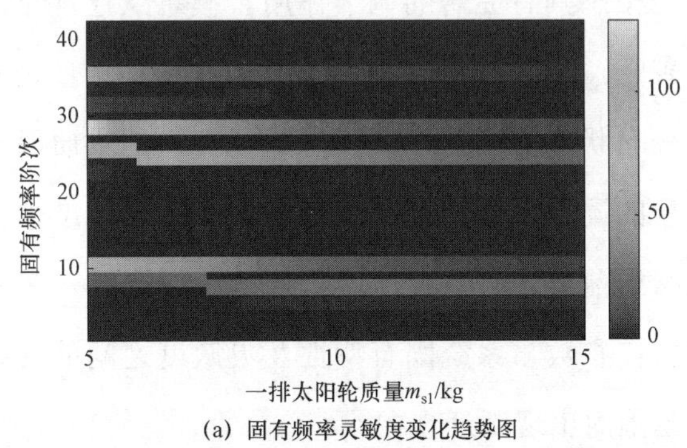


(a) 固有频率灵敏度变化趋势图

图 5-9　各阶固有频率对一排太阳轮质量灵敏度变化趋势

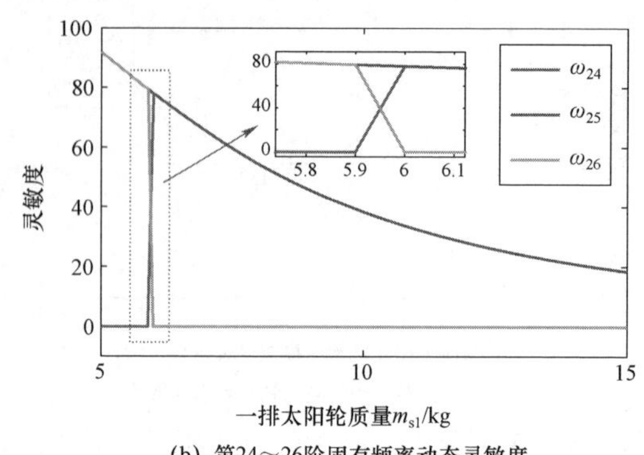


(b) 第24～26阶固有频率动态灵敏度

图 5-9 各阶固有频率对一排太阳轮质量灵敏度变化趋势（续）

再对其产生影响；同时，在 5.9 kg 处第 24 阶固有频率灵敏度增加，说明在质量值大于 5.9 kg 后，参数的变化会对其产生影响；一排太阳轮质量只在区间 5～5.9 kg 之间对系统第 26 阶固有频率能够起到有效调节作用。

综上所述，质量、刚度参数对两级行星齿轮传动系统的固有特性具有决定性作用，参数取值的变化会导致系统振动能量的分布状态、固有频率数值大小、振型特征和参数灵敏度强度的改变。通过研究得出，中心部件的质量、轴承支撑刚度和连接轴的弯曲刚度对中心部件平移振动模态具有显著的调节作用，而中心部件的惯量、连接轴的扭转刚度对中心部件扭转振动模态具有显著的调节作用。模态跃迁现象是系统固有特性变化的外在表现，参数改变导致系统振动能量在部件之间的聚集和流失引起的能量分布状态的改变才是模态跃迁现象的本质原因。在系统发生模态跃迁现象的同时，相应固有频率对参数的灵敏度也会发生动态变化，导致模态跃迁前后的参数灵敏度规律改变。因此，在工程设计过程中需要预先分析在参数与系统固有特性及灵敏度之间的关系，避免在设计参数的取值范围内出现跃迁现象。

## 5.3　系统振动参数对强迫振动特性的影响

通过对两级行星齿轮传动系统的振动参数取值进行合理优化能够起到提高系统振动性能的作用，然而振动参数对系统的固有振动特性和强迫振动特性又具有较强的耦合影响，为了提高系统振动性能的优化质量，在对固有特性与参数之间影响关系研究的基础上，有必要对系统强迫振动特性与参数之间的影响关系及其灵敏度进行深入分析。

### 5.3.1　参数对振动位移和动态载荷系数的影响规律

本节分别以一排太阳轮质量 $m_{s1}$、一排太阳轮轴承支撑刚度 $k_{bs1}$ 为例来分析参数对两级行星齿轮传动系统动态响应特性的影响规律。

各部件振动位移均方根值随一排太阳轮质量改变的变化趋势如图 5-10 所示。可以看出，随着一排太阳轮质量的增加，一、二排太阳轮的横向振动位移都受到较大影响，基本呈现线性增加趋势，其中一排太阳轮横向振动位移均方根值变化范围为 7.18～7.52 × $10^{-6}$ m，最大增加了 4.74%，二排太阳轮横向振动位移均方根值变化范围 7.42～7.63 × $10^{-6}$ m，最大增加了 2.83%，由于两个太阳轮是由一根短轴连接的，因此一、二排太阳轮横向振动趋势基本相同。一排齿圈横向振动位移均方根增加了 7.76%，一排行星架横向振动位移均方根增加了 10.49%，一排行星轮横向振动位移均方根增加了 13.98%，二排除了齿圈趋势基本与一排行星架相同，二排其他部件横向振动基本不受影响。

同时，由于一排太阳轮质量和惯量的变化导致系统各部件扭转振动受到不同程度的影响。一、二排太阳轮和行星轮的扭转振动均方根值都减小，最大降低了 14.67%。一、二排行星架和二排齿圈都呈增加趋势，最大上升了 89.4%，一排齿圈固定受到的影响非常小。

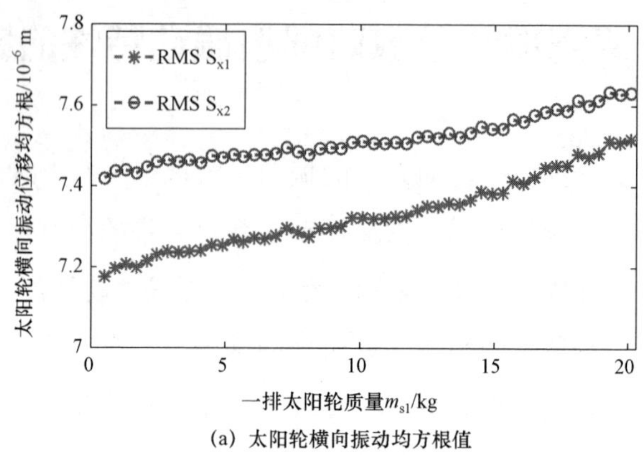


(a) 太阳轮横向振动均方根值

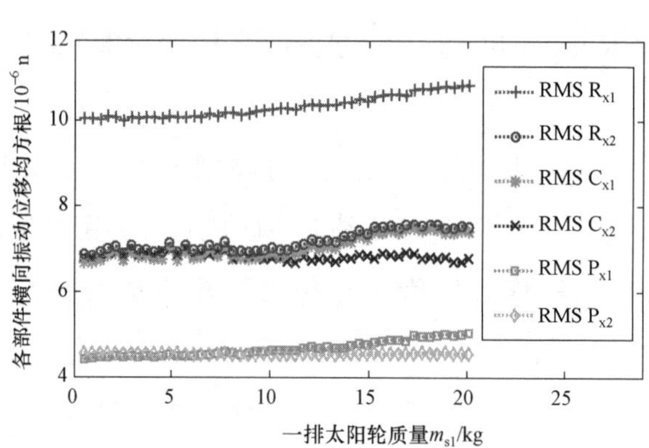


(b) 各部件（无太阳轮）横向振动均方根值

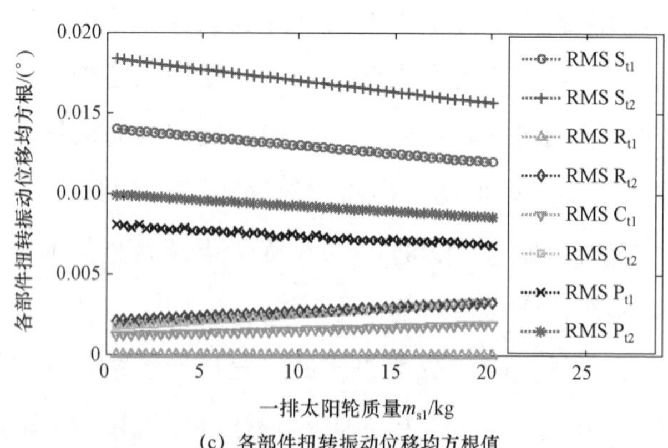


(c) 各部件扭转振动位移均方根值

图 5-10　各部件振动位移均方根值随一排太阳轮质量变化趋势

两级行星齿轮传动系统连接轴及内、外啮合的动态载荷系数随一排太阳质量改变的变化趋势如图 5-11 所示。从图中可以看出，除了太阳轮连接轴的弯曲力动载系数外，其他动载系数基本不受影响，太阳轮连接轴的弯曲力动载系数呈现出先减小后增加的变化趋势，在质量值为 0.9 kg 处最大为 7.723，在质量值 6.1 kg 处达到最小值 5.089，最大减小了 34.1%；而后，随着质量值的增加动载系数也逐渐变大，在质量值 19.3 kg 处达到 7.128，相对最低点增加了 40.07%。

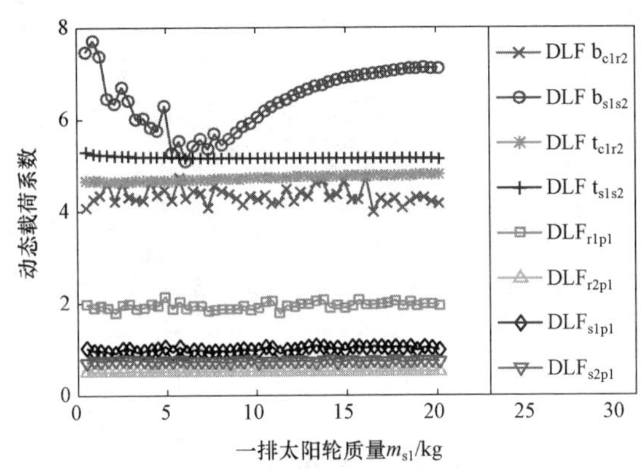


图 5-11　系统动态载荷系数随一排太阳轮质量变化趋势

各部件振动位移均方根值随一排太阳轮轴承支撑刚度改变的变化趋势如图 5-12 所示。可以看出，随着一排太阳轮轴承支撑刚度的增加，一、二排太阳轮的横向振动都受到较大影响，其中一排太阳轮横向振动位移均方根值变化范围为 $1.39\times10^{-5}$ m～$4.84\times10^{-6}$ m，最大降低了 65.2%，二排太阳轮横向振动位移均方根值变化范围 $1.27\times10^{-5}$ m～$5.56\times10^{-6}$ m，最大降低了 56.2%。除了两个太阳轮外，一排齿圈、二排齿圈和一排行星架的振动位移均方根值都有了不同程度的增加，一排齿圈的横向振动位移均方根值变化范围为 $9.31\times10^{-6}$ m～$1.01\times10^{-5}$ m，最大增加了 8.49%，一排行星架的横向振动位移均方根值变化范围为 5.76e × $10^{-6}$ m～$6.36\times10^{-6}$ m，最大增加了 10.4%，由于二排齿圈与一排行星架固连，因此其的横向振动位移均方根值与一排行星架变化相同。其他各部件的横

向振动均方根值基本不受影响，包括一排太阳轮在内的全部部件扭转振动均方根值都基本保持不变。

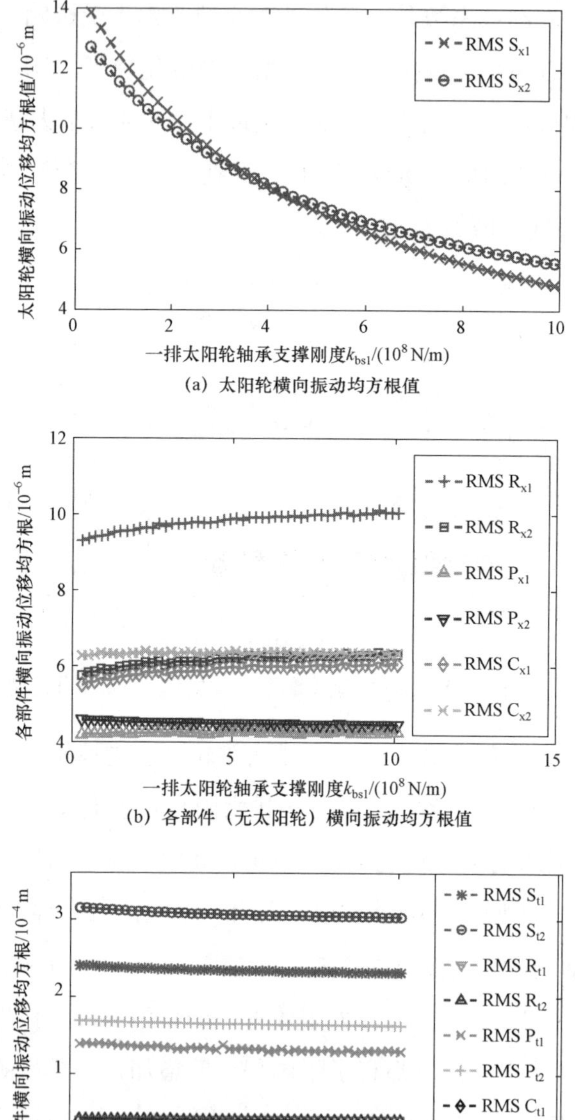


(a) 太阳轮横向振动均方根值

(b) 各部件（无太阳轮）横向振动均方根值

(c) 各部件扭转振动位移均方根值

图 5-12　各部件振动位移均方根值随一排太阳轮支撑刚度变化趋势

两级行星齿轮传动系统连接轴及内、外啮合的动态载荷系数随一排太阳轮轴承支撑刚度改变的变化趋势如图 5-13 所示。从图中可以看出，除了太阳轮连接轴的弯曲力动载系数外，其他动载系数基本不受影响，太阳轮连接轴的弯曲力动载系数呈现出先减小后增加的变化趋势，在刚度值在 $5\times10^7$ N/m 处最大为 10.2，在刚度值 $5.1\times10^8$ N/m 处达到最小值 4.75，最大减小了 53.43%；而后，随着刚度值的增加动载系数也逐渐变大，在刚度值 $9.9\times10^8$ N/m 处达到 5.62，增加了 15.48%。

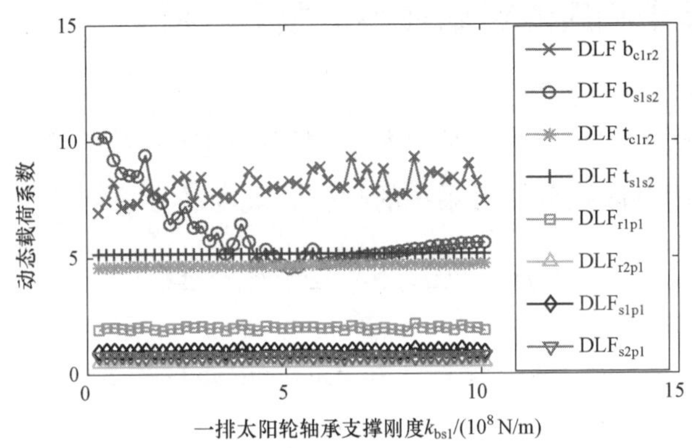


图 5-13　系统动态载荷系数随一排太阳轮支撑刚度变化趋势

通过以上分析可以看出，对于横向振动位移而言，中心部件质量和轴承支撑刚度的变化对其自身横向振动位移影响最显著，对其他部件的影响相对较小，质量的增加会导致部件横向振动位移增大，支撑刚度增加会导致横向振动位移减小，这充分表现出了不同参数对同一个振动响应的耦合作用；对于轴系力和啮合力动载系数而言，中心部件质量和轴承支撑刚度的变化对与其自身连接轴的弯曲力影响最显著，对啮合力、扭矩和其他连接轴的弯曲力影响较小，并且参数的取值范围对轴系弯曲力的变化趋势具有较强的影响；对于扭转振动位移而言，部件的支撑刚度的变化对系统扭转振动位移没有作用，而由于质量改变引起的惯量变化却对系统各部件的扭转振动位移产生影响，但其导致的各部件扭转振动位移变化不具统一趋势，这也充分表现出了两级行星齿轮传动系统中同一个参数对不同部件振动响应的耦合作用。

总体而言，横向振动位移和轴系弯曲力受到部件质量和支撑刚度的影响较大；扭转振动位移和轴系扭转力受到部件的惯量和扭转刚度的影响较大。在研究过程中发现，由于两级行星齿轮传动系统是一个结构复杂的多自由度非线性系统，因此系统振动响应与振动参数之间存在较强的耦合作用，且在不同的参数取值区间其轴系力的变化趋势也不相同。

## 5.3.2　基于响应的振动参数灵敏度分析

在对系统振动相应于振动参数之间的影响关系及其变化趋势分析的基础上，应用有限差分法对系统的响应灵敏度进行求解。

$$H_\tau = \frac{\partial H}{\partial \tau} = \frac{H(\tau + \Delta\tau) - H(\tau)}{\Delta\tau} \qquad (5\text{-}18)$$

式中，$H(\tau)$ 为参数大小为 $\tau$ 时，系统的响应指标；$\Delta\tau$ 为参数的扰动改变量。

图 5-14 为系统各部件横向振动位移均方根值相对质量、轴承支撑刚度和连接轴弯（扭）刚度的灵敏度分布图。从图中可以看出，对一排太阳轮影响最大的参数为其轴承支撑刚度 $k_{bs1}$，其次为二排太阳轮轴承支撑刚度 $k_{bs2}$；对一排齿圈横向振动位移均方根值影响最大的参数为其轴承支撑刚度 $k_{br1}$；对一排行星架横向振动位移均方根值影响最大的参数为其轴承支撑刚度 $k_{bc1}$；对一排行星轮横向振动位移均方根值影响最大的参数为其轴承支撑刚度 $k_{bp1}$；对二排太阳轮横向振动位移均方根值影响最大的参数为其轴承支撑刚度 $k_{bs2}$，其次为一排太阳轮轴承支撑刚度 $k_{bs1}$；对二排齿圈横向振动位移均方根值影响最大的参数为其轴承支撑刚度 $k_{br2}$，其次为一排行星架轴承支撑刚度 $k_{bc1}$；对二排行星架横向振动位移均方根值影响最大的参数为其轴承支撑刚度 $k_{bc2}$；对二排行星轮横向振动位移均方根值影响最大的参数为其轴承支撑刚度 $k_{bp2}$。

可以看出，对系统各部件横向振动位移影响较大的参数都是各部件的轴承支撑刚度，这主要是由于在两级行星齿轮传动系统中轴承对各部件起主要的横向支撑作用，因此，相对于质量参数和轴系刚度而言，轴承支撑刚度直接影响各部件的横向振动，起主要改善作用。

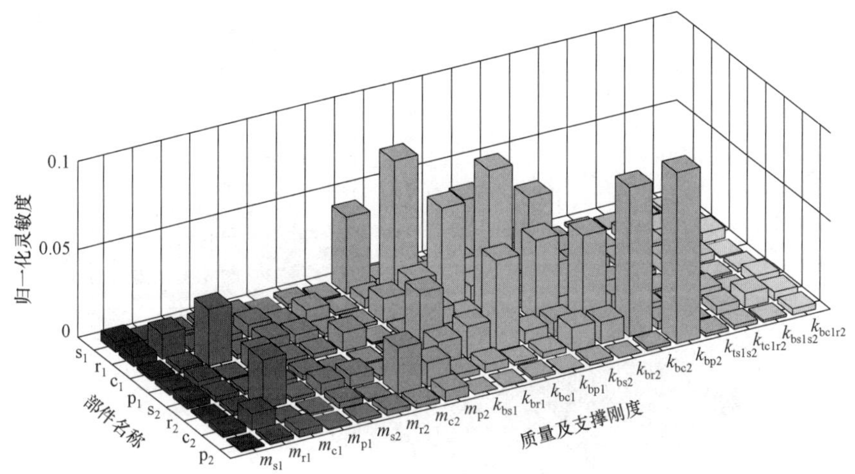


图 5-14　各部件横向振动位移均方根对系统振动参数灵敏度

图 5-15 为系统各部件扭转方向振动位移均方根值相对质量、轴承支撑刚度和连接轴弯（扭）刚度的灵敏度分布图。从图中可以看出，对一排太阳轮扭转振动位移均方根值影响最大的参数为一排行星架质量 $m_{c1}$；对一排齿圈扭转振动位移均方根值影响最大的参数为二排齿圈质量 $m_{r2}$；对一排行星架扭转方向振动位移均方根值影响最大的参数为一排行星架质量 $m_{c1}$；对一排行星轮扭转方向振动位移均方根值影响最大的参数为一排行星架质量 $m_{c1}$ 和一排行星轮质量 $m_{p1}$；对二排太阳轮、齿圈、行星架和行星轮扭转方向振动位移均方根值影响最大的参数都为一排行星架质量 $m_{c1}$。

同样可以看出，对系统各部件扭转振动位移影响较大的参数都是各部件的质量，这主要是由于相对于质量参数而言，轴承支撑刚度对扭转方向几乎没有影响，而连接轴的刚度参数只对与其直接连接的部件有较

大的影响而对其他部件也影响较小；而且由于部件质量的变化会导致其惯量随着改变，因此质量参数会直接影响各部件的扭转振动，并且由于行星齿轮系统结构紧凑，耦合度高，质量越大的部件对系统的扭转振动位移影响也就相对越大。

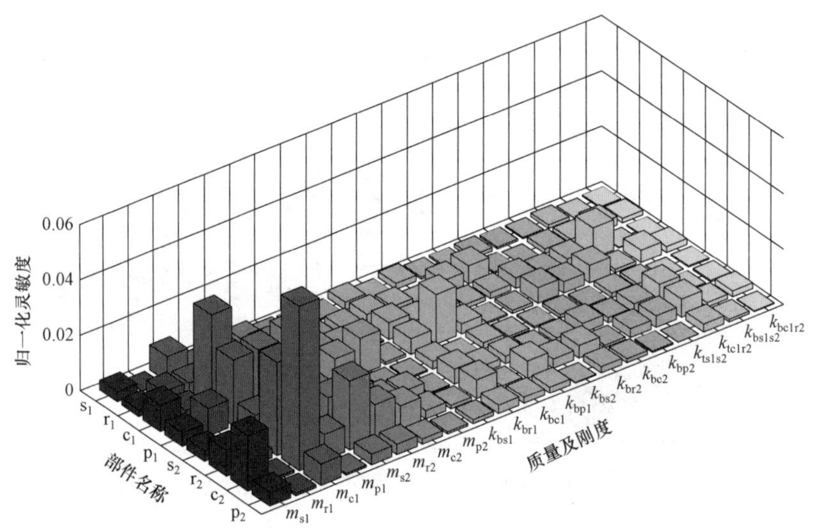


图 5-15　系统各部件扭转方向振动位移均方根对系统振动参数灵敏度

图 5-16 为系统各部件啮合力动载系数相对质量、轴承支撑刚度和连接轴弯（扭）刚度的灵敏度分布图。从图中可以看出，对一排太阳轮-行星轮啮合力动载系数影响较大的参数从大到小依次为：二排行星架质量 $m_{c2}$、一排行星轮支撑刚度 $k_{p1}$、二排齿圈支撑刚度 $k_{br2}$、太阳轮连接轴扭转刚度 $k_{ts1s2}$；对一排齿圈-行星轮啮合力动载系数影响较大的参数从大到小依次为：一排行星轮支撑刚度 $k_{p1}$、二排行星架质量 $m_{c2}$、二排齿圈支撑刚度 $k_{br2}$、一排齿圈质量 $m_{r1}$；对二排太阳轮-行星轮啮合力动载系数影响较大的参数从大到小依次为：一排行星轮支撑刚度 $k_{p1}$、一排齿圈质量 $m_{r1}$、二排齿圈支撑刚度 $k_{br2}$；对二排齿圈-行星轮啮合力动载系数影响较大的参数从大到小依次为：一排齿圈质量 $m_{r1}$、太阳轮连接轴扭转刚度 $k_{ts1s2}$、二排齿圈支撑刚度 $k_{br2}$。

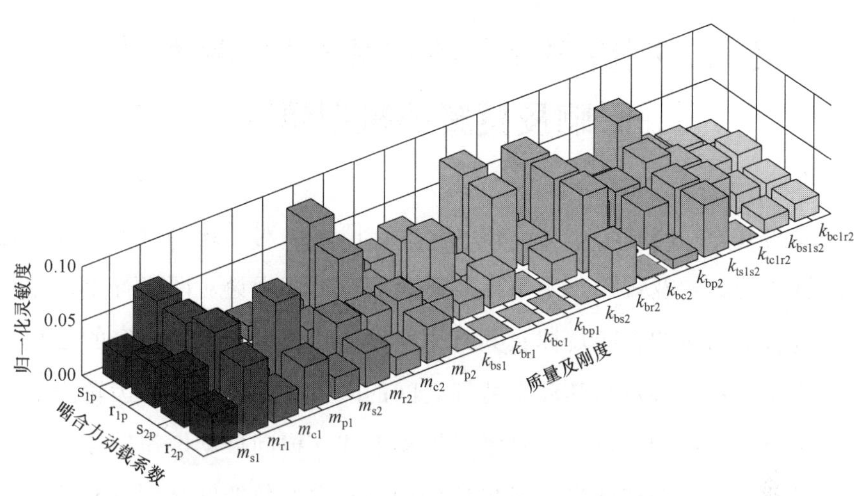


图 5-16　系统各部件啮合力动载系数灵敏度

通过对啮合力动载系数的参数灵敏度进行分析可知，质量、轴承支撑刚度对啮合力动载系数都有较大的影响，这主要是由于啮合力的计算过程包含了啮合齿轮的振动位移、综合啮合误差等因素，是系统各部件振动形式以及行星齿轮系统参数-响应耦合特性的集中体现，因此，对横向振动和扭转振动影响较大的参数对啮合力动载系数也会有显著的改善作用。

整体而言，在考虑质量改变引起惯量变化的条件下，对各部件扭转方向振动位移均方根值影响较为明显的参数是中心部件质量，质量越大的部件对系统各部件扭转方向振动位移均方根值的影响也就越强。对系统部件横向振动位移均方根值影响较为明显的参数是各部件对应的轴承支撑刚度，若两个部件之间存在轴系连接关系，则两个部件的轴承支撑刚度都会对其横向振动产生较大影响。

# 5.4 相位调谐参数对系统振动特性的影响及其减振机理研究

前两节分别研究了振动参数（质量、刚度）对系统固有特性和强迫振动特性的影响及规律，本节主要研究相位调谐理论对两级行星齿轮传动系统振动响应的影响规律及其减振作用。相位调谐理论研究的是行星齿轮传动的基本参数与其动态特性之间的映射关系，即中心齿轮齿数、行星轮个数与啮频各阶次激励激发振动形式（横向振动、扭转振动）之间的对应关系，合理选择行星齿轮传动的基本参数能够起到良好的减振作用。

## 5.4.1 相位调谐的耦合机理及对系统振动响应特性的影响

### 5.4.1.1 多级行星系统相位调谐耦合机理分析

图 5-17 为单级行星齿轮系统的调谐受力示意图。其中，$e_n^i$ 和 $e_n^j$ 为行星轮坐标系的单位矢量；$F_n$ 为第 $n$ 个行星轮与太阳轮之间的啮合力。则啮合力 $F_n$ 可以写为

$$F_n = F_{ni} e_n^i + F_{nj} e_n^j \qquad (5\text{-}19)$$

在全局坐标 $Oxy$ 中，啮合力 $F_n$ 的沿两坐标轴的分量为 $F_{nx}$ 和 $F_{ny}$，与 $F_i$ 和 $F_j$ 的关系为

$$\begin{bmatrix} F_{nx} \\ F_{ny} \end{bmatrix} = \begin{bmatrix} \cos\varphi_n & \sin\varphi_n \\ -\sin\varphi_n & \cos\varphi_n \end{bmatrix} \begin{bmatrix} F_{ni} \\ F_{nj} \end{bmatrix} \qquad (5\text{-}20)$$

$N$ 个行星轮作用在太阳轮上的合力 $F_{\text{sum}}$ 及合力矩 $T_{\text{sum}}$ 分别为：

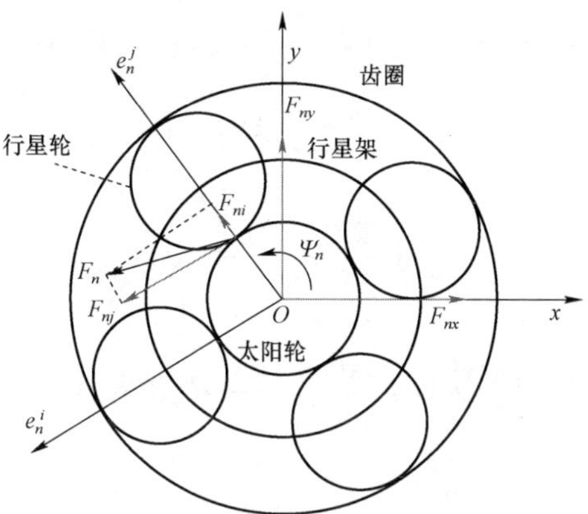

图 5-17　行星齿轮传动调谐受力示意图

$$F_{\text{sum}} = F_x i + F_y j = \sum_{n=1}^{N}(F_{nx} i + F_{ny} j) \tag{5-21}$$

$$T_{\text{sum}} = R_s \sum_{n=1}^{N} F_{nj} \tag{5-22}$$

以太阳轮受到的啮合力为研究对象，将 $F_{\text{sum}}$ 沿 $x$ 方向的分力 $F_x$ 进行傅里叶展开并与式（5-20）合并作进一步分析可得其表达式为

$$F_x^l = \sum_{n=1}^{N}[a_n^l \cos\varphi_n \sin(l\omega_m t + lz_{\text{s}}\varphi_n) + b_n^l \cos\varphi_n \cos(l\omega_m t + lz_{\text{s}}\varphi_n) + c_n^l \sin\varphi_n \sin(l\omega_m t + lz_{\text{s}}\varphi_n) + d_n^l \sin\varphi_n \cos(l\omega_m t + lz_{\text{s}}\varphi_n)] \tag{5-23}$$

式（5-23）中包含四项，以 $P$ 表示其第一项并单独展开可得

$$P = \frac{1}{2}a^l \sum_{n=1}^{N}\left\{\sin l\omega_m t \cdot \left[\cos\left(\frac{2\pi(n-1)(k-1)}{N}\right) + \cos\left(\frac{2\pi(n-1)(k+1)}{N}\right)\right] + \sin l\omega_m t \cdot \left[\sin\left(\frac{2\pi(n-1)(k+1)}{N}\right) + \sin\left(\frac{2\pi(n-1)(k-1)}{N}\right)\right]\right\} \tag{5-24}$$

式（5-24）中 $k$ 为相位调谐因子

$$k = \text{mod}(lz_{\text{s}} / N) \tag{5-25}$$

式中 mod 为取余运算，$l$ 为啮合频率谐波阶数，$z_{\text{s}}$ 为太阳轮齿数，$N$

为行星轮个数，$k$ 即为 $lz_{\mathrm{s}}$ 除以 $N$ 得到的余数。由于存在如下推导关系：

$$\begin{aligned}&\sum_{n=1}^{N}\cos\frac{2\pi(n-1)m}{N}=\begin{cases}0\\N\end{cases}\\&\sum_{n=1}^{N}\sin\frac{2\pi(n-1)m}{N}=0\end{aligned}\tag{5-26}$$

式中，当 $\frac{m}{N}$ 为整数时 $\sum_{n=1}^{N}\cos\frac{2\pi(n-1)m}{N}$ 取值为 0，当 $\frac{m}{N}$ 不为整数时 $\sum_{n=1}^{N}\cos\frac{2\pi(n-1)m}{N}$ 取值为 $N$。

因此，当 $k\neq1$ 和 $N-1$ 时，式（5-24）为零，同样可以证明 $F_x^l$ 以及 $F_y^l$ 中的各项都均为零。即当 $k\neq1$ 和 $N-1$ 时，作用在太阳轮上的啮合力第 $l$ 阶谐波分量为零，啮合力作用在太阳轮上的合力矩也可进行同理推导和分析得到相似的结论，这也就是行星齿轮啮合力相位调谐的基本理念。

经归纳总结，相位调谐规律见表 5-1，图 5-18 为相应的激振方式下太阳轮的受力示意图。

**表 5–1　行星齿轮传动相位调谐规律**

| 相位调谐因子 $k$ | 中心构件振动形式 |
|---|---|
| 0 | 激发扭转振动，抑制平移振动 |
| $1, N-1$ | 激发平移振动，抑制扭转振动 |
| $2, 3, \cdots, N-2$ | 抑制平移振动和扭转振动 |

结合表 5-1 和图 5-18 进行分析，相位调谐规律为抑制中心部件扭转振动模式，对应图 5-18(a)；相位调谐规律为激发行星轮振动模式，对应图 5-18（b）；相位调谐规律为抑制中心部件平移振动模式，对应图 5-18（c）。

在多级行星齿轮系统中，由于各级之间存在强耦合关系，因此导致相位调谐规律也具有耦合特性。以抑制平移振动和抑制扭转振动两种调谐方式为例，分析由单级行星排组合为多级行星系统的过程中相位调谐的耦合作用。

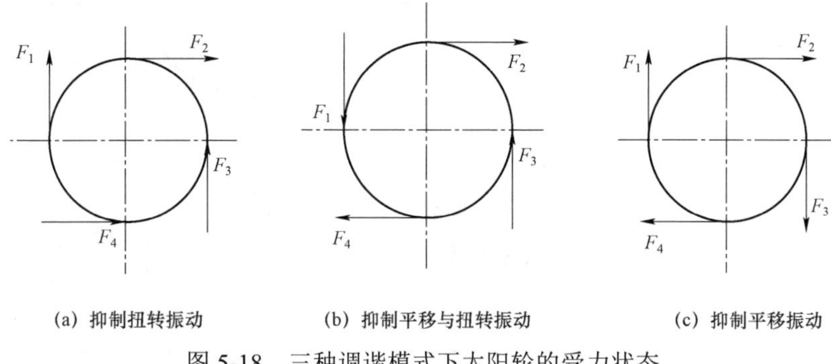


图 5-18　三种调谐模式下太阳轮的受力状态

由单级行星排 A 和 B 组合成两级行星排的过程中，相位调谐规律的耦合原理如图 5-19 所示。图中单级行星排 A 的调谐模式为抑制扭转振动、激发平移振动，单级行星排 B 的调谐模式为抑制平移振动、激发扭转振动。将单级行星排 A 和 B 组合成两级行星排后各自啮合力波动值的时域曲线发生了变化，可以明显看出多级行星系统的各级行星排之间的相位调谐关系存在强耦合作用，导致啮合力波动值曲线发生改变。

以单级行星排 B 到两级行星系统的第二级行星排 B′ 的转变过程为例进行主要说明，单级行星排 B 为激发扭转振动、抑制平移振动调谐模式下的太阳轮与各行星轮啮合力波动值的时域曲线，可以看出四个啮合力的变化趋势相同，其激发力矩形式与图 5-18（c）一致；在各自调谐方案不变的条件下，将 A 和 B 组合成两级行星系统后，此时两级行星系统的第二排 B′ 的调谐模式与单级行星排 B 相同，但是 B′ 中四个外啮合力波动值的时域曲线在同一时间点处啮合力的大小或方向产生差异，导致其啮合力的调谐模式由激发扭转、抑制平移转变为激发扭转、不完全抑制平移。

单级行星排 B 到 B′ 产生调谐模式改变的原因主要是由于两级行星排的耦合调谐作用导致的。单级行星排 A 与 B 通过轴系连接后，单级行星排 A 激发平移振动的调谐模式对单级行星排 B 激发扭转的调谐模式产生影响，从而产生 B′ 的激发扭转、不完全抑制平移的新的耦合调谐模式。由此可知，在多级行星传动系统中的相位调谐规律存在耦合作用，在实际设计过程中需要详细考虑。

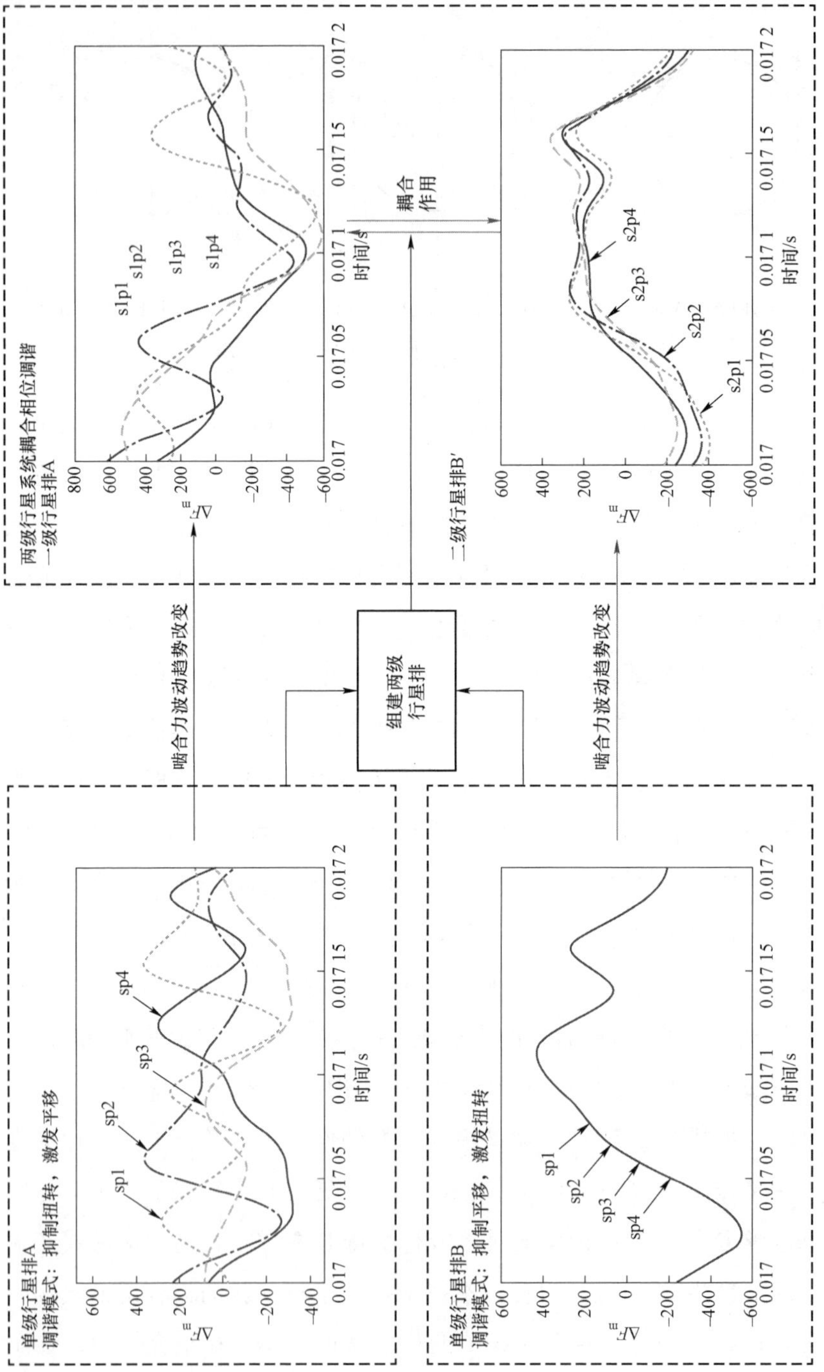

图 5-19　行星排相位调谐规律耦合变化示意图

在相位耦合调谐分析的基础上，分析相位调谐对两级行星齿轮传动系统振动响应的影响。由第 3 章分析可知，啮合频率的一阶谐波在两级行星齿轮传动系统振动中起主导作用，因此，以啮合力一阶谐波为基准来进行相位调谐参数的选择。由于两级行星排之间的振动特性具有强耦合性，且多个行星排之间的耦合相位调谐关系种类较多，因此，在原系统参数的基础上分别调整两排参数，设计了满足新的相位调谐规律的两级行星齿轮系统参数，如表 5-2 所示，用以对比不同相位调谐方案对系统振动特性的影响，表 5-3 为其调谐情况。设计的参数都满足行星齿轮传动比条件、同心条件、装配条件及邻接条件。

**表 5–2　两级行星齿轮传动相位调谐参数**

| | 行星轮个数 | 太阳轮 | 齿圈 | 行星轮 |
|---|---|---|---|---|
| 方案 1 | $N=4$ | 27/36 | 77/76 | 25/20 |
| 方案 2 | | 28/36 | 76/76 | 24/20 |
| 方案 3 | | 27/35 | 77/77 | 25/21 |

**表 5–3　各级行星排啮频前 2 阶谐波相位调谐关系**

| | 级数 | 1 阶 | 2 阶 |
|---|---|---|---|
| 方案 1 | 1 级 | 激发平移，抑制扭转 | 抑制平移，抑制扭转 |
| | 2 级 | 抑制平移，激发扭转 | 抑制平移，激发扭转 |
| 方案 2 | 1 级 | 抑制平移，激发扭转 | 抑制平移，激发扭转 |
| | 2 级 | 抑制平移，激发扭转 | 抑制平移，激发扭转 |
| 方案 3 | 1 级 | 激发平移，抑制扭转 | 抑制平移，抑制扭转 |
| | 2 级 | 激发平移，抑制扭转 | 抑制平移，抑制扭转 |

#### 5.4.1.2　调谐参数对系统频域振动特性的影响

通过对相位调谐理论的研究可以发现，行星传动系统中太阳轮齿数和行星轮个数对系统的动态特性有着非常重要的作用，这两个参数的确定基本就可以确定系统的振动模式。合理地选取设计参数，能够对相应的振动模式进行抑制，起到减小振动的目的。以一排各部件的频域振动进为例来分析耦合相位调谐对两级行星齿轮传动系统频域振动特性的影响。

以一排太阳轮为例详细说明相位调谐作用对系统频域振动特性的影响。图 5-20（a）和图 5-20（b）分别为一排太阳轮扭转方向和横向振动位移频域图，可以看出扭转方向振动的主要频率成分包括一排行星轮转频 $f_{p1}$、发动机激励频率 $2.5f_e$ 和系统一阶啮合频率 $f_{m1}$ 和 $f_{m2}$；横向振动的主要频率成分包括一排太阳轮转频 $f_{s1}$、系统一阶啮合频率 $f_{m1}$ 和 $f_{m2}$、系统二阶啮合频率 $2f_{m1}$ 和 $f_{m2}$。由表 5-3 可知，在相位调谐方案 1 和 3 情况下系统一级行星排啮频的一阶谐波都是抑制系统扭转振动，只有方案 2 的相位调谐结果为激发系统扭转振动，因此，图 5-20（a）中系统扭转振动各特征频率对应的幅值都是方案 2 最大。方案 1 中二级行星排啮频的一阶谐波调谐结果为激发扭转振动，因此可以看到在频率 $f_{m2}$ 处的幅值大小关系为 $\theta_{model\_2}>\theta_{model\_1}>\theta_{model\_3}$，且模式 3 的幅值相对于方案 2 减小了 71%。

同样的，由表 5-3 可知，在相位调谐方案 1 的一级行星排和方案 3 的一、二级行星排啮频的一阶谐波都是激发系统平移振动，只有方案 2 的调谐结果为抑制系统平移振动，因此，图 5-20（b）中系统横向振动各特征频率对应的幅值都是方案 3 最大。在频率 $f_{m1}$、$f_{m2}$ 处的幅值大小关系为 $x_{model\_3}>x_{model\_1}>x_{model\_2}$，在频率 $f_{m1}$ 处方案 2 的幅值相对于方案 3 减小了 32.7%，在频率 $f_{m2}$ 处方案 2 的幅值相对于方案 3 减小了 21.5%。

由相位调谐关系可知，方案 1 和 3 啮频的二阶谐波是平移和扭转振动全部抑制模式，但是在图 5-20（b）中的 $2f_{m2}$ 频率处却出现了调谐方案 3 较大的振动幅值，激发了系统的平移振动模式，这是由于系统中考虑了齿轮制造误差、质量偏心等误差因素，导致行星齿轮系统的振动特性与理论相位调谐规律不能完全对应。

图 5-20（c）中，在 300 Hz 频率处出现较大的振动，这是由于这个频段处于系统二阶固有频率 $\omega_2$ 的激振范围激发了系统的亚谐次共振。系统二阶模态对应中心部件扭转振动模式，图 5-20（c）中调谐方案 2 的振动

幅值较大，而调谐方案 3 为抑制扭转振动模式，因此，其振动幅值最小。

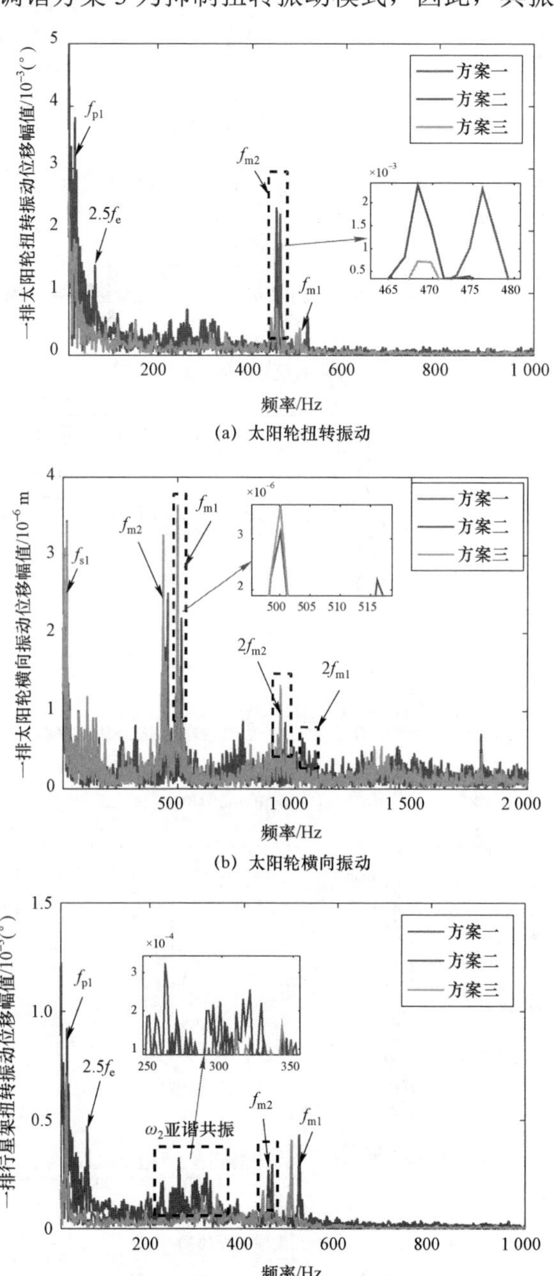


(a) 太阳轮扭转振动

(b) 太阳轮横向振动

(c) 行星架扭转振动

图 5-20　一排各部件在不同调谐方案下的频域振动曲线

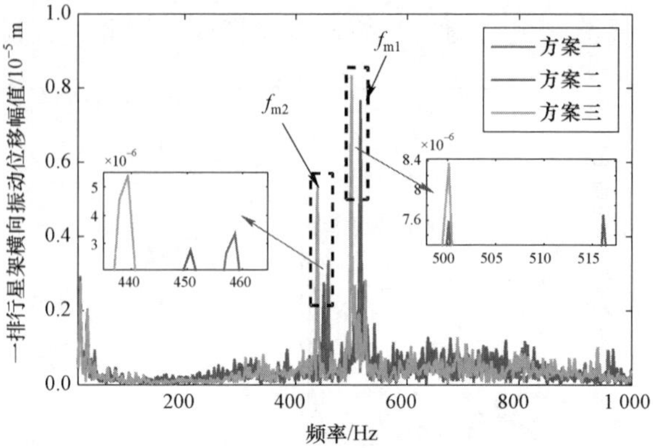

(d) 行星架横向振动

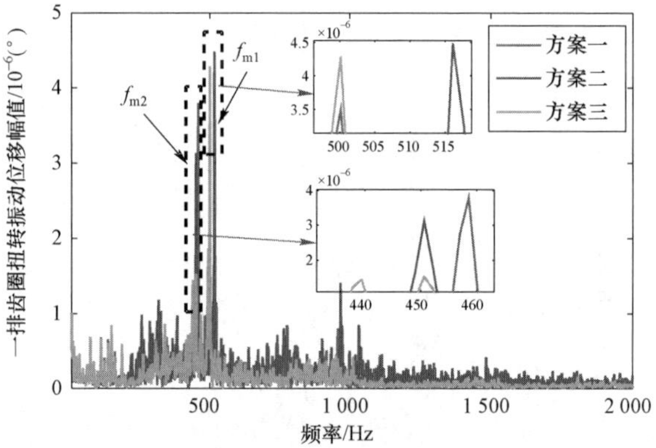

(e) 齿圈扭转振动

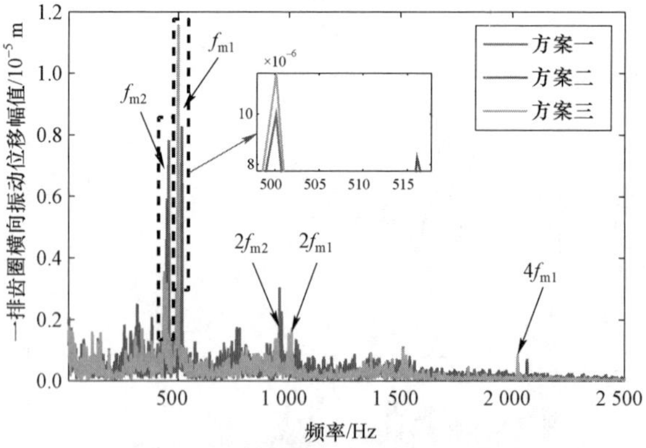

(f) 齿圈横向振动

图 5-20 一排各部件在不同调谐方案下的频域振动曲线（续）

整体来看，行星系统振动响应的频率由部件转频转频、外激励频率、

各谐次啮合频率及其耦合频率组成，其中两级行星齿轮传动系统各级的一阶啮合频率起主要激励作用。通过对不同调谐方案进行对比可知，行星齿轮系统啮合频率各阶谐波的幅值大小受到相位调谐规律的显著影响，采用调谐方案对齿轮参数进行合理设计能够对中心部件的频域振动响应幅值起到良好的减振作用。

同时，从图 5-20 可以看出，当行星传动系统的太阳轮齿数、行星轮个数确定后，就可以准确判定系统啮频各阶谐波的相位调谐激振方式，再通过起主导作用的啮频谐波调谐激振模式来判断系统的主要振动方式及其强弱关系。例如，方案一与方案三进行对比，可以根据啮频一阶谐波的调谐激振方式初步判断方案三的系统横向振动强于方案一，而方案三的系统扭转振动弱于方案一。因此，通过相位调谐理论对行星传动系统的振动响应进行分析，可以实现对系统的主要振动方式进行预期评估的目的。

通过对三种相位调谐方案下系统的扭转和横向振动信号分别进行对比，较好地验证了相位调谐规律的正确性和多级行星传动系统相位调谐作用的耦合性。但也存在一些问题，依据调谐理论，调谐方案二中的调谐因子 $k=0$，将只激发扭转振动模式，不存在横向振动，但是由于工程实际中齿轮及其支撑构件存在制造和装配误差，调谐方案二不可能将横向振动完全抑制，因而，在各调谐方案下，都是以理论调谐规律为主，同时存在较小幅度的其他振动模式。因此，各种误差的存在可能是导致系统实际振动与理论分析结果不能完全一致的根本原因。

#### 5.4.1.3　相位调谐参数对系统时域振动特性的影响

行星齿轮系统相位调谐规律主要是针对啮合频率各阶谐波的振动激发模式进行研究和应用的理论。上一节主要对两级行星系统在不同调谐模式下的频域振动特性进行了分析，本节主要研究相位调谐对系统时域振动特性（动载系数和振动均方根）的影响规律。

（1）系统动态载荷系数对比

稳态工况下，行星传动系统输入转速范围 800～6 500 r/min，图 5-21 为各调谐模式下两级行星齿轮传动系统各级内、外啮合力和连接轴受力的动载系数随转速变化的趋势曲线。

图 5-21（a）～（d）分别为一排和二排的内、外啮合力动载系数曲线，从图中可以看出，三种调谐模式下的啮合力动载系数曲线的变化趋势基本一致；当转速低于 4 000 r/min 时，三种调谐模式下的内、外啮合力动载系数曲线数值大小基本相同，没有明显的差别，而当转速高于

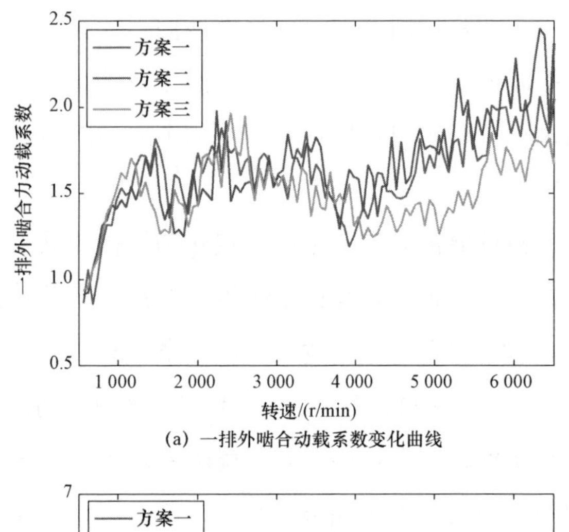

(a) 一排外啮合动载系数变化曲线

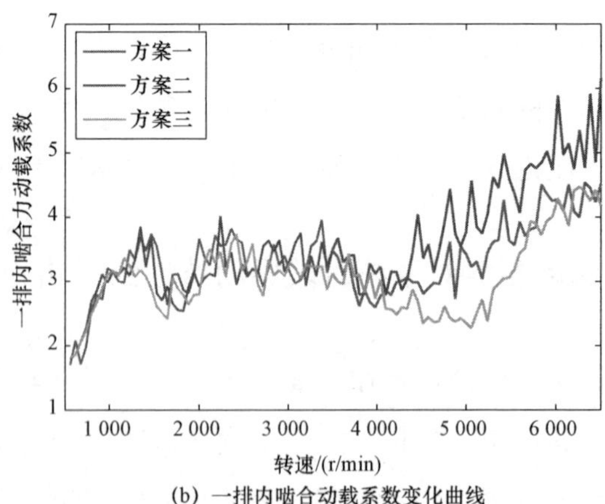

(b) 一排内啮合动载系数变化曲线

图 5-21　不同调谐方案下啮合力动载系数随转速变化的曲线图

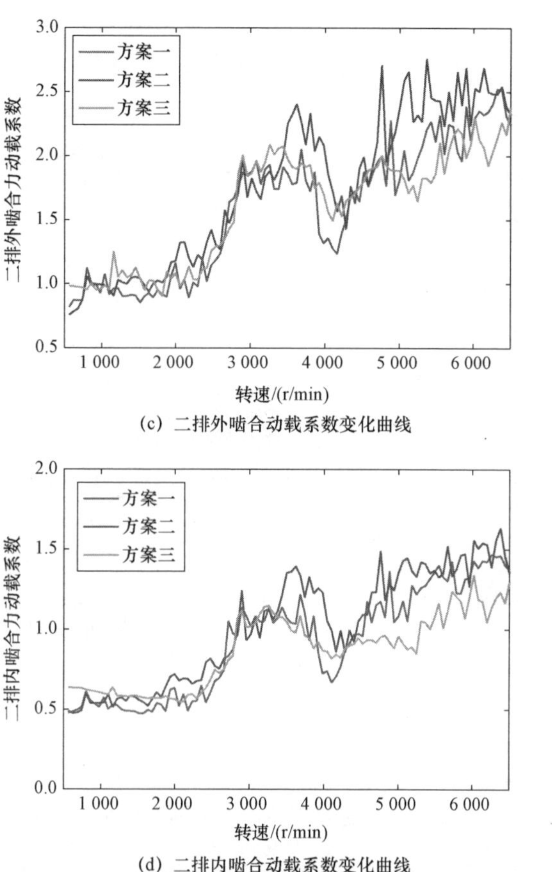


(c) 二排外啮合动载系数变化曲线



(d) 二排内啮合动载系数变化曲线

图 5-21　不同调谐方案下啮合力动载系数随转速变化的曲线图（续）

4 000 r/min 时，可以看到三种调谐模式下的内、外动载系数曲线明显分离，调谐作用明显，其大小关系主要表现为 $DLF_2 > DLF_1 > DLF_3$。这是由于随着转速的上升，齿轮啮合过程的脱齿及单边冲击现象增加，同时调谐模式 2 激发系统的扭转振动引起沿啮合线方向的轮齿啮合冲击增强，进一步导致啮合冲击力增大。因此，在高转速工况下，相位调谐规律对系统齿轮啮合动载系数的影响更加明显。

图 5-22（a）～（d）分别为一、二排连接轴系弯曲力和扭矩的动载系数曲线，从图中可以看出，三种调谐模式下的随转速变化的轴系力动载系

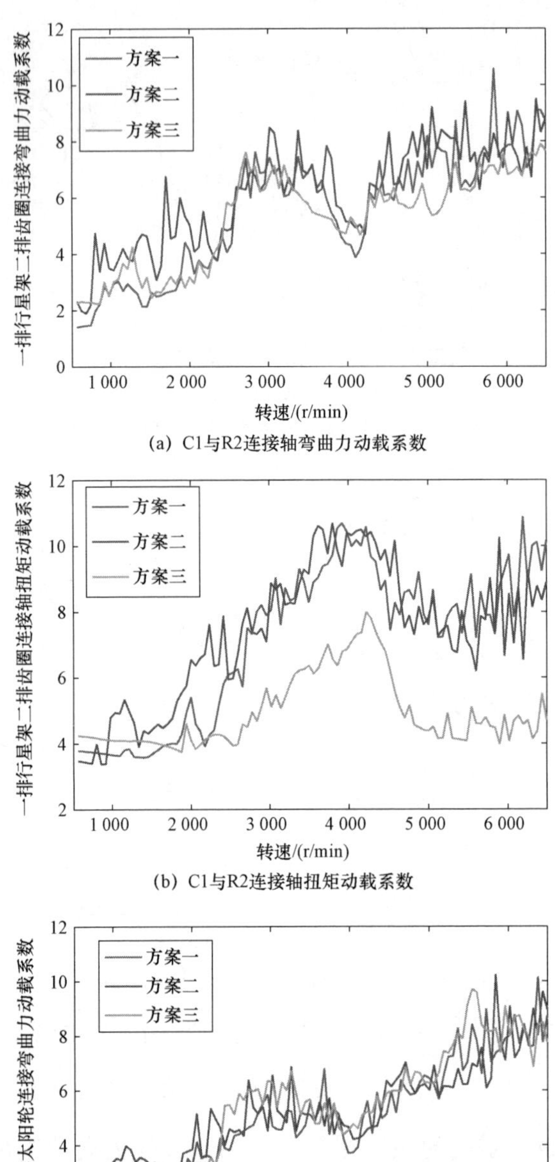

(a) C1与R2连接轴弯曲力动载系数


(b) C1与R2连接轴扭矩动载系数


(c) 太阳轮连接轴弯曲力动载系数

图 5-22 不同调谐方案下轴系力动载系数随转速变化的曲线图

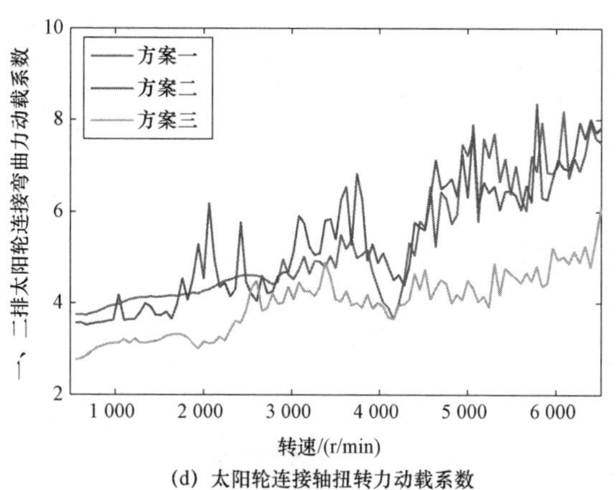

(d) 太阳轮连接轴扭转力动载系数

图 5-22　不同调谐方案下轴系力动载系数随转速变化的曲线图（续）

数曲线的变化趋势基本一致。通过对比不难看出，相位调谐对轴系扭矩动载系数具有显著作用，其大小关系主要表现为 $DLF_2 \approx DLF_1 > DLF_3$，而对弯曲力动载系数影响较小，但仍具有一定的作用。这主要是由于系统中充分考虑了误差对振动特性的影响，实际相位调谐作用不能完全符合理论规律导致的。

（2）系统振动位移均方根值对比

稳态工况下，系统输入转速范围为 800～6 500 r/min，图 5-23 分别为各调谐模式下两级行星齿轮传动系统一级行星排各部件振动位移均方根值随转速变化的趋势曲线。从图中可以明显看出，相位调谐规律对系统各部件的扭转振动影响较大，图 5-23（a）～（g）分别为太阳轮、齿圈、行星架和行星轮扭转方向振动位移均方根值曲线，其中调谐方案二各阶谐波都是激发扭转振动和抑制平移振动，因此调谐方案二的扭转振动始终最大。

图 5-23（b）～（h）分别为各部件横向振动曲线，从图中可以看出，三种调谐模式下的振动位移均方根值曲线的变化趋势基本一致；当转速低于 4 000 r/min 时，三种调谐模式下的横向振动位移均方根值曲线数值大小基本相同，没有明显的差距，而当转速高于 4 000 r/min 时，可以看

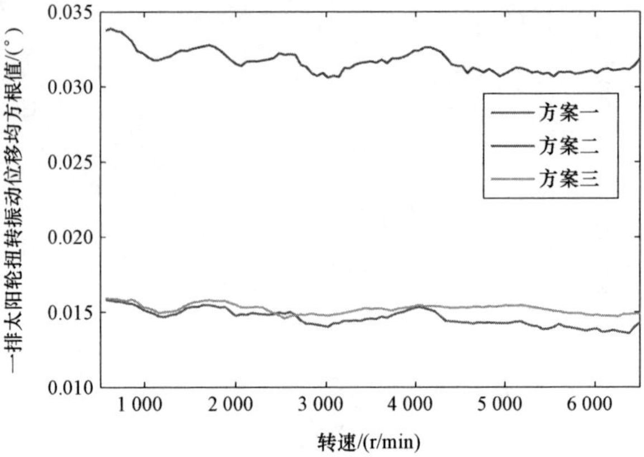

一排太阳轮扭转振动位移均方根值/(°)

方案一
方案二
方案三

0.035
0.030
0.025
0.020
0.015
0.010

1 000 2 000 3 000 4 000 5 000 6 000

转速/(r/min)

(a) 太阳轮扭转振动均方根

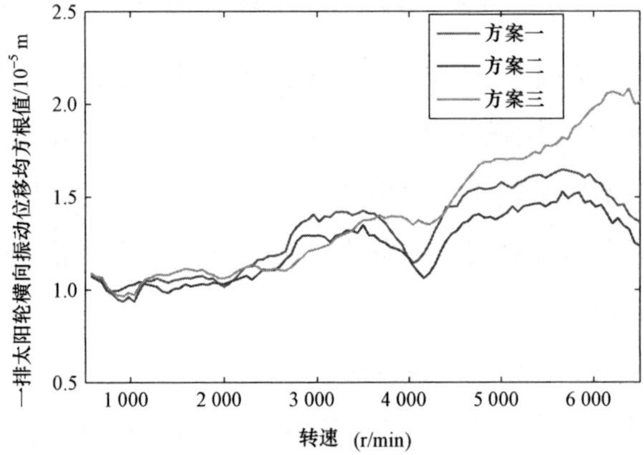

一排太阳轮横向振动位移均方根值/$10^{-5}$ m

方案一
方案二
方案三

2.5
2.0
1.5
1.0
0.5

1 000 2 000 3 000 4 000 5 000 6 000

转速 (r/min)

(b) 太阳轮横向振动均方根

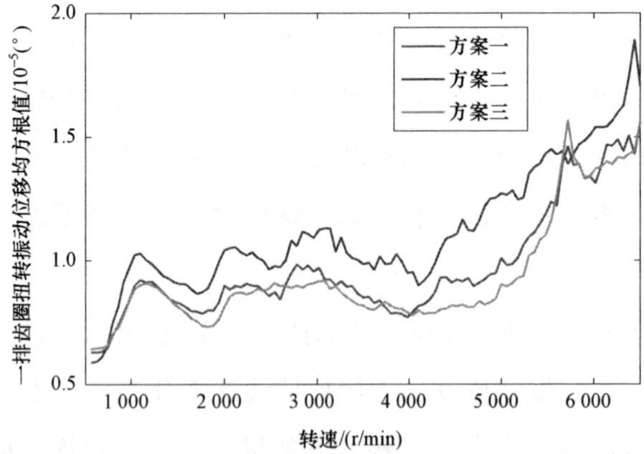

一排齿圈扭转振动位移均方根值/$10^{-5}$(°)

方案一
方案二
方案三

2.0
1.5
1.0
0.5

1 000 2 000 3 000 4 000 5 000 6 000

转速/(r/min)

(c) 齿圈扭转振动均方根

图 5-23 系统振动均方根值随转速变化曲线

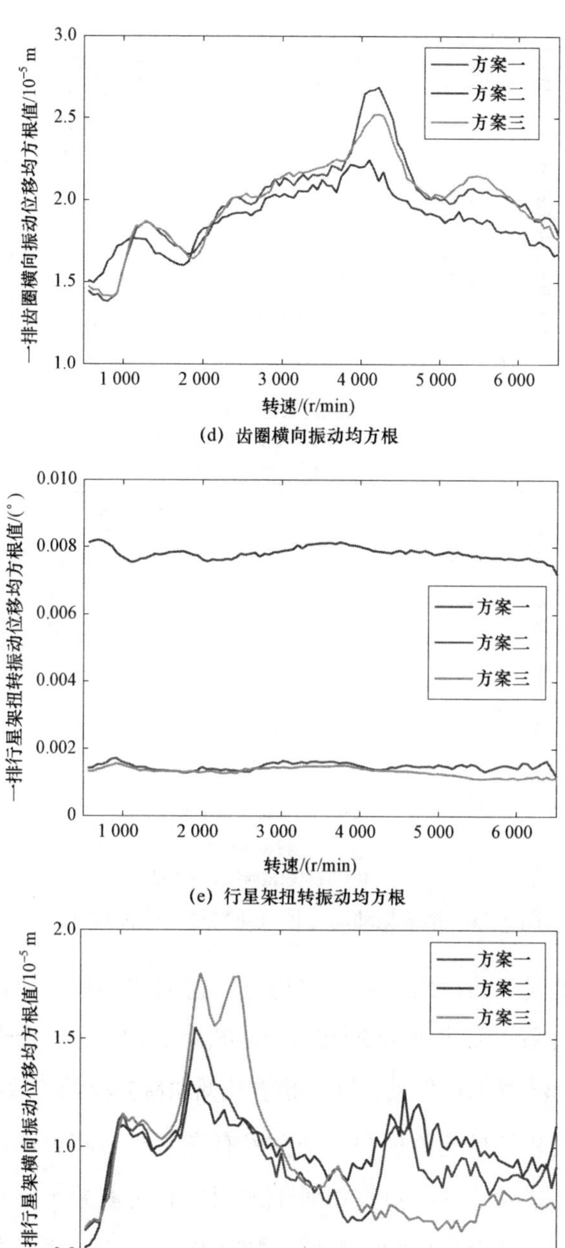


(d) 齿圈横向振动均方根

(e) 行星架扭转振动均方根

(f) 行星架横向振动均方根

图 5-23　系统振动均方根值随转速变化曲线（续）

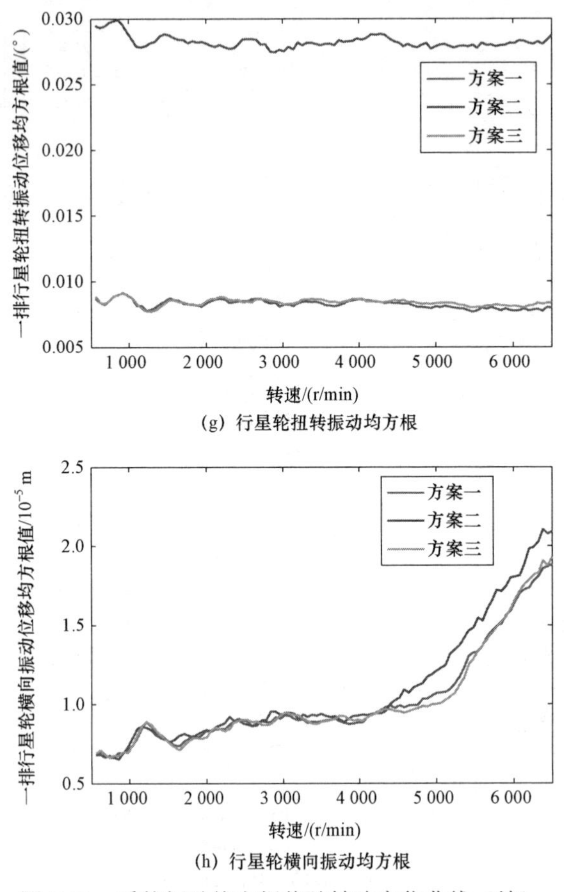


(g) 行星轮扭转振动均方根

(h) 行星轮横向振动均方根

图 5-23 系统振动均方根值随转速变化曲线（续）

到三种调谐模式下的横向振动位移均方根值曲线明显分离，调谐作用显著，其大小关系主要表现为$RMS_3 > RMS_1 > RMS_2$，调谐方案一中一排的一阶谐波为激发平移振动，因此也会出现$RMS_1$较强的现象。同时，可以看到行星架和行星轮的横向振动并没有完全符合相位调谐规律，主要是由于两级行星系统的行星架相对于太阳轮和齿圈处于浮动状态，扭转振动与平移振动耦合作用相对更强，扭转振动会进一步激发部件的平移振动导致的，而行星轮受到行星架的影响，使方案二的横向振动也相对较大。

综上所述，行星系统的振动特性受到相位调谐规律的影响显著，基

本与理论规律一致，尤其是在高速工况。相位调谐规律对系统扭转振动响应及轴系扭矩动载系数能起到良好的调节作用，而对系统横向振动响应和轴系弯曲力动载系数其调节作用相对较弱。在多级行星传动系统中，由于结构设计、误差、偏心等因素也会导致出现少部分与调谐规律不完全符合的现象，但并不影响相位调谐规律对整个系统振动响应的调节作用。

## 5.4.2　相位调谐规律对系统共振特性的影响及共振抑制方案分析

前文分别研究了相位调谐规律对行星传动系统时域振动特性和非共振频域特性的影响，充分证明了相位调谐规律对系统振动特性具有显著的调控作用，本节主要研究相位调谐对系统共振响应特性的影响。

图 5-24 为一排行星架的振动响应频域图，两级行星齿轮系统的输入转速为 2 100 r/min。在该工况下，两级行星系统的啮合频率分别为 $f_{m1}=719$ Hz 和 $f_{m2}=652$ Hz，会激发系统第三阶固有频率的主共振。由第三章分析可知系统固有频率第二阶和第三阶固有频率大致存在 $2\omega_2 \approx \omega_3$ 的整数倍关系，在系统发生主共振的同时也容易激发系统的 1/2 次亚谐共振。

图 5-24（a）为行星架横向振动位移频域图，可以看到图中有两个明显的振动峰值区域，分别为 $\omega_3$ 的主共振区域和 $\omega_2$ 的 1/2 次亚谐共振区域。经振型分析可知 $\omega_3$ 为中心部件平移振动模式，因此激发平移振动的调谐模式更易激发较强的系统中心部件横向振动，如图 5-24（a）所示在系统主共振点 $\omega_3$ 处，三种调谐方案的行星架振动位移幅值大小关系为 $a_{方案3} > a_{方案1} > a_{方案2}$，调谐方案 2 的共振幅值相对于方案 3 减小了 31.5%。

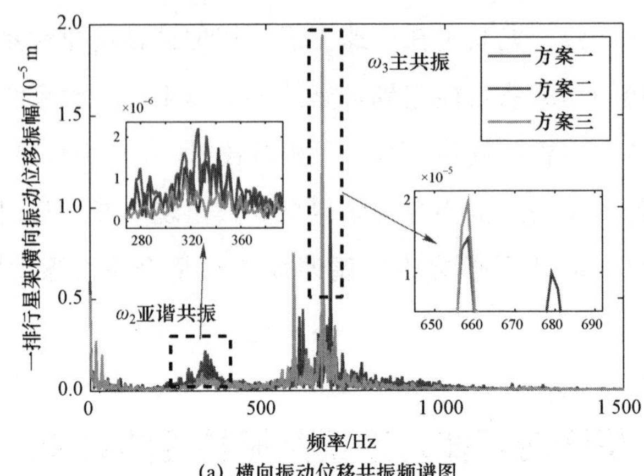


(a) 横向振动位移共振频谱图

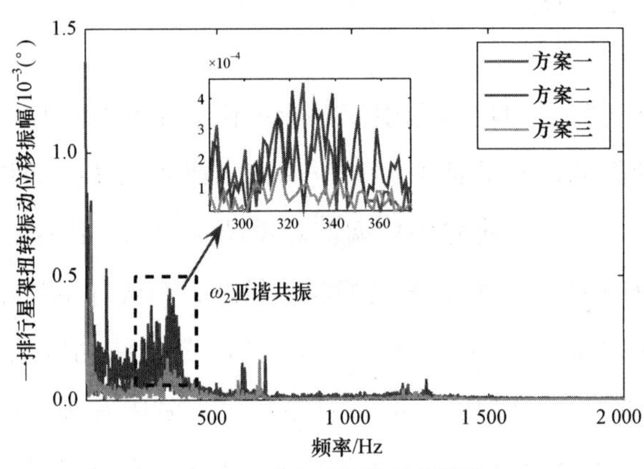


(b) 扭转振动位移共振频谱图

图 5-24 不同调谐方案下一排行星架振动位移共振频谱图

同样经振型分析可知系统第二阶固有频率 $\omega_2$ 的振型为中心部件扭转振动模式，因此激发扭转振动的调谐方案更易激发较强的中心部件扭转振动，在系统 1/2 次亚谐共振 $\omega_2$ 处，三种调谐模式的行星架扭转振动位移幅值大小关系为 $a_{方案1} > a_{方案2} > a_{方案3}$，调谐方案 3 的亚谐共振幅值相对于方案 1 减小了 53.5%，此时调谐方案 1 的振幅最大，主要是由于二级行星排的调谐方案为激发扭转振动及系统的振动耦合引起的。

图 5-24（b）为行星架扭转振动频域图，在系统 1/2 次亚谐共振 $\omega_2$ 处出现较强的振动峰值，且三种调谐模式的行星架扭转振动幅值大小关系

为 $\theta_{model\_1} > \theta_{model\_2} > \theta_{model\_3}$，调谐方案 3 的共振幅值相对于方案 1 减小了 62.47%，相对于方案 2 减小了 62.14%。系统主共振 $\omega_3$ 处的振动相对亚谐共振点处的幅值较弱，这是由于亚谐共振点处行星架的振动形式、系统模态振型、系统调谐激振模式三者均为激起扭转振动导致的。

通过以上分析可知，相位调谐参数的设计可以对系统的共振峰值起到良好的抑制作用。同时，与第三章分析的系统固有振型特征进行对比发现，行星齿轮系统的相位调谐激振方式与系统的固有振型特征具有相似的振动模式分类，因此将系统固有振动模式与相位调谐规律相结合，从调整系统激振方式入手，对系统的共振峰值进行抑制，起到减振的作用。以系统中心部件平移振动模式的共振为研究对象说明相位调谐的共振抑制机理，系统固有振型、相位调谐规律激振方式及共振抑制关系如图 5-25 所示。当相位调谐的激振方式与发生共振的固有振动模式相同时，共振将会被加强，反之则会被抑制。

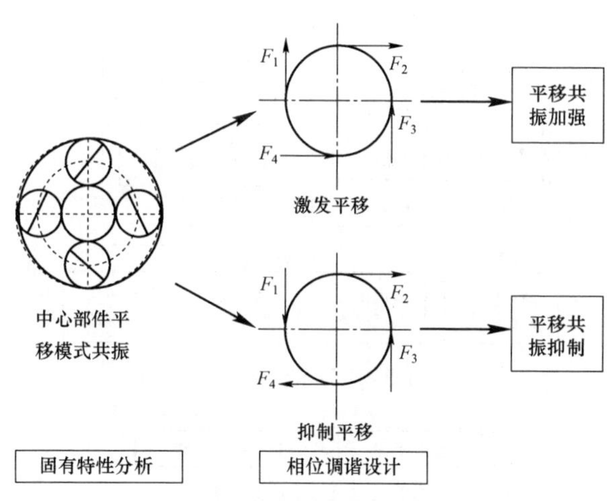


图 5-25　相位调谐受力示意图

综上所述，应用行星齿轮系统的相位调谐理论对两级行星齿轮传动系统的齿轮齿数进行合理设计，对系统振动位移的啮频幅值、振动位移均方根值、啮合力和轴系力动载系数、共振峰值都具有良好的减振作用，能够实现对系统振动性能进行优化的目的。

### 5.4.3 基于相位调谐减振设计的方法研究

相位调谐理论描述了行星齿轮系统的基本结构设计参数对系统动态振动响应的影响规律，并且前文也对该理论在两级行星齿轮传动系统中的作用进行了充分的验证，在合理设计参数的条件下减振效果显著，尤其是对啮频诱发的共振峰值的抑制作用尤为明显。因此，在工程实际的配齿设计过程中可以应用相位调谐理论进行选择和计算，从而实现设计阶段对行星齿轮传动系统动态振动性能的优化。

在相位调谐参数选择过程中，首先应该明确没有一组参数可以完全适用于任何优化需求，必须根据实际需要解决的突出问题来进行参数的设计。具体设计流程如图 5-26 所示，基本参数设计步骤描述如下：

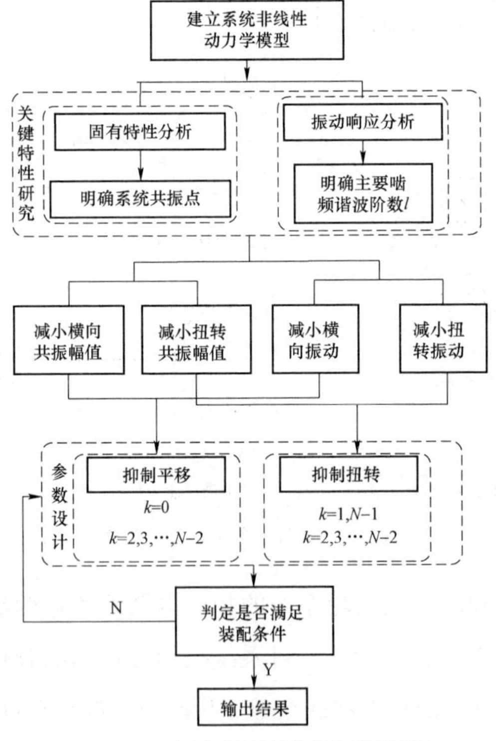


图 5-26 相位调谐参数设计流程图

① 在设计阶段初步建立行星传动系统的固有振动模型和动力学模型，对系统的固有频率、振型特征、常用转速工况内发生的共振现象进行分析；

② 明确啮合频率的两种关键谐波阶数，第一种是对系统振动响应起主要作用的啮合频率谐波阶数，第二种是激发系统恶劣共振的啮频谐波阶数。当系统共振现象不明显时，选择第一种为调谐设计目标，当共振现象恶劣且明显时，选择第二种为调谐设计目标。总之，根据需要减振的重要程度对啮频谐波阶数进行选择。

③ 根据需要抑制的振动模式（横向振动模式、扭转振动模式），应用相位调谐规律（表 5-1）对太阳轮齿数、行星轮齿数、齿圈齿数进行配齿设计或修改，达到优化系统振动响应或抑制共振的目的。

④ 检查配齿满足齿轮啮合的装配条件。

⑤ 针对多级行星齿轮系统，在振动响应主啮频激励谐波阶数 $l$ 明确的前提下，以前面三步为主对各级行星排进行相位调谐设计，需要充分考虑各级行星排之间相位调谐的耦合关系，均衡各级的调谐影响。

## 5.5　本章小结

本章主要研究参数对系统固有频率、振动能量分布状态、振动响应的影响规律，以及相位调谐理论在两级行星齿轮系统中的减振作用，为系统减振优化设计提供理论依据。具体研究内容和结论如下：

① 研究了参数变化对系统固有频率、振动能量分布状态和灵敏度的影响规律。参数的改变会导致系统振动能量在同一阶模态各部件之间传递，模态跃迁是系统振动能量分布状态重新分配过程。固有频率对参数的灵敏度会随着参数的取值发生动态变化，在依靠参数灵敏度进行工程设计的过程中，不仅要避免在跃迁点附近取值，还需要合理选择参数的

高灵敏度取值区间。

② 研究了参数对系统强迫振动响应的影响。各部件质量、支撑刚度只对部件自身及与之相连接的部件横向振动、轴系弯曲力产生较大影响。质量增加会导致部件横向振动加剧，支撑刚度增加会减小部件的横向振动。通过灵敏度分析可知，支撑刚度对各部件的横向振动影响较大，质量参数对各部件的扭转振动影响较大，啮合力动载系数具有较强的参数耦合性，质量和支撑刚度参数都对其具有较大的影响。

③ 研究了相位调谐规律对系统振动特性的影响，并提出了基于相位调谐理论的减振优化方案及参数选择方法。针对影响较大的啮合频率谐波阶次进行相位调谐设计能够起到良好的减振效果，且在高速阶段尤为明显。相位调谐规律对系统扭转振动响应及轴系扭矩动载荷的影响较大，能起到显著的调节作用，而对横向振动和轴系弯曲力作用相对较弱。提出的基于相位调谐理论的多级行星齿轮减振设计方法能够从系统结构参数设计的角度为行星传动系统的减振降噪设计提供理论指导。

# 第 6 章　两级行星齿轮传动系统振动特性多目标优化设计

## 6.1 引　言

在高速、重载条件下，行星齿轮传动系统振动现象复杂，极易造成疲劳破坏，本章在前文对系统固有振动特性、强迫振动特性、共振特性及参数影响关系进行了详细分析的基础上，对系统的振动性能进行优化。以系统固有频率、部件振动位移均方根值、动载系数和系统低阶共振峰值为目标，以系统振动参数和齿轮设计参数为优化变量，以轴系强度和齿轮啮合条件等为约束条件，建立两级行星齿轮传动系统的振动性能优化模型，并开展优化设计，为两级行星齿轮传动系统振动性能的改进及方案设计提供理论参考。

## 6.2 两级行星齿轮传动系统动态性能优化设计模型

根据前面章节的分析可知，两级行星齿轮传动系统共振现象复杂且不可避免，在常用工况范围内系统的低阶固有频率易被激发共振，甚至引发强烈的多重共振，这会导致系统稳定性下降，甚至造成零部件的疲劳破坏，降低使用寿命。因此，本文以减小系统在各运行工况下的振动响应、减小共振幅值、降低系统动态载荷为优化目标，以质量、轴承和轴系刚度、轴系设计参数为变量，建立系统多目标振动优化模型。

## 6.2.1 优化设计变量

结合两级行星齿轮传动系统的固有振动特性以及参数灵敏度分析结果，系统前 7 阶固有频率发生共振的概率和强度都较大，选择对前 7 阶固有频率影响较大的部件质量、轴承支撑刚度及轴系刚度作为优化设计变量。将一排行星架质量 $m_{c1}$、二排行星架质量 $m_{c2}$、二排行星架支撑刚度 $k_{c2}$、二排齿圈与行星轮之间的啮合刚度 $k_{r2p}$、一排太阳轮与二排太阳轮连接轴的扭转刚度 $k_{s1s2}$ 作为设计变量。因此，系统固有特性优化设计变量有 5 个。

$$\boldsymbol{X}_1=[m_{c1},m_{c2},k_{c2},k_{r2p},k_{s1s2}] \tag{6-1}$$

结合两级行星齿轮传动系统的强迫振动特性以及参数灵敏度分析结果，选择对部件振动均方根值和系统动载系数影响较大的部件质量、轴承支撑刚度及轴系刚度作为优化设计变量。选择联轴器刚度 $k_{lzq}$、一排行星架质量 $m_{c1}$、一排齿圈质量 $m_{r1}$、二排行星架质量 $m_{c2}$、二排齿圈质量 $m_{r2}$、一排太阳轮支撑刚度 $k_{s1}$、一排行星轮支撑刚度 $k_{p1}$、一排齿圈支撑刚度 $k_{r1}$、二排行星架支撑刚度 $k_{c2}$、一排太阳轮与二排太阳轮连接轴扭转刚度 $k_{s1s2}$ 作为优化设计变量。因此，系统强迫振动特性优化设计变量有 10 个。

$$\boldsymbol{X}_2=[k_{lzq},m_{c1},m_{r1},m_{r2},m_{c2},k_{s1},k_{p1},k_{r1},k_{c2},k_{s1s2}] \tag{6-2}$$

结合两级行星齿轮传动系统的相位调谐特性分析结果，在系统固有特性与强迫振动响应优化的基础上，将两级行星齿轮传动系统的齿轮齿

数作为优化设计变量。因此，系统相位调谐优化设计变量有 6 个。

$$\boldsymbol{X}_3 = [z_{s1}, z_{p1}, z_{r1}, z_{s2}, z_{p2}, z_{r2}] \tag{6-3}$$

考虑到固有特性优化与振动特性优化之间参数的耦合效应，将优化变量 $\boldsymbol{X}_1$ 和 $\boldsymbol{X}_2$ 综合考虑，并加入齿轮齿数变量，则优化模型一共包含 17 个优化设计变量。

$$\boldsymbol{X} = [k_{lzq}, m_{c1}, m_{r1}, m_{r2}, m_{c2}, k_{s1}, k_{p1}, k_{r1}, k_{c2}, k_{r2p}, k_{s1s2}, z_{s1}, z_{p1}, z_{r1}, z_{s2}, z_{p2}, z_{r2}] \tag{6-4}$$

## 6.2.2　目标函数

两级行星齿轮传动系统的振动性能优化步骤为：首先，以优化系统强迫振动特性为目标的联轴器刚度优化阶段；其次，在联轴器刚度优化的基础上，以优化系统固有频率和强迫振动特性为目标进行的系统振动参数优化阶段；最后，在前两步实现系统振动响应减振的基础上，采用相位调谐方法对系统齿轮齿数进行优化设计，以达到进一步改善系统振动性能的作用。系统振动性能的优劣采用部件综合振动均方根值、综合动载系数（包括内外啮合动载系数、轴系力动载系数）和共振峰值进行考评，并将其作为各阶段优化设计的子目标。

首先，从系统固有特性出发，将容易被激发共振且强度较大的前 7 阶固有频率之和作为优化目标 $f_1(\boldsymbol{X})$，

$$f_1(\boldsymbol{X}) = \sum_{i=1}^{7} \omega_i \tag{6-5}$$

式中，$\omega_i$ 为系统第 $i$ 阶固有频率。

而后，从系统振动响应出发，分别将不同工况下各部件扭转振动位移均方根值的均值、横向振动位移均方根值的均值和动载系数均值作为

优化目标，考虑车辆实际运行工况时间分布比例进行线性加权，组成优化目标 $f_2(\boldsymbol{X})$、$f_3(\boldsymbol{X})$ 和 $f_4(\boldsymbol{X})$。

$$f_2(\boldsymbol{X}) = \frac{1}{n}\sum_{j=1}^{n} w_j T_{\mathrm{RMS}}^{(j)} \tag{6-6}$$

$$f_3(\boldsymbol{X}) = \frac{1}{n}\sum_{j=1}^{n} w_j X_{\mathrm{RMS}}^{(j)} \tag{6-7}$$

$$\begin{aligned} f_4(\boldsymbol{X}) = \frac{1}{n}\sum_{j=1}^{n} w_j (&DLF_{\mathrm{s1p}}^{(j)} + DLF_{\mathrm{r1p}}^{(j)} + DLF_{\mathrm{s2p}}^{(j)} + DLF_{\mathrm{r2p}}^{(j)} + DLF_{\mathrm{bs1s2}}^{(j)} \\ &+DLF_{\mathrm{ts1s2}}^{(j)} + DLF_{\mathrm{bc1r2}}^{(j)} + DLF_{\mathrm{tc1r2}}^{(j)}) \end{aligned} \tag{6-8}$$

式中，$w_j$ 为对应工况加权系数；$\boldsymbol{X}_{\mathrm{RMS}}^{(j)}$ 为系统第 $j$ 个工况的横向振动位移均方根值；$T_{\mathrm{RMS}}^{(j)}$ 为系统第 $j$ 个工况的扭转振动位移均方根值。$DLF_{\mathrm{s1p}}^{(j)}$、$DLF_{\mathrm{r1p}}^{(j)}$、$DLF_{\mathrm{s2p}}^{(j)}$、$DLF_{\mathrm{r2p}}^{(j)}$ 分别为系统第 $j$ 个工况的一、二排啮合力动载系数；$DLF_{\mathrm{bs1s2}}^{(j)}$、$DLF_{\mathrm{ts1s2}}^{(j)}$ 为系统第 $j$ 个工况太阳轮连接轴的弯曲和扭转动载系数；$DLF_{\mathrm{bc1r2}}^{(j)}$、$DLF_{\mathrm{tc1r2}}^{(j)}$ 为系统第 $j$ 个工况一排行星架与二排齿圈连接轴的弯曲力和扭转力动载系数。

在系统振动参数优化的基础上开展相位调谐优化，从系统结构设计的维度出发，将各部件共振幅值作为主要优化子目标，振动均方根值和动载系数作为次要评价目标，考虑需要优化项目的重要程度进行线性加权，组成优化目标 $f_5(\boldsymbol{X})$

$$f_5(\boldsymbol{X}) = \sum_{i=1}^{7} w_i A_i \tag{6-9}$$

式中，$A_i$ 为第 $i$ 阶固有频率对应的主共振幅值；$w_i$ 为权值系数。

因此，构成了两级行星齿轮传动系统包含 5 个目标函数的多目标优化问题。

$$f(\boldsymbol{X}) = [f_1(\boldsymbol{X}), f_2(\boldsymbol{X}), f_3(\boldsymbol{X}), f_4(\boldsymbol{X}), f_5(\boldsymbol{X})] \tag{6-10}$$

## 6.2.3　约束条件

系统优化变量的边界约束条件为：

$$\boldsymbol{X}_{\mathrm{L}} \leqslant \boldsymbol{X} \leqslant \boldsymbol{X}_{\mathrm{U}} \tag{6-11}$$

式中，$\boldsymbol{X}_{\mathrm{L}}$ 为设计变量下限列向量，$\boldsymbol{X}_{\mathrm{U}}$ 为设计变量上限列向量。

齿轮弯曲和接触疲劳强度约束条件为

$$\sigma_{\mathrm{F}} \leqslant [0.7\sigma_{\mathrm{FE}}] \tag{6-12}$$

$$\sigma_{\mathrm{H}} \leqslant [\sigma_{\mathrm{HP}}] \tag{6-13}$$

式中，$[\sigma_{\mathrm{FE}}]$、$[\sigma_{\mathrm{HP}}]$ 分别为材料弯曲疲劳强度基本值和齿轮副的疲劳强度许用值；$\sigma_{\mathrm{F}}$ 和 $\sigma_{\mathrm{H}}$ 分别为齿轮的齿根弯曲强度和接触计算应力。

为了避免轴承失效，需考虑轴承在不同工况下的当量动载荷约束，如下

$$F_{\varepsilon} \leqslant [F] \tag{6-14}$$

式中，$[F]$ 为轴承动载荷的许用值；$F_{\varepsilon}$ 为轴承各工况下的当量动载荷

$$F_{\mathrm{eq}} = \sqrt[\varepsilon]{\left(\frac{\sum_{j=1}^{m} n_j w_j F_j^{\varepsilon}}{\sum_{j=1}^{m} n_j w_j}\right)} \tag{6-15}$$

式中，$\varepsilon$ 为轴承寿命系数；$n_j$ 为转速；$F_j$ 为最大动载荷。

在进行齿数设计时还需要考虑系统传动比和装配要求，因此有如下约束条件：

传动比约束

$$\frac{\left|i-[i]\right|}{[i]} \leqslant 0.02 \tag{6-16}$$

同心安装条件：

$$z_{\mathrm{p}} = \frac{z_{\mathrm{r}} - z_{\mathrm{s}}}{2} \tag{6-17}$$

装配条件：

$$E = \frac{z_{\mathrm{r}} + z_{\mathrm{s}}}{N} \tag{6-18}$$

邻接条件：

$$(z_{\mathrm{p}} + z_{\mathrm{s}})\sin\left(\frac{\pi}{N}\right) > z_{\mathrm{p}} + 2h_{\mathrm{a}}^{*} \tag{6-19}$$

式（6-16）～式（6-19）中，$i$ 为实际传动比；$[i]$ 为理论设计传动比；$z_h\,(h = \mathrm{s,r,p})$为对应部件的齿数；$E$ 为整数；$N$ 为行星轮个数；$h_{\mathrm{a}}^{*}$ 为齿顶高系数。

### 6.2.4　两级行星齿轮传动系统多目标综合优化设计平台

系统优化模型如图 6-1 所示，该系统优化模型的实际工程意义为：从减小系统输入转矩波动和改善系统振动性能两方面入手，在考虑系统设计参数、固有频率、振动位移和动载荷系数之间的强耦合关系前提下，实现最大程度地减小系统在各转速工况条件下的振动响应和低阶共振强度。

在计算复杂度方面，优化模型融合了系统模态、多自由度非线性振动响应分析、设计参数三个方面的内容，共计包含 17 个设计变量和 5 个分层优化目标。在系统耦合度方面，系统优化模型存在多个设计维度之间的变量耦合，例如模态优化与振动响应优化的耦合设计变量 $m_{\mathrm{c1}}, m_{\mathrm{c2}}, k_{\mathrm{s1s2}}, k_{\mathrm{c2}}$。在时间尺度方面，模态分析维度只进行直接计算不考虑时间尺度，强迫振动分析和齿数设计两个维度包含振动响应的计算，时间尺度都是$1\times10^{-5}$ s。在设计变量和目标结果取值时，为了防止数量级差异带来的优化误差，将目标结果进行了无量纲处理。

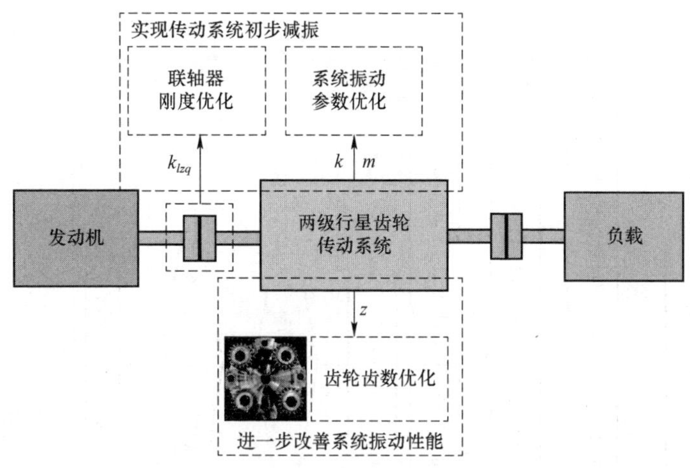


图 6-1　系统优化模型

如图 6-2 所示，整个优化过程主要分为两个阶段：第一阶段是以优化系统固有频率分布、动载荷系数和振动位移均方根为目标的振动参数优化阶段，第二阶段是基于相位调谐理论的齿轮齿数优化阶段。具体的优化迭代计算过程如图 6-3 所示，在第一阶段中又分为两个子过程，分别为系统固有频率优化和强迫振动特性优化，采用直接计算法求解系统模态

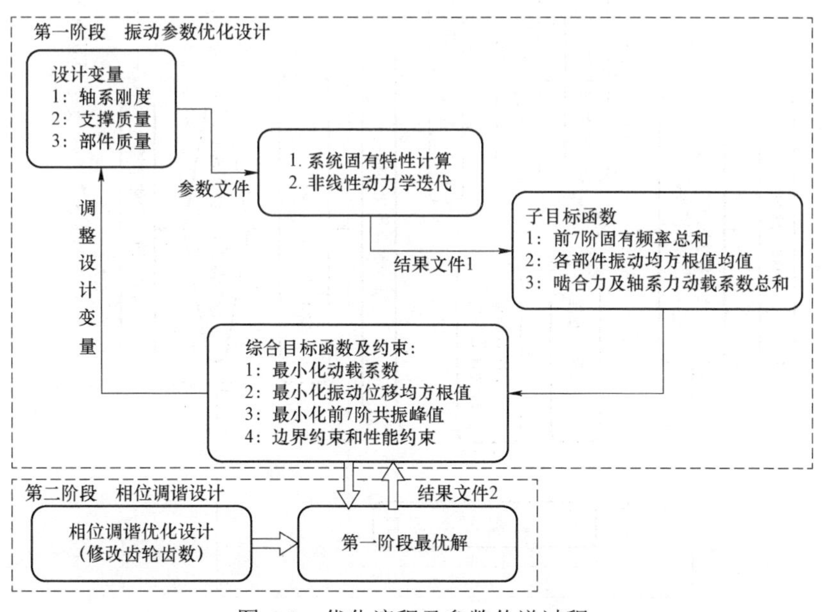


图 6-2　优化流程及参数传递过程

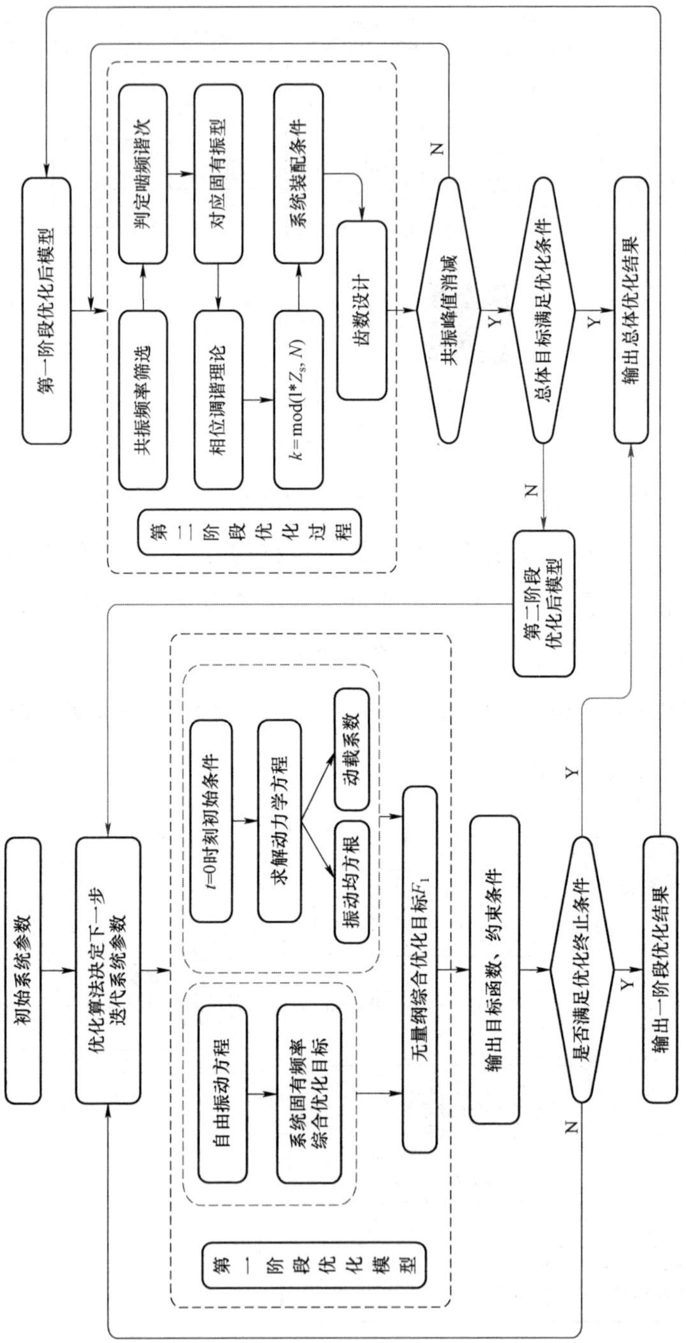

图 6-3　两级行星齿轮传动系统振动性能优化迭代计算过程

方程，采用 4 阶龙格-库塔迭代计算法求解横-扭耦合非线性振动方程，得到系统第一阶段最优结果。在第一阶段优化的基础上以相位调谐法为主对系统的齿轮齿数进行二次优化设计，若经过第二阶段优化后在抑制系统共振的同时还可以进一步改良系统振动特性，则结束优化输出优化结果；若在抑制共振的同时导致系统其他性能恶化，那么便以第一阶段的优化结果和第二阶段的设计优化参数为初始优化模型，继续进行第一阶段的振动性能优化，最终实现系统振动性能的改善。

两级行星齿轮传动系统的优化模型中目标函数有 5 个，它构成了复杂的多目标优化问题。遗传算法是发展最为成熟，在复杂的多目标非线性系统优化中应用最为广泛的优化算法，它模拟“优胜劣汰”的筛选法则，利用种群进行随机搜索，具有自适应能力，每一代种群计算时都会保留上一代的优秀基因，确保整个搜索过程都是向着最优的方向发展。由于遗传算法不是针对单一个体进行操作，而是以种群搜索为基础，因此它更适合于多目标优化。本文采用遗传算法对两级行星齿轮传动系统振动性能优化模型进行求解，遗传算法交叉率为 0.9，变异率为 0.01，种群数量为 300，繁殖代数为 30。

## 6.3　优化结果分析

### 6.3.1　联轴器刚度优化设计

车辆传动系统中在位于发动机输出端的飞轮上安装弹性联轴器，可以起到减振的作用。因此，以系统振动响应均方根值、动载系数和低阶固有频率对应的主共振幅值为目标，对联轴器刚度值进行匹配优化设计实现系统的初步减振。

联轴器刚度值从$3.13\times10^5$ N • m/ rad优化为$1.79\times10^5$ N • m/ rad后，齿轮系统的振动响应均方根值、动载系数和主共振幅值都得到了一定程度的优化，具体结果见表 6-1。从结果可以看出，优化联轴器刚度对系统的动态冲击载荷作用较为明显，系统动载系数降低了 33.3%；齿轮系统的横向振动和扭转振动位移均方根值分别减小了 11.85%和 5.89%；系统低阶固有频率对应的主共振幅值减小了 6.28%。

**表 6-1　联轴器刚度优化结果**

| 目标函数 | 初始 | 动态最优 | 优化比例 |
|---|---|---|---|
| $f_2$ | 54.3 | 51.1 | 5.89% |
| $f_3$ | 5.23 | 4.61 | 11.85% |
| $f_4$ | 9.75 | 6.5 | 33.3% |
| $f_5$ | 0.325 0 | 0.304 6 | 6.28% |

## 6.3.2　两级行星齿轮传动系统振动参数优化设计

### 6.3.2.1　振动参数优化对系统振动响应的减振作用

在联轴器刚度值优化的基础上，对两级行星齿轮系统的振动参数进行了优化设计。从图 6-4 中可以看出，遗传算法具有较强的全局搜索能力，优化结果使得所有目标基本达到最优。优化前后设计变量的取值见表 6-2，各部件质量、轴承支撑刚度和轴系扭转刚度较初值均有所改变。优化前后结果对比见表 6-3，固有频率的增加比例为 15.6%，系统横向振动位移和扭转振动位移均方根减小比例分别为 19.9%和 3.14%，系统综合动载系数减小了 7.15%，前 7 阶固有频率对应的主共振幅值平均降低了 5.66%。

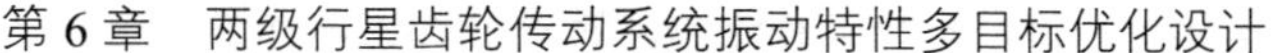

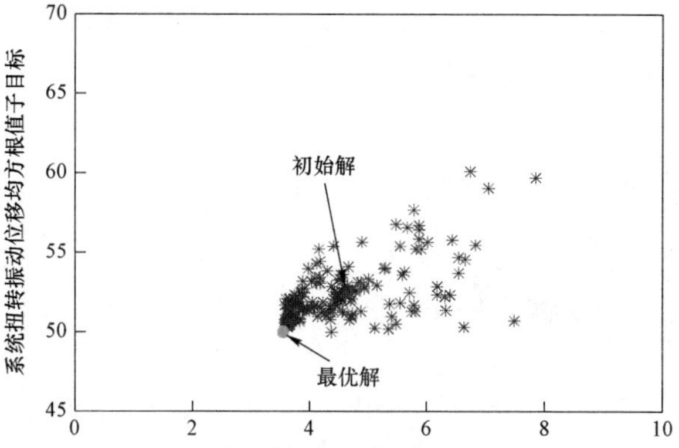

(a) 系统扭转振动和横向振动解集

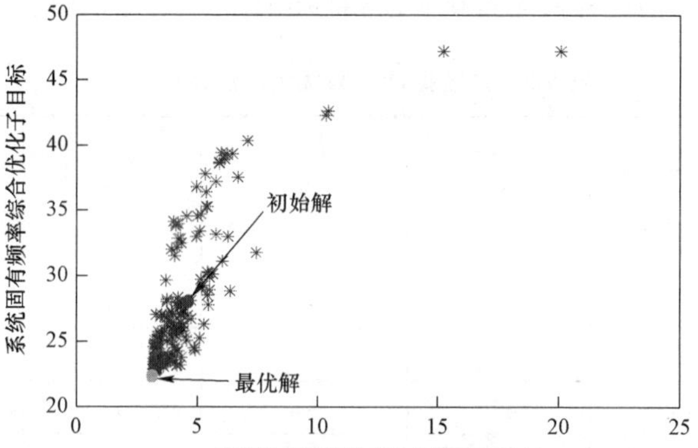

(b) 系统固有频率和横向振动解集

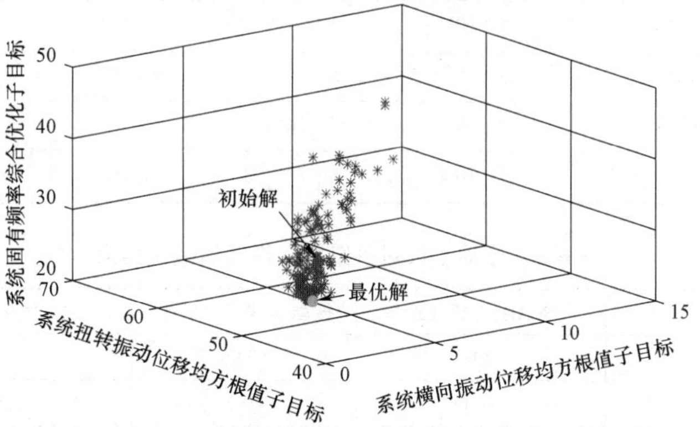

(c) 优化目标寻优轨迹

图 6-4　系统振动参数优化前后各目标函数在解空间中的位置

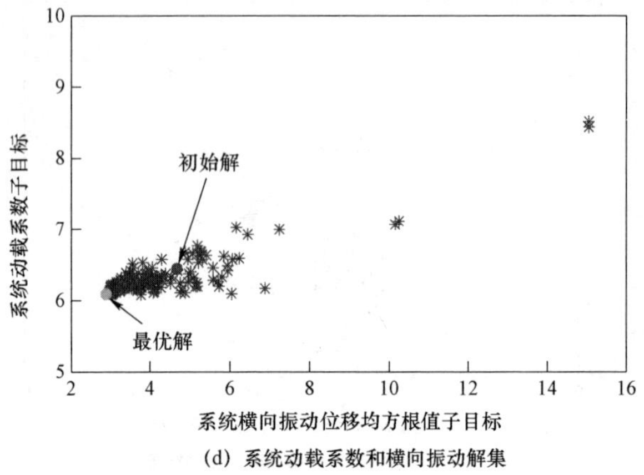


(d) 系统动载系数和横向振动解集

图 6-4 系统振动参数优化前后各目标函数在解空间中的位置（续）

**表 6-2 系统振动参数优化前后设计变量**

| 设计变量 | 下限 | 初始 | 上限 | 最优 |
| --- | --- | --- | --- | --- |
| $m_{c2}$ /kg | 20 | 26 | 32 | 21.4 |
| $m_{r1}$ /kg | 9 | 11 | 13 | 9.95 |
| $m_{s1}$ /kg | 3 | 4.1 | 6 | 5.79 |
| $m_{c1}$ /kg | 25 | 28 | 31 | 25.72 |
| $m_{r2}$ /kg | 9 | 11 | 13 | 9.3 |
| $k_{c2}$ /(N/m) | $2.5\times10^{7}$ | $5\times10^{8}$ | $9\times10^{8}$ | $8.7\times10^{8}$ |
| $k_{s1s2}$ /(N•m/rad) | $2\times10^{5}$ | $7.5\times10^{5}$ | $1.5\times10^{6}$ | $6.6\times10^{5}$ |
| $k_{r2p}$ /(N/m) | $2.5\times10^{8}$ | $6.84\times10^{8}$ | $1\times10^{9}$ | $6.5\times10^{8}$ |
| $k_{r1}$ /(N/m) | $2.5\times10^{7}$ | $5\times10^{8}$ | $9\times10^{8}$ | $7.4\times10^{8}$ |
| $k_{s1}$ /(N/m) | $2.5\times10^{7}$ | $5\times10^{8}$ | $9\times10^{8}$ | $7.2\times10^{8}$ |
| $k_{p1}$ /(N/m) | $2.5\times10^{7}$ | $5\times10^{8}$ | $9\times10^{8}$ | $8.4\times10^{8}$ |

**表 6-3 振动参数对系统振动性能的优化结果**

| 目标函数 | 联轴器刚度优化结果 | 振动参数优化结果 | 优化比例 |
| --- | --- | --- | --- |
| $f_1$ | 44.06 | 50.96 | 15.6% |
| $f_2$ | 51.1 | 49.5 | 3.14% |
| $f_3$ | 4.61 | 3.69 | 19.9% |
| $f_4$ | 6.5 | 6.035 | 7.15% |
| $f_5$ | 0.304 6 | 0.287 4 | 5.66% |

在不同转速工况下系统各部件的振动位移均方根值子目标优化前后的对比如图 6-5 所示，图 6-5（a）和图 6-5（b）分别展示了系统横向振动和扭转振动的对比结果。可以看出，与优化前相比，优化后系统各转速工况下横向振动位移和扭转振动位移均方根值子目标均减小。图 6-6 为不同转速工况下各部件的振动位移均方根值在优化前后的对比，可以看到各部件的横向振动位移全部减小，一、二排太阳轮和行星轮以及一排齿圈的扭转振动位移被减弱，一、二排行星架和二排齿圈的扭转振动位移略有增加，但是不影响系统整体的减振优化趋势。

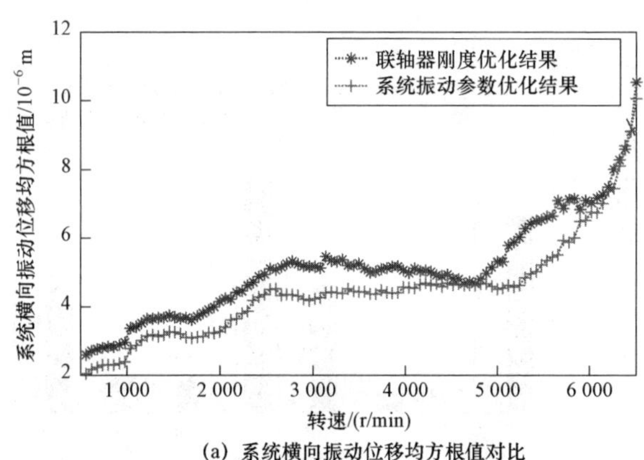

(a) 系统横向振动位移均方根值对比

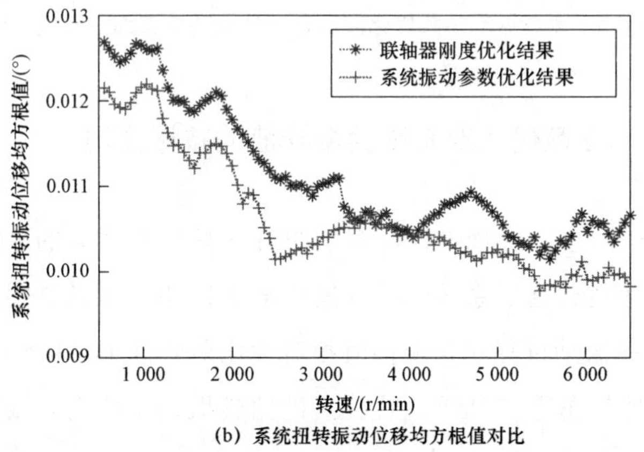

(b) 系统扭转振动位移均方根值对比

图 6-5　振动参数优化前后系统振动位移均方根值子目标对比

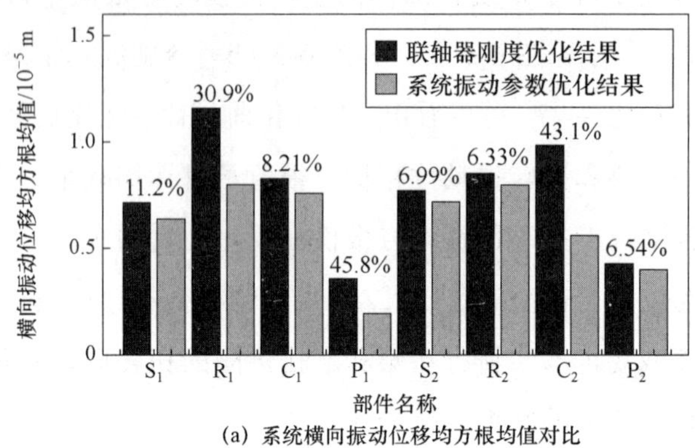


(a) 系统横向振动位移均方根均值对比

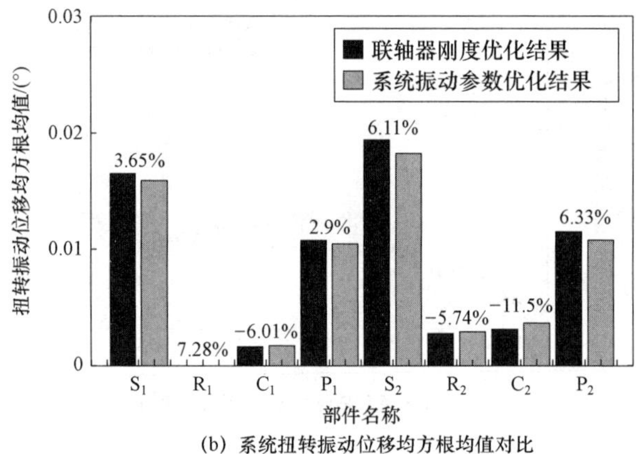


(b) 系统扭转振动位移均方根均值对比

图 6-6 系统振动参数优化前后各部件振动位移均方根值对比

#### 6.3.2.2 振动参数优化对系统共振峰值的减振作用

通过第一阶段的优化设计，系统的前 7 阶固有频率的主共振幅值减小。图 6-7 为优化前后系统一排行星架第 2 阶主共振频谱图，可以看出优化后的横向振动位移主共振幅值相对优化前降低了 11.9%，超谐共振区域峰值最小降低了 7.98%；优化后的扭转振动位移主共振幅值相对优化前降低了 3.82%。

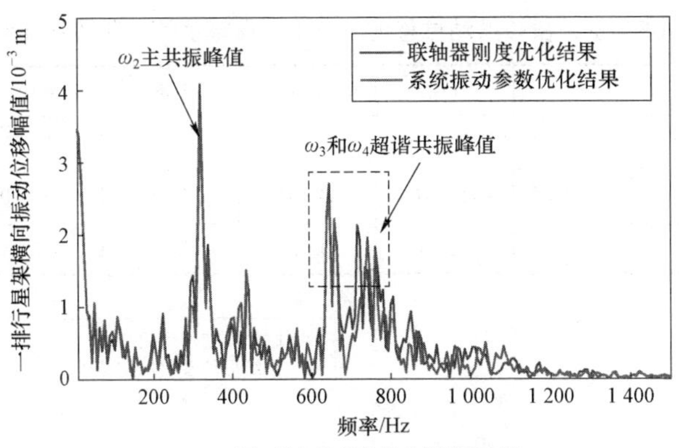


(a) 横向振动位移共振峰值对比

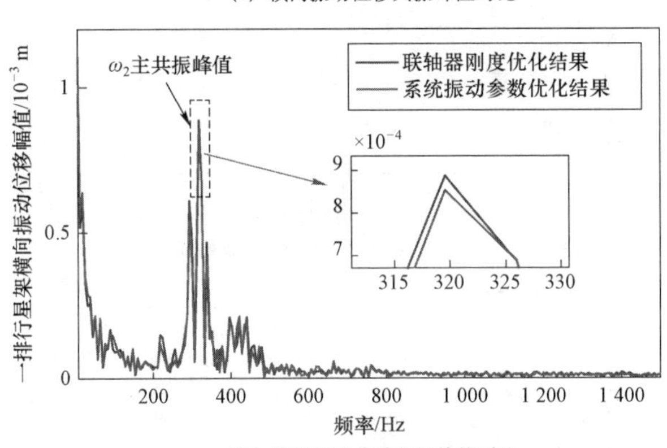


(b) 扭转振动位移共振峰值对比

图 6-7　系统振动参数优化前后一排行星架第 2 阶主共振幅值对比

系统各部件横向和扭转振动位移各阶主共振幅值的平均优化效果分别见表 6-4 和表 6-5，其变化趋势如图 6-8 所示。可以看到，经过第一阶段优化后系统各阶横向和扭转振动位移的主共振幅值均值都降低，其中第 6 阶和第 7 阶横向振动位移主共振幅值最大减小 53%，扭转振动位移主共振幅值最大减小 34.21%。

**表 6-4　系统横向振动位移前 7 阶主共振幅值第一阶段优化结果**

| 固有频率阶次 | 2 阶 | 3 阶 | 4 阶 | 5 阶 | 6 阶 | 7 阶 |
|---|---|---|---|---|---|---|
| 优化前峰值/m | $3.24\times10^{-6}$ | $7.57\times10^{-6}$ | $7.57\times10^{-6}$ | $9.39\times10^{-6}$ | $1.10\times10^{-5}$ | $1.10\times10^{-5}$ |
| 优化后峰值/m | $2.91\times10^{-6}$ | $7.48\times10^{-6}$ | $7.51\times10^{-6}$ | $7.51\times10^{-6}$ | $5.17\times10^{-6}$ | $5.17\times10^{-6}$ |
| 优化比例 | 10.18% | 1.19% | 0.79% | 19.76% | 53.0% | 53.0% |

**表 6-5　系统扭转振动位移前 7 阶主共振幅值第一阶段优化结果**

| 固有频率阶次 | 2 阶 | 3 阶 | 4 阶 | 5 阶 | 6 阶 | 7 阶 |
|---|---|---|---|---|---|---|
| 优化前峰值/(°) | $8.80\times10^{-4}$ | $1.50\times10^{-4}$ | $1.50\times10^{-4}$ | $1.05\times10^{-4}$ | $6.84\times10^{-5}$ | $6.84\times10^{-5}$ |
| 优化后峰值/(°) | $8.71\times10^{-4}$ | $1.48\times10^{-4}$ | $1.04\times10^{-4}$ | $1.04\times10^{-4}$ | $4.50\times10^{-5}$ | $4.50\times10^{-5}$ |
| 优化比例 | 1.13% | 1.33% | 30.60% | 0.95% | 34.21% | 34.21% |

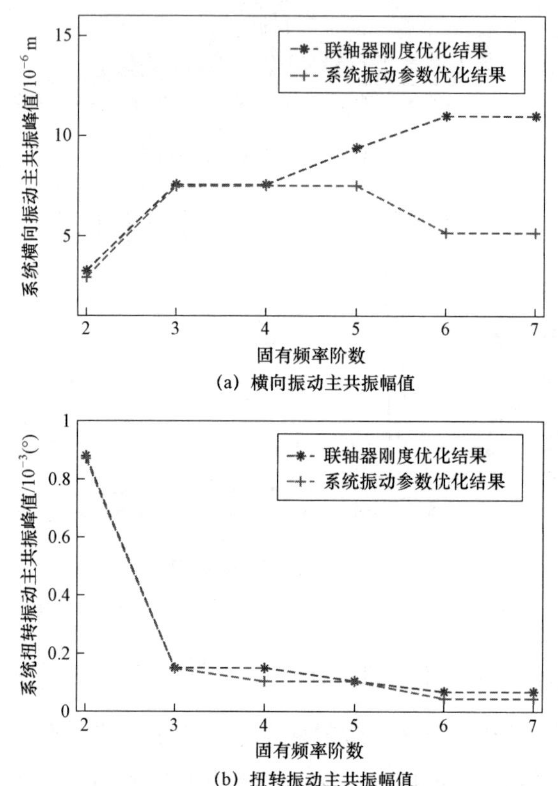


图 6-8　系统振动参数优化前 7 阶固有频率主共振幅值均值对比

综上所述，两级行星齿轮传动系统的振动性能在通过联轴器刚度以及关键部件质量和刚度的优化后得到了明显提高。相对于优化前，系统的横向振动和扭转振动位移均方根值分别减小了 29.45%和 8.84%，系统啮合力动载系数平均下降了 40.6%，轴系力动载系数平均下降了 56.8%；系统前 7 阶固有频率对应的主共振峰值整体下降了 11.57%。同时，在优化过程中分析了系统振动速度均方根值的变化情况，经优化后系统横向振动

速度和扭转振动速度的均方根值分别平均降低了 20.32%和 9.26%。

### 6.3.3　两级行星齿轮传动系统相位调谐优化设计

经过第一阶段对两级行星齿轮系统的振动参数进行优化，已经对系统的振动性能起到了良好的改善作用。同时，在第五章的分析中发现对行星齿轮传动系统的齿轮齿数进行相位调谐设计也可以起到相应的减振优化作用。因此，本节在第一阶段振动参数优化的基础上，通过采用相位调谐理论对系统的齿数进行设计，达到进一步改善系统振动性能的目的。

第二阶段的优化为相位调谐设计，根据之前的分析可知，本系统的主要激励为一、二级行星排啮合频率的一阶谐波分量，因此将系统啮合频率的一阶谐波幅值作为优化目标，根据相位调谐理论对其进行减振优化设计，得到最优的相位调谐参数见表 6-6。优化前后的系统啮合力一阶谐波的相位调谐关系见表 6-7。

**表 6-6　相位调谐优化前后系统结构参数对比**

| | $Z_{s1}$ | $Z_{r1}$ | $Z_{p1}$ | $Z_{s2}$ | $Z_{r2}$ | $Z_{p2}$ | $i$ | $\Delta i$ |
|---|---|---|---|---|---|---|---|---|
| 优化前 | 27 | 77 | 25 | 36 | 76 | 20 | 2.009 7 | 0.91% |
| 优化后 | 26 | 74 | 24 | 34 | 74 | 20 | 2.028 | |

**表 6-7　相位调谐优化前后调谐模式对比**

| | 一排 | 二排 |
|---|---|---|
| 优化前 | 激发平移，抑制扭转 | 抑制平移，激发扭转 |
| 优化后 | 抑制平移，抑制扭转 | 抑制平移，抑制扭转 |

#### 6.3.3.1　相位调谐方法对系统振动响应的优化

通过表 6-8 对比一、二阶段的优化结果可以看出，由于齿轮参数的修改造成系统固有频率的改变，相对优化了 3.85%。对系统进行相位调谐设计优化之后，系统的横向振动位移均方根值减小了 6.09%，扭转振动位移均方根值减小了 4.02%，如图 6-9 所示。

**表 6-8　相位调谐优化前后结果对比**

| 目标函数 | 振动参数优化结果 | 相位调谐优化结果 | 优化比例 |
|---|---|---|---|
| $f_1$ | 56.02 | 58.18 | 3.85% |
| $f_2$ | 49.5 | 47.51 | 4.02% |
| $f_3$ | 3.69 | 3.465 | 6.09% |
| $f_4$ | 6.035 | 4.31 | 28.7% |
| $f_5$ | 0.287 4 | 0.262 1 | 8.81% |

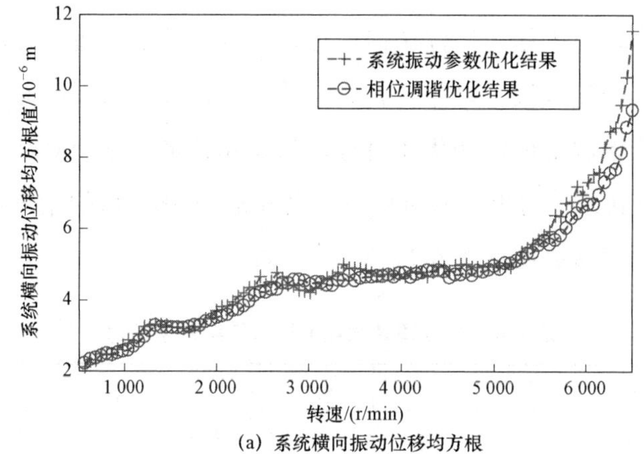

(a) 系统横向振动位移均方根

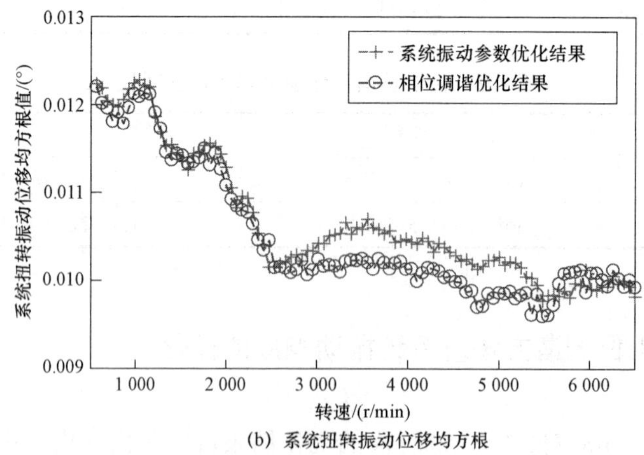

(b) 系统扭转振动位移均方根

图 6-9　相位调谐优化前后不同部件扭转振动对比

在系统振动参数优化的基础上，相位调谐优化设计使得系统的动态载荷系数下降。图 6-10（a）和图 6-10（b）为系统在不同转速工况下的啮合力和轴系力动载系数变化曲线，可以看出经过相位调谐优化后系统啮合力和轴系力动载系数分别平均减小了 12.21%和 36.12%。同时对系统各工况下的振动速度均方根值进行对比，如图 6-10（c）和图 6-10（d）所示为系统在不同转速工况下的横向振动速度和扭转振动速度均方根值变化曲线，可以看出经过相位调谐优化后系统横向振动速度和扭转振动速度均方根值分别平均减小了 4.29%和 22.84%。

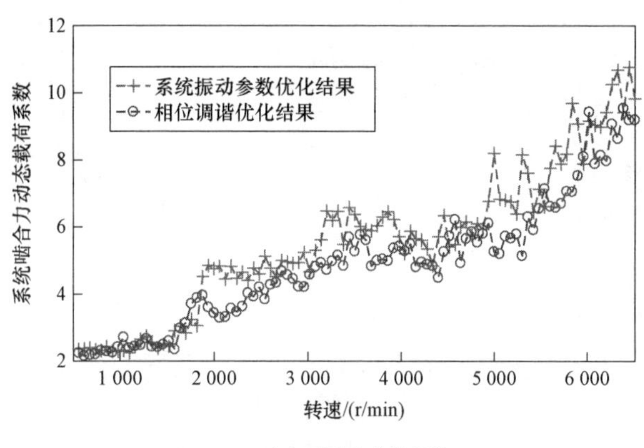


(a) 啮合力动载系数

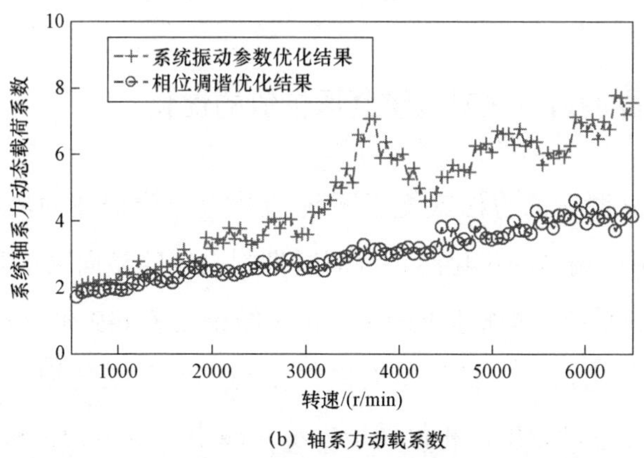


(b) 轴系力动载系数

图 6-10　相位调谐优化前后系统动载系数对比

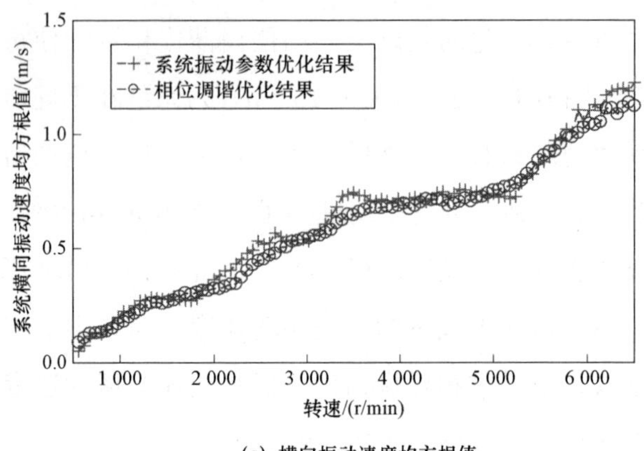

(c) 横向振动速度均方根值

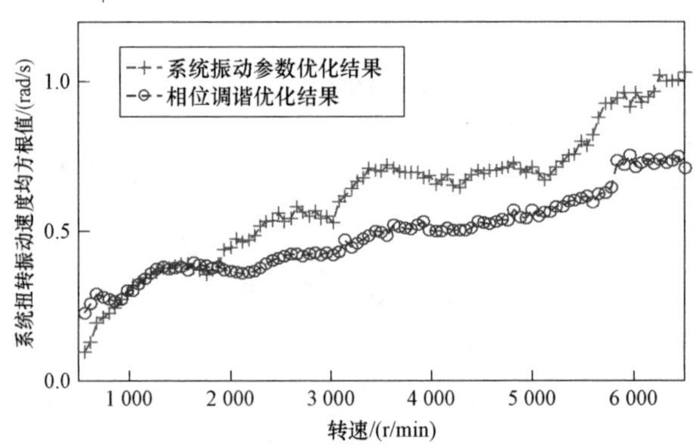

(d) 扭转振动速度均方根值

图 6-10 相位调谐优化前后系统动载系数对比（续）

#### 6.3.3.2 相位调谐方法对系统共振幅值的优化

通过相位调谐的方法改变了系统啮合力一阶谐波的激振模式，由表 6-7 可知相位调谐的优化结果为同时抑制系统的横向振动和扭转振动，从而起到降低系统共振幅值的作用，优化结果见表 6-9 和表 6-10。图 6-11 为相位调谐优化前后一排行星架横向振动位移和扭转振动位移的频谱图，经过对比可以看出，相位调谐方法对减小系统振动位移的共振幅值具有显著作用。

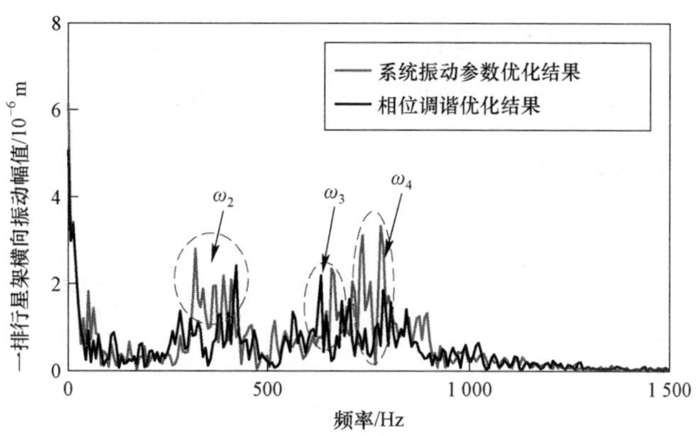


(a) 横向振动位移频谱图

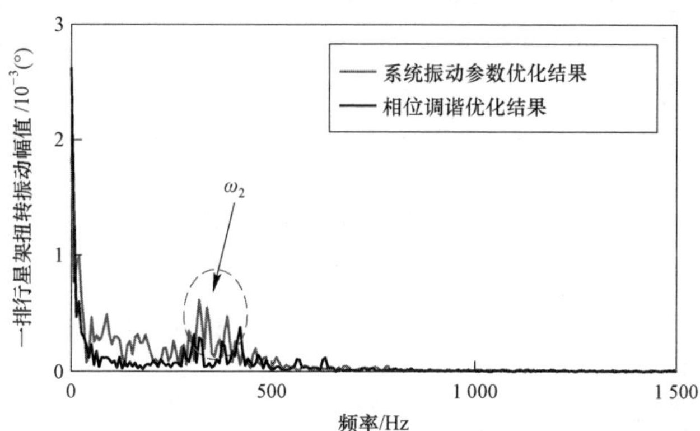


(b) 扭转振动位移频谱图

图 6-11　相位调谐优化前后一排行星架振动位移主共振幅值对比

**表 6-9　系统横向振动位移前 7 阶主共振幅值相位调谐优化结果**

| 固有频率阶次 | 2 阶 | 3 阶 | 4 阶 | 5 阶 | 6 阶 | 7 阶 |
|---|---|---|---|---|---|---|
| 优化前峰值/m | $2.87\times10^{-6}$ | $7.48\times10^{-6}$ | $7.51\times10^{-6}$ | $7.51\times10^{-6}$ | $5.17\times10^{-6}$ | $5.17\times10^{-6}$ |
| 优化后峰值/m | $2.51\times10^{-6}$ | $7.43\times10^{-6}$ | $6.31\times10^{-6}$ | $6.31\times10^{-6}$ | $4.67\times10^{-6}$ | $4.67\times10^{-6}$ |
| 优化比例 | 13.88% | 1.36% | 15.98% | 15.98% | 9.79% | 9.79% |

**表 6-10　系统扭转振动位移前 7 阶主共振幅值相位调谐优化结果**

| 固有频率阶次 | 2 阶 | 3 阶 | 4 阶 | 5 阶 | 6 阶 | 7 阶 |
|---|---|---|---|---|---|---|
| 优化前峰值/(°) | $8.71\times10^{-4}$ | $1.48\times10^{-4}$ | $1.04\times10^{-4}$ | $1.04\times10^{-4}$ | $4.5\times10^{-5}$ | $4.5\times10^{-5}$ |
| 优化后峰值/(°) | $5.44\times10^{-4}$ | $7.82\times10^{-5}$ | $4.59\times10^{-5}$ | $4.59\times10^{-5}$ | $2.61\times10^{-5}$ | $2.61\times10^{-5}$ |
| 优化比例 | 37.99% | 47.22% | 55.77% | 55.77% | 42.11% | 42.11% |

图 6-12 为系统前 7 阶固有频率对应的主共振幅值优化前后的变化曲线图，结合表 6-4、表 6-5 和图 6-8 进行对比可以看出，经过相位调谐优化设计后，系统前 7 阶固有频率对应的主共振幅值都减小。

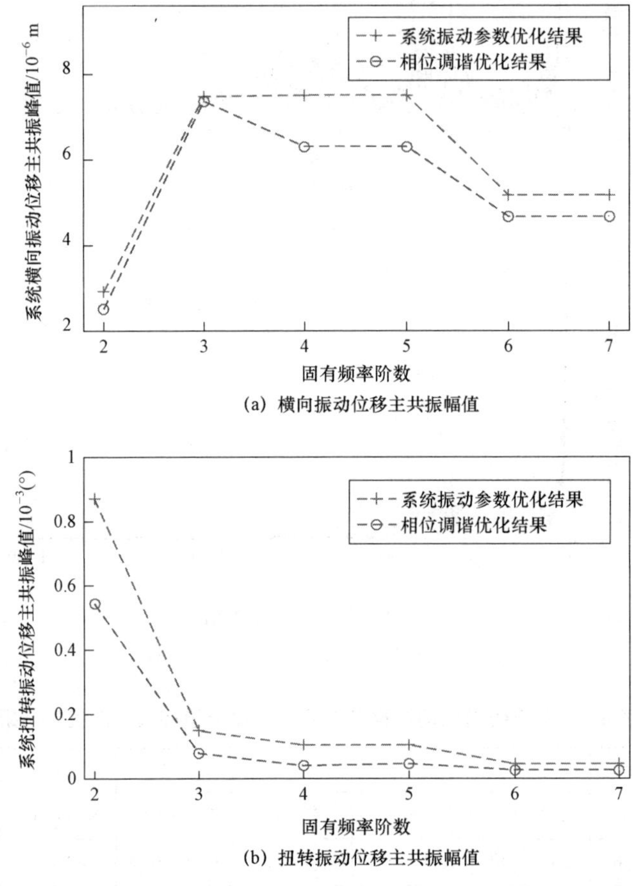

(a) 横向振动位移主共振幅值

(b) 扭转振动位移主共振幅值

图 6-12　相位调谐优化前 7 阶固有频率主共振幅值均值对比

综合联轴器刚度优化、两级行星齿轮传动系统振动参数优化和相位调谐优化结果，表 6-11 展示出整个优化过程前后的结果对比。可以看出，经综合优化后系统的动态振动响应、动载系数和共振强度都得到了不同程度的优化。

**表 6-11　整体优化前后结果对比**

| 目标函数 | 初始 | 整体最优 | 优化比例 |
| --- | --- | --- | --- |
| $f_1$ | 44.06 | 58.18 | 24.27% |
| $f_2$ | 54.3 | 47.51 | 12.51% |
| $f_3$ | 5.23 | 3.465 | 33.75% |
| $f_4$ | 9.75 | 4.31 | 55.79% |
| $f_5$ | 0.325 | 0.262 1 | 19.35% |

## 6.4　本章小结

本章针对车辆两级行星齿轮传动系统进行多目标综合优化设计，首先，在前文分析的基础上筛选出了对系统振动影响最大的参数作为优化变量；随后，综合考虑系统的固有特性、振动响应和共振特性构建了多个优化目标；最后，建立了考虑变转速工况的两级行星齿轮传动系统综合优化模型，并采用遗传算法开展了多目标优化设计。

① 以减小两级行星齿轮传动系统输入端的发动机波动扭矩为主要目的，对联轴器刚度进行了优化设计，将其刚度值从 $3.13\times10^5$ N/ m 优化为 $1.79\times10^5$ N/ m 。该优化过程初步改善了传动系统的振动性能，系统动载系数降低了 33.3%，齿轮系统的横向振动和扭转振动位移均方根值分别减小了 11.85 和 5.89%，系统低阶固有频率对应的主共振幅值平均减小了 6.28%，并且可以看出优化联轴器刚度对系统的动态冲击载荷作用较为明显。

② 在联轴器优化结果的基础上，进一步对两级行星齿轮传动系统的关键部件质量和刚度值进行优化。相对于联轴器优化结果，系统的横向振动和扭转振动位移均方根值分别减小了 19.9%和 3.14%，系统综合动载系数下降了 7.15%，系统前 7 阶固有频率对应的主共振峰值平均下降了 5.66%，系统横向振动速度和扭转振动速度的均方根值分别降低了

20.32%和 9.26%。

③ 采用相位调谐理论提供了新的配齿方案，成功实现了对两级行星齿轮传动系统的减振优化。相对于振动参数的优化结果，相位调谐设计使系统的横向振动位移均方根值减小了 6.09%，扭转振动位移均方根值减小了 4.02%，系统啮合力和轴系力动载系数均值分别减小了 12.21%和 36.12%。同时，系统横向振动速度和扭转振动速度均值分别减小了 4.29%和 37.54%。

④ 通过联轴器刚度优化、系统振动参数优化和相位调谐设计的联合优化，实现了对两级行星齿轮传动系统振动响应的减振优化目的，充分证实了将系统振动参数和设计参数统筹考虑的优化设计方法的有效性，为工程实际中行星齿轮传动系统的设计和优化提供有效指导。

# 第7章　结论与展望

## 7.1　本书的主要工作和结论

本书在国防科技工业局基础产品创新科研项目（VTDP）和国家自然科学基金面上项目“车辆机电复合传动振动能量传递机理及主动控制研究”（51775040）的支撑下，开展车辆两级行星齿轮传动系统振动特性分析与优化研究的，主要研究成果和结论如下：

① 建立了两级行星齿轮传动系统的横-扭耦合非线性动力学模型。模型中考虑了时变啮合刚度及其相位差、齿轮动态位置关系、动态中心距、动态齿侧间隙、动态压力角、制造误差、安装误差、齿形误差、质量偏心、各行星排级间连接件的弯曲和扭转弹性等动态非线性因素，该模型能够充分描述行星传动系统的横向-扭转耦合振动。

② 建立了两级行星齿轮传动系统的固有振动模型，对两级行星排的振型特点进行了归纳总结，推导了行星系统的振动能量的表达式，研究了振动能量的分布状态及其传递规律。系统振动能量的分布与振型特征密切相关，中心部件扭转振动模式下，振动能量主要聚集在中心部件扭转动能；中心部件平移振动模式下，系统振动能量主要聚集在中心部件平移势能；行星轮振动模式下，系统振动能量主要聚集在内、外啮合势能和行星齿轮的平移势能上；能量只能在同一阶振动之间

传递。

③ 分别研究了两级行星齿轮传动系统啮合力和振动位移在变转速转矩工况下的时域、频域特性，分析了转速、转矩对系统啮合力和振动位移的影响关系，转速转矩的增加会导致啮合力和振动位移各频率幅值的增大，高转速工况下系统的频率耦合现象增多，共振对系统振动响应影响显著；搭建了系统试验台架，开展了振动特性试验研究，对比分析了多个工况下的试验结果与仿真结果，最大误差为18.49%，验证了模型正确性。

④ 采用多尺度法计算了行星齿轮传动系统的主共振解析解，研究了其主共振幅频特性的非线性跳跃现象；分析了两级行星齿轮传动系统的主共振、亚谐共振、超谐共振和多重共振现象，揭示了激励频率$\omega$与固有频率$\omega_i$、及各阶固有频率之间存在整数倍关系的多重共振激发机理；研究了系统工况变化对共振特性的影响，总结了系统共振强度随转速转矩变化的区域分布特性；对两级行星齿轮传动系统进行升、降速变工况试验测试，验证了系统的共振激发机理、幅频响应特性及其随工况变化的规律。

⑤ 研究了参数变化引发系统固有频率模态跃迁的振动能量传递本质，分析了行星齿轮传动系统固有频率对参数灵敏度的动态变化特性及其随参数变化的分布规律；研究了系统振动参数与强迫振动响应的关系，分析了振动位移均方根值和动态载荷系数的参数灵敏度；研究了相位调谐规律对两级行星齿轮传动系统振动位移、啮合力和轴系力动载系数、共振幅值的影响，提出了基于相位调谐理论的多级行星齿轮减振优化方法。

⑥ 基于两级行星齿轮传动系统横-扭耦合非线性动力学模型及其固有振动模型，以系统固有频率、振动位移均方根值、动载系数和系统低

阶共振峰值为目标，建立了两级行星齿轮传动系统的振动性能多目标优化模型；通过联轴器刚度优化、系统振动参数优化和相位调谐设计的联合优化，系统横向和扭转振动位移均方根值平均降低了 33.75%和 12.51%，系统动载系数平均降低了 55.79%，低阶主共振幅值平均下降了 19.35%，实现了对两级行星齿轮传动系统振动响应的减振优化目的，证实了将系统振动参数和配齿设计统筹考虑的优化设计方法的可行性，为行星齿轮传动系统的工程设计和性能优化提供方法指导。

## 7.2　本书的主要创新点

在全书各章节研究内容和结论的基础上，对本书的主要创新工作进行了总结，主要包括以下四个部分：

① 针对多级行星传动系统的非线性共振问题，推导了行星齿轮系统多尺度解析解，揭示了系统主共振、亚谐共振、超谐共振的激发机理；探究了多级行星系统的多重共振现象，揭示了多重共振的激发机理及受工况影响的变化规律，通过台架试验验证了系统的非线性共振特性，为车用多级行星齿轮系统的共振分析及抑制奠定了基础。

② 针对固有频率灵敏度随参数动态变化的特性，推导了固有频率对系统参数的模态灵敏度方程，探究了模态跃迁现象对参数灵敏度的影响规律，揭示了固有频率灵敏度随参数取值改变的动态变化规律，提出了基于模态跃迁现象划分参数灵敏度区间的方法，实现了对优化设计阶段变量筛选和取值范围选择工作的有效指导。

③ 针对行星齿轮传动系统结构对称的特点，提出了基于相位调谐理论的多级行星齿轮系统减振优化设计方法，揭示了多级行星齿轮系统的

相位调谐耦合机理，探究了耦合相位调谐规律对多级行星齿轮系统振动响应和共振幅值的影响规律，为多级行星传动动态设计的基本参数选取提供理论指导。

④ 针对多级行星齿轮传动系统的多参数强耦合优化问题，提出了结合方案设计阶段优化与系统改进阶段优化的多目标综合优化方法，构建了系统多目标优化模型，实现了基于齿数和振动参数共同优化的系统减振设计，为多级行星齿轮传动系统的设计与振动品质的提升提供了技术支撑。

本书的研究工作对多级行星齿轮传动系统的预研设计和动态性能优化具有参考价值和指导意义，为解决车辆行星传动系统的振动问题和改善振动性能做出一定贡献。

## 7.3 未来工作及展望

在撰写本书的过程中总结出了部分仍需深入分析并可以进一步开展的工作，具体如下：

① 相位调谐理论对行星齿轮传动系统减振降噪具有良好的指导作用，在对行星齿轮系统进行理论分析和试验研究的过程中发现，系统各部件的质量偏心、装配误差、齿形误差等因素会导致出现不符合相位调谐规律的现象，削弱了调谐设计的作用。因此，需要深入研究啮合过程中齿轮误差、偏心、间隙等参数对相位调谐规律的影响关系。

② 本书在系统建模与分析过程中考虑了啮合参数的动态变化特性，但是动态啮合参数是基于确定的理论初始值计算得到的，但在实际安装过程中中心距、齿侧间隙等参数都与理论值存在不确定误差，因此，应

充分考虑系统参数的不确定性，建立系统的不确定动力学分析模型，深入研究参数不确定性对行星齿轮传动系统振动特性的影响。

③ 本书是以固定挡位的车辆两级行星齿轮传动系统为对象开展研究的，但是在实际工程应用中，除了两级行星系统外，具有多个挡位的多级行星传动系统也得到了广泛应用。因此，在本文研究的基础上，有必要进一步拓展对多挡位多级行星传动系统振动特性及优化方法的研究。

# 参考文献

[1] KAHRAMAN, A. Planetary gear train dynamics [J]. Journal of Mechanial Design, 1994, 116: 713-720.

[2] KAHRAMAN, A. Free torsional vibration characteristics of compound planetary gear sets [J]. Mechanism and Machine Theory, 2001, 36(8): 953-971.

[3] KAHRAMAN A. Free torsional vibration characteristics of compound planetary gear sets [J]. Mechanism and Machine Theory, 2001, 36(8): 953-971.

[4] LIU, G, & PARKER, R. G. Dynamic modeling and analysis of tooth profile modification for multimesh gear vibration [J]. Journal of Mechanical Design, 2008, 130 (12): 1500-1508.

[5] LIU, G, & PARKER, R. G. Nonlinear, parametrically excited dynamics of two-stage spur gear trains with mesh stiffness fluctuation. Proceedings of the Institution of Mechanical Engineers, Part C: Journal of Mechanical Engineering Science, 2012, 226(8): 1939-1957.

[6] XIANG L, GAO N, & HU A. Dynamic analysis of a planetary gear system with multiple nonlinear parameters [J]. Journal of Computational and Applied mathematics, 2018, 327: 325-340.

[7] XIN W. Stability research of multistage gear transmission system with

crack fault [J]. Journal of Sound and Vibration, 2018, 434: 63-77.

[8] SHEN Z, QIAO B, YANG L, et al. Fault mechanism and dynamic modeling of planetary gear with gear wear [J]. Mechanism and Machine Theory, 2021, 155: 104098.

[9] YANG H, LI X, XU J, et al. Dynamic characteristics analysis of planetary gear system with internal and external excitation under turbulent wind load [J]. Science Progress, 2021, 104(3): 00368504211035604.

[10] 胡明用，胡云波，李金库，刘伟. 基于蒙特卡罗法的斜齿轮随机啮合效率可靠性分析［J］. 机械传动，2021，45（6）：127-131.

[11] ZHANG J, GUO F. Statistical modification analysis of helical planetary gears based on response surface method and Monte Carlo simulation [J]. 中国机械工程学报：英文版, 2015, 28(6): 10.

[12] WEI S, HAN Q, PENG Z, et al. Dynamic analysis of parametrically excited system under uncertainties and multi-frequency excitations [J]. Mechanical Systems and Signal Processing, 2016: 762-784.

[13] SPITAS C, & SPITAS V. Coupled multi-DOF dynamic contact analysis model for the simulation of intermittent gear tooth contacts, impacts and rattling considering backlash and variable torque [J]. Proceedings of the Institution of Mechanical Engineers, Part C: Journal of Mechanical Engineering Science, 2016, 230(7-8): 1022-1047.

[14] LIU C, YIN X, LIAO Y, et al. Hybrid dynamic modeling and analysis of the electric vehicle planetary gear system [J]. Mechanism and Machine Theory, 2020, 150: 103860.

[15] 蔡仲昌. 车辆两级行星齿轮传动非线性振动特性研究［D］. 北京：北京理工大学，2012.

[16] 王成. 渐开线直齿轮传动系统非线性动力学研究［D］. 北京：北京理工大学，2015.

[17] 黄毅. 车辆传动系统非线性振动响应灵敏度与动力学修改研究［D］. 北京：北京理工大学，2015.

[18] GOU X, ZHU L, QI C. Nonlinear dynamic model of a gear-rotor-bearing system considering the flash temperature [J]. Journal of Sound Vibration, 2017, 410: 187-208.

[19] RUI-MING, WANG, ZHI-YING, et al. Dynamic characteristics of the planetary gear train excited by time-varying meshing stiffness in the wind turbine [J]. International Journal of Minerals Metallurgy & Materials, 2018, 167(9): 126-134.

[20] LUO W, QIAO B, SHEN Z, et al. Investigation on the influence of spalling defects on the dynamic performance of planetary gear sets with sliding friction[J]. Tribology International, 2021, 154: 106639.

[21] WANG Y, SHAO J, WANG X, et al. Thermomechanical coupled contact analysis of alternating meshing gear teeth surfaces for marine power rear transmission system considering thermal expansion deformation [J]. Advances in Mechanical Engineering, 2018, 10(1): 168781401775391.

[22] WANG P Y, CAI X L. Vibrational analysis of planetary gear trains by finite element method [C] Applied Mechanics and Materials. Trans Tech Publications Ltd, 2013, 284: 1012-1017.

[23] WANG J, WANG Y, HUO Z. Finite element residual stress analysis of planetary gear tooth [J]. Advances in Mechanical Engineering, 2013, 5: 761957.

[24] ERICSON T M, PARKER R G. Experimental measurement and finite element simulation of elastic-body vibration in planetary gears [J]. Mechanism and Machine Theory, 2021, 160: 104264.

[25] ELIAS BRASSITOS, NADER JALILI. Dynamics of integrated planetary geared bearings [J]. Journal of Vibration and Control, Vol 26, Issue 7-8,

pp. 565-580, Issue published date: April-01-202.

[26] WU XIONG HUA, ROBERT G P. Modal properties of planetary gears with an elastic continuum ring gear [J]. ASME, Journal of Applied Mechanics, 2008, 75(5): 031014.

[27] ROBERT G.PARKER, XIONGHUAWU. Vibration modes of planetary gears with unequally spaced planets and an elastic ring gear. [J]. Journal of Sound and Vibration 329 (2010): 2265-2275.

[28] ROBERT G. PARKER, XIONGHUA WU. Structured Eigensolution Properties of Planetary Gears with Elastically Deformable Ring Gears. [C]. Proceedings of the ASME 2009 International Design Engineering Technical Conferences & Computers and Information in Engineering Conference IDETC/CIE 2009: DETC2009-87340.

[29] LIU W, SHUAI Z, GUO Y, et al. Modal properties of a two-stage planetary gear system with sliding friction and elastic continuum ring gear[J]. Mechanism and Machine Theory, 2019, 135: 251-270.

[30] GE H, SHEN Y, ZHU Y, et al. Simulation and experimental test of load-sharing behavior of planetary gear train with flexible ring gear [J]. Journal of Mechanical Science and Technology, 2021: 1-14.

[31] 刘静，庞瑞琨，李洪武，等. 柔性齿圈支承刚度对行星齿轮系统振动特性的影响规律［J］. 中南大学学报, 2020, 27(08): 2280-2290.

[32] TATAR A, SCHWINGSHACKL C W, FRISWELL M I. Dynamic behaviour of three-dimensional planetary geared rotor systems [J]. Mechanism and Machine Theory, 2019, 134: 39-56.

[33] CARDONA, A. Flexible three dimensional gear modelling. Revue Européenne des Éléments Finis, 1995, 4(5-6), 663-691.

[34] WANG C, PARKER R G. Dynamic modeling and mesh phasing-based spectral analysis of quasi-static deformations of spinning planetary gears

with a deformable ring [J]. Mechanical Systems and Signal Processing, 2020, 136: 106497.

[35] 张俊，刘先增，焦阳，等. 基于刚柔耦合模型的行星传动固有特性分析［J］. 机械工程学报，2014，50（15）：9.

[36] 马朝永，冀建东，胥永刚，等. 基于刚柔耦合模型的行星齿轮箱动力学仿真分析［J］. 北京工业大学学报，2019，45（8）：8.

[37] HIDAKA, T, TERAUCHI, Y, AND NAGAMURA, K. Dynamic behavior of planetary gears-6th report: Influence of meshing-phase. Bulletin of the Japan Society of Mechanical Engineers, 1979, 22(169): 1026-1033.

[38] HIDAKA T, TERAUCHI Y. Dynamic Behavior of Planetary Gear: 1st Report Load Distribution in Planetary Gear [J]. Bulletin of Jsme, 2008, 19(132): 690-698.

[39] HIDAKA T, TERAUCHI Y, ISHIOKA K. Dynamic Behavior of Planetary Gear: 2nd Report, Displacement of Sun Gear and Ring Gear [J]. Bulletin of Jsme, 2008, 19(138): 1563-1570.

[40] TERUAKI H, YOSHIO T, MINORU N, et al. Dynamic Behavior of Planetary Gear: 3rd Report, Displacement of Ring Gear in Direction of Line of Action[J]. Bulletin of JSME, 1977, 20(150): 1663-1672.

[41] TERUAKI H, YOSHIO T, KUNIO I. Dynamic Behavior of Planetary Gear: 4th Report, Influence of the Transmitted Tooth Load on the Dynamic Increment Load [J]. Bulletin of JSME, 1979, 22(168): 877-884.

[42] HIDAKA, TERUAKI, TERAUCHI, et al. Dynamic Behavior of Planetary Gear: 5th report, Dynamic Increment of Torque [J]. Bulletin of Jsme, 1979, 44(387): 3958-3965.

[43] TERUAKI, HIDAKA, YOSHIO, et al. Dynamic Behavior of Planetary Gear: 7th Report, Influence of the Thickness of the Ring Gear [J]. Transactions of the Japan Society of Mechanical Engineers, 1978,

22(170): 1142-1149.

[44] BOTMAN M. Vibration Measurements on Planetary Gears of Aircraft Turbine Engines [J]. Journal of Aircraft, 1980, 17(5): 351-357.

[45] AUGUST R, KASUBA R. Torsional vibrations and dynamic loads in a basic planetary gear system [J]. Journal of Vibration Acoustics Stress and Reliability in Design, 1986, 108(3): 348-353.

[46] F. CHAARI, T. Fakhfakh, and M. Haddar. Dynamic Analysis of a Planetary Gear Failure Caused by Tooth Pitting and Cracking [J]. Journal of Failure Analysis and Prevention (2006) 2: 73-78.

[47] SRIPATHI VANGIPURAM CANCHI, ROBERT G. Parker. Parametric Instability of a Rotating Circular Ring With Moving, Time-Varying Springs. [J]. Journal of Vibration and Acoustics, 2006, 128: 231-243.

[48] SRIPATHI VANGIPURAM CANCHI, ROBERT G. Parker. Parametric Instability of a Rotating Circular Ring With Moving, Time-Varying Springs. [C]. Proceedings of the ASME 2007 International Design Engineering Technical Conferences & Computers and Information in Engineering Conference IDETC/CIE 2007: DETC2007-34393.

[49] R HBAIEB, F CHAARI, T FAKHFAKH. Dynamic stability of a planetary gear train under the influence of variable meshing stiffnesses[J]. Automobile Engineering, 2006, 220: 1711-1725.

[50] WEINBERGER U, SIGLMÜLLER F, GÖTZ J, et al. Scaling of planetary gear stages according to gear excitation similarity [J]. Proceedings of the Institution of Mechanical Engineers, Part C: Journal of Mechanical Engineering Science, 2019, 233(21-22): 7246-7256.

[51] LEE B, KIM D, HONG Y D. Differential planetary mechanism of reduction gear for robotic applications [J]. Proceedings of the Institution of Mechanical Engineers, Part C: Journal of Mechanical Engineering

Science, 2018, 232(5): 799-803.

[52] HOU L, CAO S. Nonlinear Dynamic Analysis on Planetary Gears-Rotor System in Geared Turbofan Engines [J]. International Journal of Bifurcation and Chaos, 2019, 29(6): 1950076.

[53] HOU S, JING W, ZHANG A, et al. Study of Dynamic Model of Helical/Herringbone Planetary Gear System With Friction Excitation[J]. Journal of Computational and Nonlinear Dynamics, 2018, 13(12): 121007.

[54] FAN Z, ZHU C, SONG C. Dynamic Analysis of Planetary Gear Transmission System Considering the Flexibility of Internal Ring Gear [J]. Iranian Journal of Science & Technology Transactions of Mechanical Engineering, 2019, 695-706.

[55] LIU J, R PANG, DING S, et al. Vibration analysis of a planetary gear with the flexible ring and planet bearing fault [J]. Measurement, 2020, 165(4): 108100.

[56] CAO Z, RAO M. Coupling effects of manufacturing error and flexible ring gear rim on dynamic features of planetary gear [J]. ARCHIVE Proceedings of the Institution of Mechanical Engineers Part C Journal of Mechanical Engineering Science 1989-1996 (vols 203-210), 2021: 095440622098336.

[57] CHEN X, YANG X, ZUO M J, et al. Planetary gearbox dynamic modeling considering bearing clearance and sun gear tooth crack [J]. Sensors, 2021, 21(8): 2638.

[58] XIANG L, DENG Z, HU A. Dynamical Analysis of Planetary Gear Transmission System Under Support Stiffness Effects [J]. International Journal of Bifurcation and Chaos, 2020, 30(06): 577-595.

[59] RYALI L, TALBOT D. A dynamic load distribution model of planetary

gear sets [J]. Mechanism and Machine Theory, 2020, 158: 104229.

[60] COOLEY C G, PARKER R G. Eigenvalue sensitivity and veering in gyroscopic systems with application to high-speed planetary gears [J]. European Journal of Mechanics-A/Solids, 2017: 123-136.

[61] HAMMAMI A, MBAREK A, FERNÁNDEZ A, et al. Dynamic behavior of the nonlinear planetary gear model in nonstationary conditions [J]. Proceedings of the Institution of Mechanical Engineers, Part C: Journal of Mechanical Engineering Science, 2021, 235(20): 4648-4662.

[62] KAHRAMAN A. Natural Modes of Planetary Gear Trains [J]. Journal of Sound & Vibration, 1994, 173(1): 125-130.

[63] JIAN LIN, PARKER R G. Analytical Characterization of the Unique Properties of Planetary Gear Free Vibration [J]. Journal of Vibration and Acoustics, 1999, 116: 316-322.

[64] LIN J, PARKER R. Structured vibration characteristics of planetary gears with unequally spaced planets [J]. Journal of Sound and Vibration, 2000, 233(5): 921-928.

[65] YICHAO GUO, ROBERT G. Parker. Purely rotational model and vibration modes of compound planetary gears. [J]. Mechanism and Machine Theory 45 (2010): 365-377.

[66] KIRACOFE D R, PARKER R G. Structured Vibration Modes of General Compound Planetary Gear Systems [J]. Journal of Vibration and Acoustics, 2007, 129: 1-16.

[67] TUGAN ERITENEL, ROBERT G. Parker. Modal properties of three-dimensional helical planetary gears [J]. Journal of Sound and Vibration 325 (2009): 397-420.

[68] TUGAN ERITENEL, ROBERT G. Parker. Vibration Modes of Helical Planetary Gears. Proceedings of the ASME 2009 International Design

Engineering Technical Conferences & Computers and Information in Engineering Conference IDETC/CIE 2009: DETC2009-87494.

[69] SHUAI M, TZA B, GGJA B, et al. Analytical investigation on load sharing characteristics of herringbone planetary gear train with flexible support and floating sun gear - ScienceDirect[J]. Mechanism and Machine Theory, 2020, 144: 103670.

[70] WANG J, ZHANG J. Dynamic modeling and analysis of a star-wheel reducer [M]. Forschung Im Ingenieurwesen, 2019, 83(3): 491-507.

[71] DONG B, PARKER R G. Vibration of General Symmetric Systems Using Group Theory [J]. Journal of Sound and Vibration, 2021, 503(3): 116087.

[72] 张策. 机械系统动力学［M］. 北京：高等教育出版社. 2008.

[73] 王世宇，张策，宋铁民，等. 行星传动固有特性分析［J］. 中国机械工程，2005，16（16）：1461-1465.

[74] 王世宇，宋铁民，张策，等. 行星齿轮传动的基本参数对动态特性的影响［J］. 中国机械工程，2005，16（7）：615-617.

[75] LIU H, ZHAN Z. Modal properties of a two-stage planetary gear system with a Timoshenko beam as the intermediate shaft model [J]. Proceedings of the Institution of Mechanical Engineers, Part D: Journal of Automobile Engineering, 2022, 236(2-3): 353-365.

[76] XIAO Z, CAO J, YU Y. Mathematical Modeling and Dynamic Analysis of Planetary Gears System with Time-Varying Parameters [J]. Mathematical Problems in Engineering, 2020, 1-9.

[77] 蔡仲昌，刘辉，项昌乐，等. 车辆行星传动系统扭转振动固有特性及灵敏度分析［J］. 中国机械工程，2011，22（1）：96-101.

[78] YANG W, TANG X. Modelling and modal analysis of a hoist equipped with two-stage planetary gear transmission system. Proceedings of the Institution of Mechanical Engineers, Part K: Journal of Multi-body

Dynamics. 2017; 231(4): 739-749. doi: 10.1177/1464419316684067

[79] 陈林凯. 行星齿轮固有特性研究与模态分析应用［D］. 郑州：郑州大学，2018.

[80] 闵达. 空间机械臂行星齿轮传动机构动力学特性分析［D］. 武汉：武汉科技大学，2021.

[81] 张丽娜. 功率分流式行星齿轮传动系统建模及动态特性研究［D］. 济南：山东大学，2017.

[82] 冯静娟，汤淋淋. 行星齿轮减速器的静力学和模态分析［J］. 农业装备技术，2020，46（5）：37-39.

[83] 郭昊维，陈长征. 某纯电动汽车减速器模态分析［J］. 噪声与振动控制，2018，38（S2）：388-391.

[84] YANG J, DAI L. Parametric resonance analysis on simplified planetary gear trains [J]. International Journal of Materials and Product Technology, 2008, 31(2-4): 269-282.

[85] BAHK C J. Analytical study on nonlinear dynamics of planetary gears [M]. The Ohio State University, 2012.

[86] XUN C, DAI H, LONG X, et al. Perturbation analysis of the two-to-one internal resonance of planetary gear trains [J]. ARCHIVE Proceedings of the Institution of Mechanical Engineers Part C Journal of Mechanical Engineering Science 1989-1996 (vols 203-210), 2021(8): 095440622110095.

[87] YANG J, ZHANG C. Elasto-dynamics of internal gear planetary transmissions [J]. Mechanism & Machine Theory, 2005, 40(10): 1107-1125.

[88] WANG P Y, CAI X L. Vibrational analysis of planetary gear trains by finite element method [C] Applied Mechanics and Materials. Trans Tech Publications Ltd, 2013, 284: 1012-1017.

[89] 张丽丽. 锥齿轮共振分析［J］. 民营科技，2016（11）：1.

[90] WANG C, ZHANG X, ZHOU J, et al. Calculation Method of Dynamic Stress of Flexible Ring Gear and Dynamic Characteristics Analysis of Thin-Walled Ring Gear of Planetary Gear Train [J]. Journal of Vibration Engineering & Technologies, 2020: 1-16.

[91] 温芳. 环式少齿差行星齿轮传动的非线性动力学研究［D］. 南宁：广西大学，2012.

[92] WANG X, WANG Y, ZHAO X, et al. Study on super-harmonic resonance for gear transmission based on teeth surface friction [J]. Journal of Mechanical Science and Technology, 2015.

[93] ZHANG L, WANG C, BAO W, et al. Three-dimensional dynamic modeling and analytical method investigation of planetary gears for vibration prediction [J]. Proceedings of the Institution of Mechanical Engineers Part K Journal of Multi-body Dynamics, 2021: 146441932098540.

[94] WANG C, PARKER R G. Nonlinear dynamics of lumped-parameter planetary gears with general mesh phasing [J]. Journal of Sound and Vibration, 2022: 116682.

[95] SHENG L, WU Q, ZHANG Z. Bifurcation and chaos analysis of multistage planetary gear train [J]. Nonlinear Dynamics, 2014, 75(1-2): 217-233.

[96] ZHU W, WU S, WANG X, et al. Harmonic balance method implementation of nonlinear dynamic characteristics for compound planetary gear sets [J]. Nonlinear Dynamics, 2015, 81(3): 1511-1522.

[97] CHEN X H, CHENG G, SHAN X L, et al. Research of weak fault feature information extraction of planetary gear based on ensemble empirical mode decomposition and adaptive stochastic resonance [J]. Measurement,

2015, 73: 55-67.

[98] WANG Y, WANG X, FU B, et al. Semi-numerical analysis of a two-stage series composite planetary transmission considering IHB and MsP methods[J]. Journal of Vibroengineering, 2021, 23(3): 708-727.

[99] WANG X, AN S, WANG Y, et al. Semi-numerical analysis of a two-stage series composite planetary transmission considering incremental harmonic balance and multi-scale perturbation methods [J]. Mechanical Sciences, 2021, 12(2): 701-714.

[100] FAKHER CHAARI, TAHAR FAKHFAKH, RIADH HBAIEB. Influence of manufacturing errors on the dynamic behavior of planetary gears [J]. Int J Adv Manuf Technol (2006) 27: 738-746.

[101] 段福海，胡青春，李宇玲. 钢/塑齿轮组合行星传动系统的振动特性［J］. 华南理工大学学报（自然科学版）， 2009，37（2）：60-64.

[102] 段福海，胡青春，谢存禧. 钢/塑齿轮组合行星传动的振动特性［J］. 机械工程学报，2010，46（1）：62-67.

[103] 王世宇，宋轶民，张策，等. 行星齿轮传动的共振失效概率［J］. 天津大学学报，2005，38（12）：7.

[104] CHEON GILL-JEONG, ROBERT G. Parker. Influence of Manufacturing Errors on the Dynamic Characteristics of Planetary Gear Systems[J]. KSME International Journal, 2004, 18: 606- 621.

[105] CHEON GILL-JEONG ROBERT G. Parker. Influence of Bearing Stiffness on the Static Properties of a Planetary Gear System with Manufacturing Errors. [J]. KSME International Journal, 2004, 18: 1978-1988.

[106] LI M, SHI T, YANG J, et al. Realizing nonlinear springs through noncircular planetary gears [J]. Mechanism and Machine Theory, 2021, 156(7): 104151.

[107] ZHAN Z, LIU H, FEENY B, et al. Response Sensitivity in a Nonlinear Planetary Gear Set[C] International Design Engineering Technical Conferences and Computers and Information in Engineering Conference. American Society of Mechanical Engineers, 2019, 59308: V010T11A020.

[108] J WANG, S YANG, Y LIU, et al. "Configuration Design of Multi-Stage Planetary Differential Gear Train with Double Planetary Gears and Scheme Optimization Based on Fuzzy Analytic Hierarchy Process," 2020 5th International Conference on Electromechanical Control Technology and Transportation (ICECTT), 2020, pp. 29-32, doi: 10.1109/ICECTT50890.2020.00014.

[109] ZHANG J, GUO H, ZOU L, et al. Optimization of compound planetary gear train by improved mesh stiffness approach [C] ASME International Mechanical Engineering Congress and Exposition. American Society of Mechanical Engineers, 2017, 58370: V04AT05A029.

[110] GUO H, ZHANG J, YU H. Dynamic modelling and parametric optimization of a full hybrid transmission [J]. Proceedings of the Institution of Mechanical Engineers, Part K: Journal of Multi-body Dynamics, 2019, 233(1): 17-29.

[111] MD CARLO, MANTRIOTA G. Electric vehicles with two motors combined via planetary gear train [J]. Mechanism and Machine Theory, 148: 103789.

[112] TROHA S, KARAIVANOV D, ISAMETOVA M. THE SELECTION OF OPTIMAL REVERSIBLE TWO-SPEED PLANETARY GEAR TRAINS FOR MACHINE TOOL GEARBOXES [J]. Facta Universitatis Series Mechanical Engineering, 2020, 18(1): 121.

[113] KAHRAMAN A. A Natural Modes of Planetary Gear Trains [J]. Journal

of Sound and Vibration，1994，173(1): 125-130.

[114] P VELEX, L FLAMAND. Dynamic Response of Planetary Trains to Mesli Parametric Excitations. [J]. Journal of Mechanical Design, 1996, 118: 7-14.

[115] R G PARKER, J LIN. Mesh Phasing Relationships in Planetary and Epicyclic Gears [J]. Journal of Mechanical Design, 2004, 126: 365 -370.

[116] YICHAO GUO, ROBERT G. Parker. Mesh Phase Relations of General Compound Planetary Gears. [C]. Proceedings of the ASME 2007 International Design Engineering Technical Conferences & Computers and Information in Engineering Conference IDETC/CIE 2007: DETC 2007-35799.

[117] PARKER R G. A physical explanation for the effectiveness of planet phasing to suppress planetary gear vibration [J]. Journal of Sound and Vibration, 2000, 263(4): 561-573.

[118] LIN JIAN. Analytical Investigation of Planetary Gear Dynamics [M]. USA, The Ohio State: The Ohio State University, 2000.

[119] SCHLEGE R G, Mard K C. Transmission noise control-approaches in helicopter design [J]. ASME paper No. 67-DE-58.

[120] 薛丹，王春秀，慕松，等. 2.5MW 风电齿轮箱行星轮系啮合相位差对其固有频率的影响［J］. 机械传动，2015，39（8）：4.

[121] VIJAYA KUMAR AMBARISHA, ROBERT G. Parker. Suppression of Planet Mode Response in Planetary Gear Dynamics Through Mesh Phasing. [J]. Journal of Vibration and Acoustics, 2006, 128: 133-142.

[122] D, L, SEAGER. Conditions for the Neutralization of Excitation by the Teeth in Epicyclic Gearing[J]. Journal of Mechanical Engineering Science, 1975, 17(5): 293-299.

[123] TODA A, BOTMAN M. Planet Indexing in Planetary Gears for

Minimum Vibration[C]. ASME Design Engineering Technical Conference, St. Louis, 1979: 79-DET-73.

[124] 张策，王世宇，宋铁民，等. 行星传动基本参数选择理论的再认识［J］. 天津大学学报，2005，38（4）：283-287.

[125] 王世宇. 基于相位调谐的直齿行星齿轮传动动力学理论与实验研究［D］. 天津：天津大学，2005.

[126] WANG C, DONG B, PARKER R G. Impact of planet mesh phasing on the vibration of three-dimensional planetary/epicyclic gears [J]. Mechanism and Machine Theory, 164: 10442.

[127] MURAT INALPOLAT. A Theoretical and Experimental Investigation of Modulation Sidebands of Planetary Gear Sets. [M]. USA, The Ohio State: The Ohio State University, 2009.

[128] INALPOLAT M, KAHRAMAN A. A theoretical and experimental investigation of modulation sidebands of planetary gear sets. [J]. Journal of Vibration and Vibration, 2009, 323: 677-699.

[129] INALPOLAT. M, KAHRAMAN A. A dynamic model to predict modulation sidebands of a planetary gear set having manufacturing errors. [J]. Journal of Vibration and Vibration, 2010, 329: 371-393.

[130] HE D A, FENG C A, CHAO X B, et al. Numerical calculation and experimental measurement for gear mesh force of planetary gear transmissions-ScienceDirect [J]. Mechanical Systems and Signal Processing, 2022, 162: 108085.

[131] DAI, XIANG, COOLEY, et al. Dynamic tooth root strains and experimental correlations in spur gear pairs. [J]. Mechanism & Machine Theory, 2016, 101: 60-74.

[132] ZHANG X, NIU H, HOU C, et al. Tooth faults detection of planetary gearboxes based on tooth root strain signal of ring gear [J]. Measurement,

2021, 170: 108685.

[133] RYALI L, VERMA A, HONG I, et al. Experimental and theoretical investigation of quasi-static system level behavior of planetary gear sets [J]. Journal of Mechanical Design, 2021, 143(10).

[134] 杨富春. 复式行星排动力特性及其止推垫圈磨损特性研究［D］. 杭州：浙江大学：2009.

[135] 周巨涛. 复式行星排行星轮轴向力及其止推垫圈润滑特性研究［D］. 杭州：浙江大学，2010.

[136] 李云鹏. 多级行星齿轮传动系统动力学分析技术研究［D］. 北京：机械科学研究总院，2021. DOI: 10.27161/d.cnki.gshcs.2021.000004.

[137] 庞大千，曾根，李训明，等. 不同工况下机电复合传动装置行星齿轮系统瞬态温度场［J］. 兵工学报，2021，42（10）：2268-2277.

[138] 王明正. 高速定轴齿轮传动系统非线性振动研究［D］. 北京：北京理工大学，2012.

# 附录 1　系统固有振动模型刚度质量矩阵

$$\boldsymbol{M} = diag\left[\boldsymbol{M}_1, \boldsymbol{M}_2\right]$$

$$\boldsymbol{M}_i = \begin{bmatrix} \boldsymbol{M}_{si} & & & & & & \\ & \boldsymbol{M}_{ri} & & & & & \\ & & \boldsymbol{M}_{ci} & \boldsymbol{M}_{cipi1} & \boldsymbol{M}_{cipi2} & \cdots & \boldsymbol{M}_{cipij} \\ & & \boldsymbol{M}_{pi1ci} & \boldsymbol{M}_{pi1} & & & \\ & & \boldsymbol{M}_{pi2ci} & & \boldsymbol{M}_{pi2} & & \\ & & \vdots & & & \ddots & \vdots \\ & & \boldsymbol{M}_{pijci} & & & & \boldsymbol{M}_{pij} \end{bmatrix}, i = 1, 2$$

$$\boldsymbol{M}_{si} = diag\left[m_{si} \quad m_{si} \quad J_{si}\right] \qquad \boldsymbol{M}_{ri} = diag\left[m_{ri} \quad m_{ri} \quad J_{ri}\right]$$

$$\boldsymbol{M}_{ci} = diag\left[m_{ci} + \sum_{j=1}^{4} m_{pij} \quad m_{ci} + \sum_{j=1}^{4} m_{pij} \quad J_{ci} + \sum_{j=1}^{4} J_{pij} + R_{ci}^2 \sum_{j=1}^{4} m_{pij}\right]$$

$$\boldsymbol{M}_{pij} = diag\left[m_{pij} \quad m_{pij} \quad J_{pij}\right]$$

$$\boldsymbol{M}_{cipij} = \begin{bmatrix} m_{pij}\cos\psi_{pij} & -m_{pij}\sin\psi_{pij} & 0 \\ m_{pij}\sin\psi_{pij} & m_{pij}\cos\psi_{pij} & 0 \\ 0 & 0 & J_{pij} \end{bmatrix}$$

$$\boldsymbol{M}_{pijci} = \boldsymbol{M}_{cipij}$$

$$\boldsymbol{K} = \begin{bmatrix} \boldsymbol{K}_1 & 0 \\ 0 & \boldsymbol{K}_2 \end{bmatrix} + \begin{bmatrix} \boldsymbol{K}_{j11} & \boldsymbol{K}_{j12} \\ \boldsymbol{K}_{j21} & \boldsymbol{K}_{j22} \end{bmatrix}$$

$$\boldsymbol{K}_i=\begin{bmatrix}\boldsymbol{K}_{si} & \boldsymbol{K}_{siri} & \boldsymbol{K}_{sici} & \boldsymbol{K}_{sipi1} & \boldsymbol{K}_{sipi2} & \cdots & \boldsymbol{K}_{sipij}\\ & \boldsymbol{K}_{ri} & \boldsymbol{K}_{rici} & \boldsymbol{K}_{ripi1} & \boldsymbol{K}_{ripi2} & \cdots & \boldsymbol{K}_{ripij}\\ & & \boldsymbol{K}_{ci} & \boldsymbol{K}_{cipi1} & \boldsymbol{K}_{cipi2} & \cdots & \boldsymbol{K}_{cipij}\\ & & & \boldsymbol{K}_{pi1} & & & \\ & & & & \boldsymbol{K}_{pi2} & & \\ & & & & & \ddots & \vdots\\ symm. & & & & & & \boldsymbol{K}_{pij}\end{bmatrix},i=1,2$$

$$\boldsymbol{K}_{si}=\begin{bmatrix}\sum_{j=1}^{4}k_{sipij}\sin^2(\psi_{pij}+\alpha)+k_{xsi} & -\sum_{j=1}^{4}k_{sipij}\sin(\psi_{pij}+\alpha)\cos(\psi_{pij}+\alpha) & R_{si}\sum_{j=1}^{4}k_{sipij}\sin(\psi_{pij}+\alpha)\\ & \sum_{j=1}^{4}k_{sipij}\cos^2(\psi_{pij}+\alpha)+k_{ysi} & -R_{si}\sum_{j=1}^{4}k_{sipij}\cos(\psi_{pij}+\alpha)\\ symm. & & R_{si}^2\sum_{j=1}^{4}k_{sipij}+R_{si}^2k_{tsi}\end{bmatrix}$$

$$\boldsymbol{K}_{ri}=\begin{bmatrix}\sum_{j=1}^{4}k_{ripij}\sin^2(\psi_{pij}-\alpha)+k_{xri} & -\sum_{j=1}^{4}k_{ripij}\sin(\psi_{pij}-\alpha)\cos(\psi_{pij}-\alpha) & R_{ri}\sum_{j=1}^{4}k_{ripij}\sin(\psi_{pij}-\alpha)\\ & \sum_{j=1}^{4}k_{ripij}\cos^2(\psi_{pij}-\alpha)+k_{yri} & -R_{ri}\sum_{j=1}^{4}k_{ripij}\cos(\psi_{pij}-\alpha)\\ symm. & & R_{ri}^2\sum_{j=1}^{4}k_{ripij}+R_{ri}^2k_{tri}\end{bmatrix}$$

$$\boldsymbol{K}_{ci}=\begin{bmatrix}\begin{pmatrix}\sum_{j=1}^{4}k_{sipij}\sin^2(\psi_{pij}+\alpha)\\+\sum_{j=1}^{4}k_{ripij}\sin^2(\psi_{pij}-\alpha)+k_{xci}\end{pmatrix} & -\begin{pmatrix}\sum_{j=1}^{4}k_{sipij}\sin(\psi_{pij}+\alpha)\cos(\psi_{pij}+\alpha)\\+\sum_{j=1}^{4}k_{ripij}\sin(\psi_{pij}-\alpha)\cos(\psi_{pij}-\alpha)\end{pmatrix} & \begin{pmatrix}R_{si}\sum_{j=1}^{4}k_{sipij}\sin(\psi_{pij}+\alpha)\\-R_{ri}\sum_{j=1}^{4}k_{ripij}\sin(\psi_{pij}-\alpha)\end{pmatrix}\\ & \begin{pmatrix}\sum_{j=1}^{4}k_{ripij}\cos^2(\psi_{pij}-\alpha)\\+\sum_{j=1}^{4}k_{sipij}\cos^2(\psi_{pij}+\alpha)+k_{yci}\end{pmatrix} & \begin{pmatrix}-R_{si}\sum_{j=1}^{4}k_{sipij}\cos(\psi_{pij}+\alpha)\\+R_{ri}\sum_{j=1}^{4}k_{ripij}\cos(\psi_{pij}-\alpha)\end{pmatrix}\\ symm. & & \begin{pmatrix}R_{si}^2\sum_{j=1}^{4}k_{sipij}+R_{ri}^2\sum_{j=1}^{4}k_{ripi1}\\+R_{si}^2k_{tci}\end{pmatrix}\end{bmatrix}$$

$$\boldsymbol{K}_{pij}=\begin{bmatrix}(k_{sipij}+k_{ripij})\sin^2\alpha+k_{xpij} & (-k_{sipij}+k_{ripij})\sin\alpha\cos\alpha & (k_{sipij}-k_{rvpij})\sin\alpha R_{pij}\\ & (k_{sipij}+k_{ripij})\cos^2\alpha+k_{ypij} & -(k_{sipij}+k_{ripij})\cos\alpha R_{pij}\\ & & (k_{sipij}+k_{ripij})R_{pij}^2\end{bmatrix}$$

$$\boldsymbol{K}_{\text{sic}i}=\begin{bmatrix}-\sum_{j=1}^{4}k_{\text{sip}ij}\sin^2(\psi_{\text{p}ij}+\alpha) & \sum_{j=1}^{4}k_{\text{sip}ij}\sin(\psi_{\text{p}ij}+\alpha)\cos(\psi_{\text{p}ij}+\alpha) & -R_{\text{s}i}\sum_{j=1}^{4}k_{\text{sip}ij}\sin(\psi_{\text{p}ij}+\alpha)\\ \sum_{j=1}^{4}k_{\text{sip}ij}\cos(\psi_{\text{p}ij}+\alpha)\sin(\psi_{\text{p}ij}+\alpha) & -\sum_{j=1}^{4}k_{\text{sip}ij}\cos^2(\psi_{\text{p}ij}+\alpha) & R_{\text{s}i}\sum_{j=1}^{4}k_{\text{sip}ij}\cos(\psi_{\text{p}ij}+\alpha)\\ -R_{\text{s}i}\sum_{j=1}^{4}k_{\text{sip}ij}\sin(\psi_{\text{p}ij}+\alpha) & R_{\text{s}i}\sum_{j=1}^{4}k_{\text{sip}ij}\cos(\psi_{\text{p}ij}+\alpha) & -R_{\text{s}i}^2\sum_{j=1}^{4}k_{\text{sip}ij}\end{bmatrix}$$

$$\boldsymbol{K}_{\text{sir}i}=\begin{bmatrix}0&0&0\\0&0&0\\0&0&0\end{bmatrix}$$

$$\boldsymbol{K}_{\text{sip}ij}=\begin{bmatrix}-k_{\text{sip}ij}\sin(\psi_{\text{p}ij}+\alpha)\sin\alpha & k_{\text{sip}ij}\sin(\psi_{\text{p}ij}+\alpha)\cos\alpha & -k_{\text{sip}ij}R_{\text{p}ij}\sin(\psi_{\text{p}ij}+\alpha)\\ k_{\text{sip}ij}\cos(\psi_{\text{p}ij}+\alpha)\sin\alpha & -k_{\text{sip}ij}\cos(\psi_{\text{p}ij}+\alpha)\cos\alpha & k_{\text{sip}ij}R_{\text{p}ij}\cos(\psi_{\text{p}ij}+\alpha)\\ -k_{\text{sip}ij}R_{\text{s}i}\sin\alpha & k_{\text{sip}ij}R_{\text{s}i}\cos\alpha & -k_{\text{sip}ij}R_{\text{s}i}R_{\text{p}ij}\end{bmatrix}$$

$$\boldsymbol{K}_{\text{ric}i}=\begin{bmatrix}-\sum_{j=1}^{4}k_{\text{rip}ij}\sin^2(\psi_{\text{p}ij}-\alpha) & \sum_{j=1}^{4}k_{\text{rip}ij}\sin(\psi_{\text{p}ij}-\alpha)\cos(\psi_{\text{p}ij}-\alpha) & R_{\text{r}i}\sum_{j=1}^{4}k_{\text{rip}ij}\sin(\psi_{\text{p}ij}-\alpha)\\ \sum_{j=1}^{4}k_{\text{rip}ij}\cos(\psi_{\text{p}ij}-\alpha)\sin(\psi_{\text{p}ij}-\alpha) & -\sum_{j=1}^{4}k_{\text{rip}ij}\cos^2(\psi_{\text{p}ij}-\alpha) & -R_{\text{r}i}\sum_{j=1}^{4}k_{\text{rip}ij}\cos(\psi_{\text{p}ij}-\alpha)\\ -R_{\text{r}i}\sum_{j=1}^{1}k_{\text{rip}ij}\sin(\psi_{\text{p}ij}-\alpha) & R_{\text{r}i}\sum_{j=1}^{4}k_{\text{rip}ij}\cos(\psi_{\text{p}ij}-\alpha) & R_{\text{r}i}^2\sum_{j=1}^{4}k_{\text{rip}ij}\end{bmatrix}$$

$$\boldsymbol{K}_{\text{rip}ij}=\begin{bmatrix}k_{\text{rip}ij}\sin(\psi_{\text{p}ij}-\alpha)\sin\alpha & k_{\text{rip}ij}\sin(\psi_{\text{p}ij}-\alpha)\cos\alpha & -k_{\text{rip}ij}\sin(\psi_{\text{p}ij}-\alpha)R_{\text{p}ij}\\ -k_{\text{rip}ij}\cos(\psi_{\text{p}ij}-\alpha)\sin\alpha & -k_{\text{rip}ij}\cos(\psi_{\text{p}ij}-\alpha)\cos\alpha & k_{\text{rip}ij}\cos(\psi_{\text{p}ij}-\alpha)R_{\text{p}ij}\\ k_{\text{rip}ij}\sin\alpha R_{\text{r}i} & k_{\text{rip}ij}\cos\alpha R_{\text{r}i} & -k_{\text{rip}ij}R_{\text{r}i}R_{\text{p}ij}\end{bmatrix}$$

$$\boldsymbol{K}_{\text{cip}ij}=\begin{bmatrix}\begin{pmatrix}k_{\text{sip}ij}\sin(\psi_{\text{p}ij}+\alpha)\\-k_{\text{rip}ij}\sin(\psi_{\text{p}ij}-\alpha)\end{pmatrix}\sin\alpha & -\begin{pmatrix}k_{\text{sip}ij}\sin(\psi_{\text{p}ij}+\alpha)\\+k_{\text{rip}ij}\sin(\psi_{\text{p}ij}-\alpha)\end{pmatrix}\cos\alpha & \begin{pmatrix}k_{\text{sip}ij}\sin(\psi_{\text{p}ij}+\alpha)\\+k_{\text{rip}ij}\sin(\psi_{\text{p}ij}-\alpha)\end{pmatrix}R_{\text{p}ij}\\ \begin{pmatrix}-k_{\text{sip}ij}\cos(\psi_{\text{p}ij}+\alpha)\\+k_{\text{rip}ij}\cos(\psi_{\text{p}ij}-\alpha)\end{pmatrix}\sin\alpha & \begin{pmatrix}k_{\text{sip}ij}\cos(\psi_{\text{p}ij}+\alpha)\\+k_{\text{rip}ij}\cos(\psi_{\text{p}ij}-\alpha)\end{pmatrix}\cos\alpha & -\begin{pmatrix}k_{\text{sip}ij}\cos(\psi_{\text{p}ij}+\alpha)\\+k_{\text{rip}ij}\cos(\psi_{\text{p}ij}-\alpha)\end{pmatrix}R_{\text{p}ij}\\ \left(k_{\text{sip}ij}R_{\text{s}i}+k_{\text{rip}ij}R_{\text{r}i}\right)\sin\alpha & \left(-k_{\text{sip}ij}R_{\text{s}i}+k_{\text{rip}ij}R_{\text{r}i}\right)\cos\alpha & \left(k_{\text{sip}ij}R_{\text{s}i}-k_{\text{rip}ij}R_{\text{r}i}\right)R_{\text{p}ij}\end{bmatrix}$$

$$\boldsymbol{K}_{\text{j11}}=diag\left[k_{\text{bs1s2}},k_{\text{bs1s2}},k_{\text{ts1s2}},0,0,0,k_{\text{bc1r2}},k_{\text{bc1r2}},k_{\text{tc1r2}},0,0,0,0,0,0,0,0,0,0,0,0\right]$$

$$\boldsymbol{K}_{\text{j22}}=diag\left[k_{\text{bs1s2}},k_{\text{bs1s2}},k_{\text{ts1s2}},k_{\text{bc1r2}},k_{\text{bc1r2}},k_{\text{tc1r2}},0,0,0,0,0,0,0,0,0,0,0,0,0,0,0\right]$$

$$
\boldsymbol{K}_{\mathrm{j12}} = \begin{bmatrix}
\boldsymbol{K}_{\mathrm{s1s2}} & 0_{3\times3} & 0_{3\times3} & 0_{3\times3} & 0_{3\times3} & 0_{3\times3} & 0_{3\times3} \\
0_{3\times3} & 0_{3\times3} & 0_{3\times3} & 0_{3\times3} & 0_{3\times3} & 0_{3\times3} & 0_{3\times3} \\
0_{3\times3} & \boldsymbol{K}_{\mathrm{c1r2}} & 0_{3\times3} & 0_{3\times3} & 0_{3\times3} & 0_{3\times3} & 0_{3\times3} \\
0_{3\times3} & 0_{3\times3} & 0_{3\times3} & 0_{3\times3} & 0_{3\times3} & 0_{3\times3} & 0_{3\times3} \\
0_{3\times3} & 0_{3\times3} & 0_{3\times3} & 0_{3\times3} & 0_{3\times3} & 0_{3\times3} & 0_{3\times3} \\
0_{3\times3} & 0_{3\times3} & 0_{3\times3} & 0_{3\times3} & 0_{3\times3} & 0_{3\times3} & 0_{3\times3} \\
0_{3\times3} & 0_{3\times3} & 0_{3\times3} & 0_{3\times3} & 0_{3\times3} & 0_{3\times3} & 0_{3\times3}
\end{bmatrix}
$$

$$
\boldsymbol{K}_{\mathrm{s1s2}} = diag\left[-k_{\mathrm{bs1s2}}, -k_{\mathrm{bs1s2}}, -k_{\mathrm{ts1s2}}\right]
$$

$$
\boldsymbol{K}_{\mathrm{c1r2}} = diag\left[-k_{\mathrm{bc1r2}}, -k_{\mathrm{bc1r2}}, -k_{\mathrm{tc1r2}}\right]
$$

$$
\boldsymbol{K}_{\mathrm{j21}} = \boldsymbol{K}_{\mathrm{j12}}
$$

# 附录2　系统多尺度分析质量刚度矩阵

$$\boldsymbol{M}=\begin{bmatrix}\boldsymbol{M}_{\mathrm{s}} & & & & & & \\ & \boldsymbol{M}_{\mathrm{r}} & & & & & \\ & & \boldsymbol{M}_{\mathrm{c}} & \boldsymbol{M}_{\mathrm{cp1}} & \boldsymbol{M}_{\mathrm{cp2}} & \cdots & \boldsymbol{M}_{\mathrm{cp}n} \\ & & \boldsymbol{M}_{\mathrm{p1c}} & \boldsymbol{M}_{\mathrm{p1}} & & & \\ & & \boldsymbol{M}_{\mathrm{p2c}} & & \boldsymbol{M}_{\mathrm{p2}} & & \\ & & \vdots & & & \ddots & \vdots \\ & & \boldsymbol{M}_{\mathrm{p}n\mathrm{c}} & & & & \boldsymbol{M}_{\mathrm{p}n}\end{bmatrix}, n=1,2,\cdots,N$$

$$\boldsymbol{M}_{\mathrm{s}}=diag\left[m_{\mathrm{s}} \quad m_{\mathrm{s}} \quad J_{\mathrm{s}}\right] \qquad \boldsymbol{M}_{\mathrm{r}}=diag\left[m_{\mathrm{r}} \quad m_{\mathrm{r}} \quad J_{\mathrm{r}}\right]$$

$$\boldsymbol{M}_{\mathrm{c}}=diag\left[m_{\mathrm{c}}+\sum_{n=1}^{4}m_{\mathrm{p}n} \quad m_{\mathrm{c}}+\sum_{n=1}^{4}m_{\mathrm{p}n} \quad J_{\mathrm{c}}+\sum_{n=1}^{4}J_{\mathrm{p}n}+R_{\mathrm{c}}^{2}\sum_{n=1}^{4}m_{\mathrm{p}n}\right]$$

$$\boldsymbol{M}_{\mathrm{p}n}=diag\left[m_{\mathrm{p}n} \quad m_{\mathrm{p}n} \quad J_{\mathrm{p}n}\right]$$

$$\boldsymbol{M}_{\mathrm{cp}n}=\begin{bmatrix}m_{\mathrm{p}n}\cos\psi_{\mathrm{p}n} & -m_{\mathrm{p}n}\sin\psi_{\mathrm{pn}} & 0 \\ m_{\mathrm{p}n}\sin\psi_{\mathrm{p}n} & m_{\mathrm{p}n}\cos\psi_{\mathrm{p}n} & 0 \\ 0 & 0 & J_{\mathrm{p}n}\end{bmatrix}$$

$$\boldsymbol{M}_{\mathrm{p}n\mathrm{c}}=\boldsymbol{M}_{\mathrm{cp}n}$$

$$\boldsymbol{K}=K_{m}+K_{b}$$

$$K_{b}=diag[K_{sb} \quad K_{rb} \quad K_{cb} \quad K_{p1b}\cdots K_{pnb}],$$

$$K_{jb}=diag[k_{sx} \quad k_{sy} \quad k_{su}], j=s,r,c,p1,\cdots,pn$$

$$
\boldsymbol{K}_{sn}=\begin{bmatrix}
\boldsymbol{K}_{\mathrm{s}} & 0 & \boldsymbol{K}_{\mathrm{sc}} & \boldsymbol{K}_{\mathrm{sp1}} & \boldsymbol{K}_{\mathrm{sp2}} & \cdots & \boldsymbol{K}_{\mathrm{sp}n} \\
 & 0 & 0 & 0 & 0 & \cdots & 0 \\
 & & \boldsymbol{K}_{\mathrm{c}} & \boldsymbol{K}_{\mathrm{cp1}} & \boldsymbol{K}_{\mathrm{cp2}} & \cdots & \boldsymbol{K}_{\mathrm{cp}n} \\
 & & & \boldsymbol{K}_{\mathrm{p1}} & & & \\
 & & & & \boldsymbol{K}_{\mathrm{p2}} & & \\
 & & & & & \ddots & \vdots \\
symm. & & & & & & \boldsymbol{K}_{\mathrm{p}n}
\end{bmatrix}
$$

$$
\boldsymbol{K}_{\mathrm{s}}=\begin{bmatrix}
\sum_{n=1}^{4}\sin^2(\psi_{\mathrm{p}n}+\alpha) & -\sum_{n=1}^{4}\sin(\psi_{\mathrm{p}n}+\alpha)\cos(\psi_{\mathrm{p}n}+\alpha) & R_{\mathrm{s}}\sum_{n=1}^{4}\sin(\psi_{\mathrm{p}n}+\alpha) \\
 & \sum_{n=1}^{4}\cos^2(\psi_{\mathrm{p}n}+\alpha) & -R_{\mathrm{s}}\sum_{n=1}^{4}\cos(\psi_{\mathrm{p}n}+\alpha) \\
symm. & & R_{\mathrm{s}}^2
\end{bmatrix}
$$

$$
\boldsymbol{K}_{\mathrm{r}}=0
$$

$$
\boldsymbol{K}_{c}=\begin{bmatrix}
\left(\sum_{n=1}^{4}\sin^2(\psi_{\mathrm{p}n}+\alpha)\right) & -\left(\sum_{n=1}^{4}\sin(\psi_{\mathrm{p}n}+\alpha)\cos(\psi_{\mathrm{p}n}+\alpha)\right) & \left(R_{\mathrm{s}}\sum_{n=1}^{4}\sin(\psi_{\mathrm{p}n}+\alpha)\right) \\
 & \left(\sum_{n=1}^{4}\cos^2(\psi_{\mathrm{p}n}+\alpha)\right) & \left(-R_{\mathrm{s}}\sum_{n=1}^{4}\cos(\psi_{\mathrm{p}n}+\alpha)\right) \\
symm. & & R_{\mathrm{s}i}^2
\end{bmatrix}
$$

$$
\boldsymbol{K}_{\mathrm{pn}}=\begin{bmatrix}
\sin^2\alpha & \sin\alpha\cos\alpha & \sin\alpha R_{\mathrm{p}n} \\
 & \cos^2\alpha & -\cos\alpha R_{\mathrm{p}n} \\
 & & R_{\mathrm{p}n}^2
\end{bmatrix}
$$

$$
\boldsymbol{K}_{\mathrm{sc}}=\begin{bmatrix}
-\sum_{n=1}^{4}\sin^2(\psi_{\mathrm{p}n}+\alpha) & \sum_{n=1}^{4}\sin(\psi_{\mathrm{p}n}+\alpha)\cos(\psi_{\mathrm{p}n}+\alpha) & -R_{\mathrm{s}}\sum_{n=1}^{4}\sin(\psi_{\mathrm{p}n}+\alpha) \\
\sum_{n=1}^{4}\cos(\psi_{\mathrm{p}n}+\alpha)\sin(\psi_{\mathrm{p}n}+\alpha) & -\sum_{n=1}^{4}\cos^2(\psi_{\mathrm{p}n}+\alpha) & R_{\mathrm{s}}\sum_{n=1}^{4}\cos(\psi_{\mathrm{p}n}+\alpha) \\
-R_{\mathrm{s}}\sum_{n=1}^{4}\sin(\psi_{\mathrm{p}n}+\alpha) & R_{\mathrm{s}}\sum_{n=1}^{4}\cos(\psi_{\mathrm{p}n}+\alpha) & -R_{\mathrm{s}}^2
\end{bmatrix}
$$

$$
\boldsymbol{K}_{\mathrm{sp}n}=\begin{bmatrix}
-\sin(\psi_{\mathrm{p}n}+\alpha)\sin\alpha & \sin(\psi_{\mathrm{p}n}+\alpha)\cos\alpha & -R_{\mathrm{p}n}\sin(\psi_{\mathrm{p}n}+\alpha) \\
\cos(\psi_{\mathrm{p}n}+\alpha)\sin\alpha & -\cos(\psi_{\mathrm{p}n}+\alpha)\cos\alpha & R_{\mathrm{p}n}\cos(\psi_{\mathrm{p}n}+\alpha) \\
-R_{\mathrm{s}}\sin\alpha & R_{\mathrm{s}}\cos\alpha & -R_{\mathrm{s}}R_{\mathrm{p}n}
\end{bmatrix}
$$

$$\boldsymbol{K}_{\mathrm{cp}n}=\begin{bmatrix}\sin(\psi_{\mathrm{p}n}+\alpha)\sin\alpha & -\sin(\psi_{\mathrm{p}n}+\alpha)\cos\alpha & \sin(\psi_{\mathrm{p}n}+\alpha)R_{\mathrm{p}n}\\ -\cos(\psi_{\mathrm{p}n}+\alpha)\sin\alpha & \cos(\psi_{\mathrm{p}n}+\alpha)\cos\alpha & -\cos(\psi_{\mathrm{p}n}+\alpha)R_{\mathrm{p}n}\\ R_s\sin\alpha & -R_s\cos\alpha & R_sR_{\mathrm{p}n}\end{bmatrix}$$

$$\boldsymbol{K}_{rn}=\begin{bmatrix}0 & 0 & 0 & 0 & 0 & \cdots & 0\\ & \boldsymbol{K}_{\mathrm{r}} & \boldsymbol{K}_{\mathrm{rc}} & \boldsymbol{K}_{\mathrm{rp1}} & \boldsymbol{K}_{\mathrm{rp2}} & \cdots & \boldsymbol{K}_{\mathrm{rp}n}\\ & & \boldsymbol{K}_{\mathrm{c}} & \boldsymbol{K}_{\mathrm{cp1}} & \boldsymbol{K}_{\mathrm{cp2}} & \cdots & \boldsymbol{K}_{\mathrm{cp}n}\\ & & & \boldsymbol{K}_{\mathrm{p1}} & & & \\ & & & & \boldsymbol{K}_{\mathrm{p2}} & & \\ & & & & & \ddots & \vdots\\ symm. & & & & & & \boldsymbol{K}_{\mathrm{p}n}\end{bmatrix}$$

$$\boldsymbol{K}_{\mathrm{r}}=\begin{bmatrix}\sum_{n=1}^{4}\sin^2(\psi_{\mathrm{p}n}-\alpha) & -\sum_{n=1}^{4}\sin(\psi_{\mathrm{p}n}-\alpha)\cos(\psi_{\mathrm{p}n}-\alpha) & R_{\mathrm{r}}\sum_{n=1}^{4}\sin(\psi_{\mathrm{p}n}-\alpha)\\ & \sum_{n=1}^{4}\cos^2(\psi_{\mathrm{p}n}-\alpha) & -R_{\mathrm{r}}\sum_{n=1}^{4}\cos(\psi_{\mathrm{p}n}-\alpha)\\ symm. & & R_{\mathrm{r}}^2\end{bmatrix}$$

$$\boldsymbol{K}_{\mathrm{c}}=\begin{bmatrix}\left(\sum_{n=1}^{4}\sin^2(\psi_{\mathrm{p}n}-\alpha)\right) & -\left(\sum_{n=1}^{4}\sin(\psi_{\mathrm{p}n}-\alpha)\cos(\psi_{\mathrm{p}n}-\alpha)\right) & \left(-R_{\mathrm{r}i}\sum_{n=1}^{4}\sin(\psi_{\mathrm{p}n}-\alpha)\right)\\ & \left(\sum_{n=1}^{4}\cos^2(\psi_{\mathrm{p}n}-\alpha)\right) & \left(R_{\mathrm{r}}\sum_{n=1}^{4}\cos(\psi_{\mathrm{p}n}-\alpha)\right)\\ symm. & & R_{\mathrm{r}}^2\end{bmatrix}$$

$$\boldsymbol{K}_{\mathrm{p}n}=\begin{bmatrix}\sin^2\alpha & \sin\alpha\cos\alpha & -\sin\alpha R_{\mathrm{p}n}\\ & \cos^2\alpha & -\cos\alpha R_{\mathrm{p}n}\\ & & R_{\mathrm{p}n}^2\end{bmatrix}$$

$$\boldsymbol{K}_{\mathrm{rc}}=\begin{bmatrix}-\sum_{n=1}^{4}\sin^2(\psi_{\mathrm{p}n}-\alpha) & \sum_{n=1}^{4}\sin(\psi_{\mathrm{p}n}-\alpha)\cos(\psi_{\mathrm{p}n}-\alpha) & R_{\mathrm{r}}\sum_{n=1}^{4}\sin(\psi_{\mathrm{p}n}-\alpha)\\ \sum_{n=1}^{4}\cos(\psi_{\mathrm{p}n}-\alpha)\sin(\psi_{\mathrm{p}n}-\alpha) & -\sum_{n=1}^{4}\cos^2(\psi_{\mathrm{p}n}-\alpha) & -R_{\mathrm{r}}\sum_{n=1}^{4}\cos(\psi_{\mathrm{p}n}-\alpha)\\ -R_{\mathrm{r}}\sum_{j=1}^{1}\sin(\psi_{\mathrm{p}ij}-\alpha) & R_{\mathrm{r}}\sum_{n=1}^{4}\cos(\psi_{\mathrm{p}n}-\alpha) & R_{\mathrm{r}}^2\end{bmatrix}$$

$$\boldsymbol{K}_{\mathrm{rp}n}=\begin{bmatrix}\sin(\psi_{\mathrm{p}n}-\alpha)\sin\alpha & \sin(\psi_{\mathrm{p}n}-\alpha)\cos\alpha & -\sin(\psi_{\mathrm{p}n}-\alpha)R_{\mathrm{p}n}\\ -\cos(\psi_{\mathrm{p}n}-\alpha)\sin\alpha & -\cos(\psi_{\mathrm{p}n}-\alpha)\cos\alpha & \cos(\psi_{\mathrm{p}n}-\alpha)R_{\mathrm{p}n}\\ \sin\alpha R_{\mathrm{r}} & \cos\alpha R_{\mathrm{r}} & -R_{\mathrm{r}}R_{\mathrm{p}n}\end{bmatrix}$$

$$\boldsymbol{K}_{\mathrm{cp}n}=\begin{bmatrix}-\sin(\psi_{\mathrm{p}n}-\alpha)\sin\alpha & -\sin(\psi_{\mathrm{p}n}-\alpha)\cos\alpha & \sin(\psi_{\mathrm{p}n}-\alpha)R_{\mathrm{p}n}\\ \cos(\psi_{\mathrm{p}n}-\alpha)\sin\alpha & \cos(\psi_{\mathrm{p}n}-\alpha)\cos\alpha & -\cos(\psi_{\mathrm{p}n}-\alpha)R_{\mathrm{p}n}\\ R_{\mathrm{r}}\sin\alpha & R_{\mathrm{r}}\cos\alpha & R_{\mathrm{r}}R_{\mathrm{p}n}\end{bmatrix}$$